国家林业和草原局普通高等教育“十三五”规划教材

芳香植物概论

肖艳辉　何金明　主编

中国林业出版社

内容提要

本教材包括芳香植物理论及实验实训两个部分。其中理论部分共15章，内容涉及芳香植物的多样性、分布及分类、生长发育与环境条件、繁殖、栽培管理、采收与采后处理、次生代谢产物、应用和芳香植物产品标准体系与法规，以及116种常见的草本、木本芳香植物的形态特征、生长习性、繁殖与栽培技术要点、主要利用部位、采收加工、精油含量及主要成分、用途和注意事项等。实验实训部分涉及具有专业特色、可操作性强、实用性强的15个实验实训内容。本教材融会了“花卉学”“观赏园艺学”“药用植物栽培学”“药用植物规范化种植”“中药材采收与加工学”等课程内容，并结合了有关科研成果，具有科学性、创新性、应用性及实用性等特点。为便于认知芳香植物，本教材还附有部分芳香植物彩色图片。

本教材适用于高等院校植物生产类（园艺、农学、应用生物科学等）、林学类（林学、园林等）、生物科学类、中医学类、中药学类、护理学类等专业的专业选修课程或专业拓展课程，也可供芳香产业从业人员、相关领域科研工作者以及芳香植物爱好者学习和参考。

图书在版编目（CIP）数据

芳香植物概论／肖艳辉，何金明主编. —北京：中国林业出版社，2018.9
国家林业和草原局普通高等教育“十三五”规划教材
ISBN 978-7-5038-9759-7

Ⅰ.①芳…　Ⅱ.①肖…　②何…　Ⅲ.①香料植物-高等学校-教材　Ⅳ.①Q949.97

中国版本图书馆CIP数据核字（2018）第221033号

国家林业和草原局生态文明教材及林业高校教材建设项目

中国林业出版社教育出版分社

策划编辑：康红梅　田　苗　　**责任编辑**：田　苗
电话：（010）83143551　83143557　**传真**：（010）83143516

出版发行　中国林业出版社（100009　北京西城区德内大街刘海胡同7号）
E-mail：jiaocaipublic@163.com　电话：（010）83143500
网　站：http：//lycb.forestry.gov.cn
经　销　新华书店
印　刷　北京中科印刷有限公司
版　次　2018年9月第1版
印　次　2018年9月第1次印刷
开　本　850mm×1168mm
印　张　16.5　彩插　16
字　数　380千字
定　价　45.00元

《芳香植物概论》编写人员

主　　编　肖艳辉　何金明

副 主 编　李钱鱼　赵雪梅　周秀梅

编　　者　(按姓氏拼音排序)

郭克婷（韶关学院）
何金明（韶关学院）
贾俊英（内蒙古民族大学）
李保印（河南科技学院）
李钱鱼（广东建设职业技术学院）
刘金泉（内蒙古农业大学职业技术学院）
潘春香（韶关学院）
任安祥（韶关学院）
任　飞（韶关学院）
任晓强（韶关学院）
王　斌（韶关学院）
肖艳辉（韶关学院）
谢　景（韶关学院）
赵雪梅（赤峰学院）
周秀梅（河南科技学院）

主　　审　王羽梅（韶关学院）

前　言

芳香产业是以芳香植物种植、抚育为基础，延伸至芳香植物提取（精油、纯露、色素、特殊功效成分等）、加工（包括植物本身加工及利用植物或提取物进行功能性产品制备），再到美容美发、保健医疗、特色餐饮和旅游观光等，是集一、二、三产业于一身的产业模式。在中国特色社会主义新阶段的背景下，为顺应人民日益增长的美好生活需要，国内天然香料消费增长迅猛，我国也进入了由天然香料生产大国向天然香料消费大国的转变期。这种转变带动了我国芳香产业的快速发展。而芳香产业的快速发展需要大量专业人才的支撑。出于为芳香产业培养人才的目的，笔者在高等院校专业教材《芳香植物栽培学》的基础上，编写了本教材。

本教材由芳香植物理论及实验实训两部分构成。理论部分涉及芳香植物的多样性、分布及分类、生长发育与环境条件、繁殖、栽培管理、采收与采后处理、次生代谢产物、应用和芳香植物产品标准体系与法规，以及116种常见的草本、木本芳香植物的形态特征、生长习性、繁殖与栽培技术要点、主要利用部位、采收加工、精油含量及主要成分、用途和注意事项等。实验实训部分紧密对接芳香产业，包含芳香植物种植、加工提取、检测与利用等方面的15个实验实训内容。

本教材适用于高等院校植物生产类（园艺、农学、应用生物科学等）、林学类（林学、园林等）、生物科学类、中医学类、中药学类、护理学类等专业的专业选修课程或专业拓展课程，也可供芳香产业从业人员、相关领域科研工作者以及芳香植物爱好者学习和参考。

本教材由肖艳辉、何金明主编并统稿，由韶关学院王羽梅教授主审。具体编写分工如下：绪论，王羽梅；第1章，任晓强；第2章，赵雪梅；第3章，王斌；第4章，郭克婷；第5章，任飞；第6章，贾俊英；第7章，谢景；第8章，刘金泉；第9章，周秀梅；第10章，李钱鱼；第11章，任安祥；第12章，何金明；第13章，肖艳辉；第14章，潘春香；第15章，李保印；实验实训，何金明。图片由王羽梅、何金明、李钱鱼、肖艳辉、庞明娟、邓伟胜提供。

本教材在编写过程中参考和引用了许多相关资料，在此一并表示感谢。由于编者在经验及知识累积方面水平有限，书中难免存在一些疏漏和不妥之处，恳请广大读者在使用过程中提出宝贵意见，不胜感激。

编　者

2018年5月

目 录

第0章

绪　论

芳香植物由于含有醇、酮、酯、醚类等芳香化合物，整个植株或部分器官会发出怡人的香气，因其具有特殊价值，近年来，在人们生活中应用越来越多，应用范围也越来越广。

0.1 芳香植物的范畴

一般来说，芳香植物是指含有挥发性芳香油，具有芳香气味的一年生或多年生植物。挥发性芳香油，即精油，是以芳香植物根、茎、叶、枝干、皮、花、果实或分泌物为原料，经蒸馏、萃取、压榨、吸附等工艺提取的具有香气或香味的挥发性油状液态物质，是芳香植物体内的次生代谢产物。

从广义上讲，芳香植物包括在园艺植物之列。然而，由于芳香植物体内含有一些特殊成分，这些成分不但提高了芳香植物的利用价值，也拓展了芳香植物的利用领域。

芳香植物含有以下成分：

（1）芳香成分

含有芳香成分是芳香植物最主要的特点，也是芳香植物之所以产生香气的原因。芳香植物种类不同，其香气也有所不同，如芳樟叶精油有清甜的香味，葛缕子精油有辛香的药草味，杂种香水月季压碎后有新鲜茶叶的香味等。

（2）药用成分

芳香植物中包括挥发性的精油成分和不挥发性的生物碱、单宁、类黄酮等成分，它们在化妆品中不仅具有很好的芳香效果，还具有某些特殊的药用功效。目前许多化妆品利用芳香植物含有药用芳香植物精华，不仅可达到润肤、美肤的效果，还具有祛病、祛斑、防皮肤老化等医疗功效，因此备受消费者青睐。

（3）营养成分

一些芳香植物中含有大量的蛋白质、碳水化合物、微量元素、维生素和膳食纤维等，因此可作蔬菜食用。经测定，甜罗勒每100g嫩茎叶含蛋白质7.8g、碳水化合物12.6g、胡萝卜素4.9g、纤维素2.5g，富含抗坏血酸和钙，是名副其实的保健芳香蔬菜。此外，因其具有独特的香味，还可加工成各种食品或作调味料。

（4）色素成分

某些芳香植物含有丰富的天然色素，这些天然色素不仅提高了芳香植物的观赏价值，也提高了芳香植物在不同领域的利用价值。这些天然色素可作为天然染料或染发染料，尤其适用于食品着色。不同的芳香植物其天然色素的颜色不同，如番红花和栀子果实为深黄色，薄荷和香蜂草为茶色，薰衣草为蓝紫色等。

除上述4类主要成分外，大部分芳香植物还含有抗氧化物质和抗菌、抑菌成分。

0.2 芳香植物在人类生活中的作用

（1）绿化、美化、香化、净化环境

多数观花类芳香植物既可起到绿化、美化环境的作用，还能香化环境，将其栽种于街道两旁，可改善城市环境，保持空气清新。如金橘、女贞等植物抗氟、吸氟能力比一般花木高出几十倍至160倍；米兰、广玉兰等对氯气有一定的吸收和累积功能。

（2）香料工业发展的需要

从芳香植物中提取的香料广泛应用于食品、卷烟、酒类、糖果、牙膏、香皂、日用化妆品和其他工业品中，它们用量虽少，但对加香产品的质量影响较大。植物性天然香料不仅无毒，还具有独特的芳香成分和药用功效，因此，植物性天然香料在各个领域正逐渐取代人工合成香料。根据市场分析，目前国际市场对天然香料的需求以每年5%的速度增长，芳香植物的种植面积需要每年扩大21%以上才能满足需要。人们对植物性天然香料需求的增加无疑成为天然香料原料——芳香植物发展的动力。

（3）出口创汇的需要

我国历来都有香料出口，传统的出口产品有八角茴香油、肉桂油、樟脑等，现在大量出口的还有松香、松节油、芳樟油、柏木油、香茅油、山苍子油、黄樟油等，它们已成为我国重要的出口创汇物资，有的还是国际市场上不可缺少的重要商品。

0.3　芳香植物的利用历史

（1）芳香植物在我国的利用历史

远古时代人们经常聚集在祭祀仪式所使用的篝火旁，嗅闻木材、枝叶与树脂散发的圣洁香味，这可能是最古老的薰香方式。5000多年前的炎黄时期，芳草入药以疗疾，燃烧芳香树木和薰香以敬神和清洁空气。“神农尝百草，华夏万里香”，其实百草中很多是芳香植物。4000~5000年前，黄河流域和长江流域都已出现了作为日常生活用品的陶薰炉。

春秋战国时期，人们把互赠香品作为一种日常礼仪，佩戴香囊、沐浴兰汤已成为一种时尚。当时人们用芳香植物蒸肉、掺饭和浸酒，以增进菜肴、主食、酒浆的香味，该时期祭奠用的桂酒及椒酒就是用桂皮和花椒加工成的配制酒。《诗经》《楚辞》《尔雅》和先秦诸子著作等对芳香植物也都有所提及。

两汉时期，薰炉、薰笼等主要香具得到普遍使用，产于边陲及域外的沉香、青木香、苏合香、鸡舌香等多种香药大量进入中原，常混合多种香药来调配香气。宫廷内薰香、佩香、浴香更为寻常。张骞通西域以后，带回的葱、蒜开始在中原栽培，同时南越国归附西汉，南方更多的香料植物逐渐进入中原。东汉时期，《神农本草经》及其他医学专著中也载有桂皮、生姜、甘草、花椒、当归等芳香植物，对芳香植物有“闻香治病”的记载。在嵇康的《养生论》中有“合允蠲忿，萱草忘忧”之说。可以看出那时人们对香味和香料植物给予人的心理作用已有了深刻的认识。

魏晋南北朝时期，芳香植物在医疗方面已有许多应用。南北朝时的本草典籍《名医别录》记载了沉香、檀香、乳香、丁香、苏合香、青木香、香附、藿香等一批新增芳香植物。葛洪、陶弘景等许多名医都曾用芳香植物治病，涉及内服、佩戴、涂敷、熏烧、熏蒸等多种方法。葛洪还曾提出用香草“青蒿”治疗疟疾。现在，国内外以青蒿素为基础开发的药物已成为世界上最重要的抗疟药物之一。

隋唐时期，无论是宫廷还是民间，芳香植物的利用均十分盛行，其中包括宫廷熏香、衣服熏香、佩戴香囊、沐浴香汤、品饮香茶等。此时，绝大多数的芳香植物已成为常用的（或重要的）中药材。《唐本草》记载了龙脑香、安息香、枫香；《本草拾遗》记载了樟脑、益智；《海药本草》收载了降真香。孙思邈撰写的《千金翼方》记载了枸杞、牛膝、萱草等芳香植物的栽培方法。唐代是我国经济文化的繁荣时期，各种香料也不断从国外传入，用香料煎汤浴身，方法更加多样化，以香料制作的化妆品已经普遍使用。

宋代，芳香植物的利用达到了全盛时期。宋人林洪在他的饮食文献《山家清供》中提到用香花、香草制作食物。《山家清供》是宋代饮食起居类文献的代表，其中记载的内容反映了该时期人们的日常生活状况，由此可见当时人们食用芳香食物的风气已很盛行。唐宋以后，中外交流活跃，东南及西南各国基本都与中国邦交，当地特产的砂仁、茉莉、豆蔻、干姜、丁香等可食用香料随着朝贡或贸易等方式传入中国。相比唐宋之前，此时历史文献在利用香料增香调味方面的记载较丰富。

元代已出现将菜类香料与调味类香料分类记载的文献，在对外贸易中，香药是主要的香品。

明代，李时珍编撰的《本草纲目》中已有专辑《芳香篇》，详细介绍了 56 种芳香植物的功效。自此很长一段时期中国香草的发展越来越集中于可以作为食物配料、调料的品种上。

清代，香料在调味增香中的利用方式与清代之前大致相同，相关文献记载多为对香料功能与利用的总结。《养小录》中对香花制作与利用有最丰富的记载。夏曾传《随园食单补证》总结出花椒、桂皮等在烹饪中的调味功能。说明调味香料在我国烹饪史上具有重要地位。

（2）芳香植物在国外的利用历史

考古学家从埃及金字塔墙壁上的象形文字及基督教的圣经中发现，人类祖先远在没有历史记载时就已开始使用芳香植物了。最初多用于保藏多余的食物，使其在短期内不致变质。从古埃及莎草纸上的记录中发现，早在公元前 4500 年，古埃及人就能够从植物中萃取精油，用于治疗疾病、美容和保存尸体。在 Harappa 和 Mohanjadaro（现属于巴基斯坦）的考古发掘中，发现了 5000 年前用于提取精油的水蒸馏器和接收器。公元前 3000 年，埃及人就已经开始使用香油香膏了。后来发现埃及的木乃伊能保存千年不腐坏，就是使用了雪松（*Cedrus deodara*）、没药（*Commiphora myrrha*）。1922 年，埃及图坦卡门墓被挖掘，3000 年前的木乃伊被解开包裹时，裹布上还散发着没药和雪松的香气。其中雪松精油被埃及人广泛应用于医疗、熏香和防腐。

公元前 400 年希腊名医希波克拉底大力提倡以适当饮食与植物药方来预防、治疗疾病，并曾指示雅典人燃烧药草以遏阻瘟疫。公元前 460—前 377 年有“医疗之父”之称的苏格拉底，也曾大量地燃烧芳香的杉木来拯救雅典的流行性传染病患者。希腊人和罗马人在宗教信仰和仪式中广泛使用芳香植物。公元前 370

年，希腊著作中记载了许多芳香植物，有不少至今仍在使用。公元前3世纪，在印度河流域已有关于熏香的记载。公元前30年，罗马人接管希腊后，开始使用化妆品，用杏仁、玫瑰、榅桲等香料加香，并用树胶、树脂定香。1世纪，希腊医生到罗马担任军医，其中迪奥斯科里德医生使药用植物成为应用科学，他在《药物学》中收录了600多种药用植物，包括茴香、桂皮、芦荟、洋茴芹、柏树、刺柏、牛至、没药等，而这些植物均为芳香植物。800年左右，查理曼大帝拥有当时最具规模的药草园，包括玫瑰、鼠尾草、薄荷、芸香、迷迭香、锦葵、莳萝、茴香等，它们既可药用，也可供烹饪、美容用。

11世纪，波斯医师阿维森纳（Avicenna）发明了蒸汽蒸馏法，从大马士革玫瑰中提取了玫瑰精油。此外，阿维森纳最著名的书籍——《医典》中还记载了很多植物精油，包括黄春菊、肉桂、莳萝、薄荷等。13世纪，芳香植物的栽培越来越盛行，修道院的修女们栽培许多种类的芳香植物；人们也第一次从精油中分离出萜烯类化合物。1420年后，在天然香料的蒸馏锅上使用了蛇形冷凝器，从而将精油的提取技术又向前推进了一步。15世纪后，人们发现大麻及某些植物提取物如大蒜油、橄榄油、椒样薄荷油、生番茄汁等都是有效的抗蚊剂。1545年帕多瓦（Padova）大学首次建立了“药草园”。16世纪蒸馏技术有了很大进步。

17世纪时，人们利用芳香植物和香料从瘟疫中拯救了人类。当时英国流行瘟疫黑死病——鼠疫，英国小镇伯克勒斯伯是当时的薰衣草贸易中心，由于小镇的空气中总是弥漫着薰衣草的芳香，所以该镇当时竟奇迹般地避免了黑死病的传染和流行。到了18世纪，几乎所有的草药医生和内科医生都在应用植物精油。

18世纪以后，又出现了水蒸气蒸馏和真空分馏技术，改进了天然精油的提取和加工技术，使产品质量有了很大提高。

19世纪，随着化学工业的快速发展，精油的制取方法也得到了改进和提高。1835年罗比奎（Robigvet）首次用溶剂法对精油浸提成功，并逐渐实现了产业化；科学家开始鉴定出植物精油的化学成分，一些植物精油成分开始应用化学合成。此后，随着人们注重利用化学药物，草药和植物精油的利用逐渐出现衰退。

1937年，法国化妆品科学家，惹内·莫理斯·盖特佛塞（Rene Maurice Gattefosse）创立了“芳香疗法”（Aromatherapy）这个名词，并写下了最早的芳香疗法专著。20世纪50年代，生于奥地利的保养专家玛格丽特·摩利（Marguerite Maury）首先将植物精油用于按摩芳香疗法，并于60年代初期在伦敦开设了一家芳疗医所，主要从事美容保养。摩利首次将“芳香疗法”用于美容，并把芳香疗法传入英国。20世纪70年代，英国的雪丽·普莱斯（Shirley Price）推进了芳香疗法的运用，并于1978年开办了雪丽·普莱斯芳疗学院。20世纪90年代开始，欧洲芳香疗法开始流行，随后其养生美容、舒缓身心的概念开始风靡世界。欧洲各国和美国、日本等香草栽培与应用非常广泛，一些热带地区，对于某些芳香植物，如香茅、罗勒的利用也非常生活化，甚至成为该地区的文化特色。

0.4 芳香植物开发利用概况

(1) 我国芳香植物开发利用概况

中国是世界芳香植物种类最丰富的国家之一。据不完全统计，有芳香植物800余种，隶属70余科200余属，分布遍及全国。目前，我国已开发利用的芳香植物有150余种，常年出口到国际市场的天然香料有60余种。我国是世界上最大的天然香料香精生产国，在国际香原料市场上占有举足轻重的地位。但与发达国家相比，我国出口的主要是天然香料粗加工的初级原料。从芳香产品的应用途径来看，我国烟用香精所占比重较大，而化妆品香精所占比重较小。

据中国香草业协会介绍，2007年以后，香草产业更加多元化，包括香草种植、香草保健蔬菜、香草茶叶、香草生态园、精油提炼、提取香料等多个领域。

云南省是我国最重要的香料生产大省，素有“香料王国”的美称，云南天然香料产量占全国的30%。近年来，随着云南香料工业的迅速发展，香料工业已成为云南投资效益较好的产业之一。

贵州省香料加工业从20世纪70年代起步，到80年代后期，以生产原料产品为主，此后开始进行香料深加工产品开发。但贵州在芳香植物的开发和利用上存在种植基地规模小、粗加工产品比重大、科技力量薄弱等问题。野生芳香植物资源虽然丰富，但农民仅对木姜子、薄荷、留兰香、野花椒等少数种类进行利用。

新疆有40多年芳香植物种植历史，对芳香植物的开发利用也较早。新疆伊犁一直是中国薰衣草的最大产地，占全国种植面积的80%左右。近年来，从事芳香植物资源开发的企业积极在产品方面下工夫。如新疆伊帕尔汗香料股份有限公司推出的“伊帕尔汗”品牌，现有七大类160多种系列产品，涉及美容、保健、香薰、理疗、家居饰品、礼品等多个领域。

湖南是山苍子的最大产区。目前，湖南积极开发山苍子油深加工，建成天然香料油生产基地，可生产山苍子油系列产品1000t，产值达1亿元。

湖北咸宁的桂花在栽培面积、品种数量、产量和质量上均位居全国第一。当前桂花产业主要集中在食品加工业。从20世纪80年代开始，相继成立了桂花食品厂、桂花酒厂、天然香料厂、柏墩桂花茶厂等，主要生产桂花精油、桂花浸膏、桂花酒、桂花点心、桂花糖、桂花饮料等产品。

广东电白县是全国闻名的香精香料生产基地，已初步形成生产烟用、食用、医用、日用产品品种达300多个的香精香料产业集群。

广西横县是全国最大的茉莉花生产基地，目前种植面积和产量均占全国总量的60%以上，享有“中国茉莉花之乡”的美誉。横县年产8×10^4t茉莉鲜花，6×10^4t茉莉花茶。横县茉莉花和茉莉花茶综合品牌价值达180亿元，是广西最具价值的农产品品牌。

甘肃省有野生和栽培的芳香植物200多种，形成工业生产规模的主要是苦水玫瑰，产品主要为苦水玫瑰精油、苦水玫瑰纯露、富硒玫瑰花酱、食用花冠茶等。

被誉为“中国玫瑰之乡”的山东省平阴不仅是国内著名的玫瑰生产基地，而且已发展成为新的旅游区。平阴玫瑰制品有玫瑰花茶、玫瑰酒、玫瑰酱、玫瑰精油、玫瑰花口服液、玫瑰花香枕等，深受人们喜爱。

海南重点开发的芳香植物有白木香、益智、广藿香、香茅油、莪术及香荚兰。

我国台湾地区在近十几年来，芳香植物及其衍生产品的研发和利用迅速发展起来，生产出一系列保健、养生、美容等芳香产品，带动了日益兴旺的芳香服务产业，尤以芳香休闲旅游、芳香疗法和芳香食品最为突出。芳香植物不仅给台湾民众营造了丰富多彩的芬芳生活，同时也创造了无限商机。

我国的芳香植物资源丰富，品种众多，储量大，但开发不够，目前，已经开发的芳香植物只占其中的一小部分，进一步开发出更多的新产品以适应市场的需求，存在着众多的机会。

(2) 世界芳香植物开发利用概况

随着芳香植物及其产品利用范围的拓展，芳香植物相关产品在国际贸易上占有越来越重要的地位。各国在芳香植物新产品的开发利用、加工技术、市场营销等方面展开了激烈的竞争。

世界香料贸易可分为三大类，即精油、食用香料植物、合成香料。其中，精油占1/4，食用香料植物占40%左右。全世界每年大约生产 1×10^4t 天然精油，其中70%用于食品，30%用于日化香精；而食用香料植物作为食品调料的重要原料，也是日化产品和烟草的重要加香原料。

印度是主要的国际精油香料市场之一，精油年产量为 2.4×10^4t。印度在薄荷油、薄荷脑、油树脂和其他分离物领域处于主导地位。印度也是最大的辛香料生产国、消费国和出口国，年生产量约 400×10^4t。其中胡椒、生姜、辣椒和姜黄的生产和消费世界闻名。

印度尼西亚也是世界上精油生产的主要国家之一。印度尼西亚生产的广藿香油约占世界贸易量的80%。此外，印度尼西亚还是世界第二大香荚兰生产国，世界最大的香荚兰出口国。

斯里兰卡生产的肉豆蔻果超过一半直接出口，部分用于蒸馏提取精油。

法国是古老的芳香植物和药用植物种植国，种植面积较大的品种有十几种，其中产量最大的为杂薰衣草和真薰衣草。在全部的芳香植物和药用植物种植面积中，用于提炼精油的占62%，用于制作干花的占31%，其余的以鲜花形式利用。法国的香水及化妆品举世闻名。在其出口产品中，香水占45.6%，美容化妆品占37.8%，洗漱用品占11.6%。如法国曼氏香精香料公司的主要产品涉及香原料（包括精油、净油、香树脂等）、日化香精及食用香精等。

英国建有世界最大的油树脂加工厂，是以松节油为原料合成萜烯类香料最发达的国家。

保加利亚玫瑰精油产量居世界第1位；澳大利亚在过去的100年中曾经是桉树油

的最大生产国，茶树精油也发展成了颇具规模的农业产业，以价廉质优而享誉国际市场。

20世纪70年代，美国成为辛香料最大的进口国，主要进口品种有黑胡椒、白胡椒、肉桂、茴香、辣椒、肉豆蔻、罗勒、众香子等。进口的精油主要有香柠檬油、柏木油、香茅油、丁子香油、亚洲薄荷油、桉叶油、茉莉净油、薰衣草油、广藿香油、橙叶油、玫瑰油、迷迭香油、檀香油、黄樟油、香根油和依兰油等，这些精油主要用于日用香精；进口的日本薄荷油主要作为日化香精的原料；薄荷油中的椒样薄荷油、亚洲薄荷油和留兰香油在美国是重要的食品添加剂。

由于天然食用香料备受欢迎，作为日用产品或食品比较安全，使用又比较方便，因此，世界各国对芳香植物产品的开发利用也与日俱增。

0.5 我国芳香植物资源开发利用对策和建议

虽然我国芳香植物资源种类众多，但因在对芳香植物利用上缺乏长远、系统的规划，造成了资源利用不合理等现象，需要在今后的芳香植物开发利用中引起关注。

（1）加强我国芳香植物种质资源调查研究

我国芳香植物种质资源丰富，但得到广泛开发利用并成为产业的种类不多。其主要原因，一方面是大量的野生芳香植物资源没有被开发利用；另一方面是已开发利用的芳香植物存在着利用不合理的现象。因此，有必要摸清我国现有芳香植物种质资源，制定出芳香植物开发利用规划，有计划、有步骤地对芳香植物进行开发和高效利用。

（2）发挥地区优势，实现区域集约化生产

根据各产地独特的气候和地理优势、资源分布和生产情况，发展各地的名优特产品，实现区域集约化生产，确保产品竞争力。对我国特有的芳香植物品种，如茉莉、桂花、肉桂等，应大力支持培育新品种和开发新产品。同时，注重规模化经营和多样化经营的有机结合，努力走“公司+农户+基地+旅游”的经营模式。

（3）加强科技和资金投入，积极推进专业技术教育

目前，我国从事芳香植物资源开发利用的专业人才匮乏，因此，我国各地相关教育部门应加强芳香植物科研人才的培养和高度重视芳香植物开发利用的科研队伍建设。同时，加强高校、科研单位与企业的联合，共同推进芳香植物产业的快速发展，提高我国天然香料在国际上的地位。

（4）重视芳香植物的综合利用，实现物尽其用

芳香植物除了可供提取精油之外，还有很多其他用途，如药用、食用、林用、观赏等。如柑橘果实可作水果食用，果皮可用于提取柑橘精油、天然色素、果胶等，加工后的废渣可用作饲料。因此，在推进芳香植物产业发展的同时，应考虑芳香植物资源的综合利用。

(5) 处理好野生芳香植物开发与生态环境保护的关系

目前，我国野生芳香植物资源基本处于野生采摘、盲目无限度开发状况。因乱砍滥伐，野生天然芳香植物资源正处于日益减少的态势。因此，要处理好发展与保护之间的矛盾，因地制宜、统筹规划，合理高效地开发利用我国野生芳香植物资源。

知识拓展

常见的可作观赏植物栽培的有毒芳香植物有：毛地黄（*Digitalis* spp.）、乌头（*Aconitum* spp.）、秋水仙（*Colchicum* spp.）、铃兰（*Convallaria majalis*）、罂粟（*Papaver somniferum*）、商陆（*Phytolacca* spp.）、嘉兰（*Gloriosa* spp.）、蓖麻（*Ricinus communis*）、欧白英（*Solanum dulcamara*）、瑞香（*Daphne* spp.）、棘豆（*Oxytropis* spp.）等，一些芳香植物触摸时会引起皮肤炎症，如樱草（*Primula vulgaris*）、芸香（*Ruta graveolens*）等。

小　结

芳香植物是指含有挥发性芳香油，具芳香气味的一年生或多年生植物。芳香植物属园艺植物，但又因其含有一些特殊成分，使得芳香植物在人类生活中有着重要的地位和作用。芳香植物在我国及国外的利用历史均较为悠久。目前，我国在国际香原料市场上占有举足轻重的地位，世界各国在芳香植物新产品的开发利用、加工技术、市场营销等方面展开着激烈的竞争。我国芳香植物资源种类丰富，但因对芳香植物的利用缺乏长远、系统的规划，造成资源利用不合理现象，需在今后的芳香植物开发利用中引起关注。

复习思考题

1. 什么是芳香植物？芳香植物含有哪些特殊成分？
2. 芳香植物在人类生活中具有怎样的地位和作用？
3. 通过了解我国芳香植物资源开发利用对策和建议，你认为在芳香植物资源的开发利用上还应注意些什么？

推荐阅读书目

1. 芳香植物．姚雷，张少艾．上海教育出版社，2002.
2. 芳香植物栽培学．何金明，肖艳辉．中国轻工业出版社，2010.
3. 中国香文化．傅京亮．齐鲁书社，2008.

第1章

芳香植物概述

在地球上，所有生物及其与环境形成了多种形式和多种形态的生态复合体，被称为生物的多样性。生物多样性是人类社会赖以生存和发展的基础，为我们提供了多样的物质资源和适宜的环境。芳香植物不仅存在着生物多样性，而且和其他生物一样，在地球上的分布也不是均匀的，在一些地方和一些群落中，芳香植物种类非常丰富，而在其他地方和群落中，芳香植物却非常稀少。总体而言，芳香植物种类众多，在形态、生长特性上千差万别，为了更好地了解和利用各种芳香植物种质资源，直接或间接地为栽培和育种服务，非常有必要对其进行分类。

1.1　芳香植物资源多样性

植物多样性一般包括 3 个层次：物种多样性、品种多样性和生态系统多样性。植物多样性是生物有机体与环境长期相互作用下，通过遗传和变异，适应和自然选择而形成的。地球上的植物约有 55 万种，其中，目前全世界发现的芳香植物约有 3600 种，这些丰富的芳香植物资源广泛分布于世界各地，尤其是热带和亚热带地区。这些地区之间由于地理性的隔离，海拔高度、纬度、年平均气温、年降水量等均有较大差异。

生物多样性包括物种多样性、品种多样性和生态环境多样性，我国有 3. 28 万余种高等植物，分布全国。据不完全统计，我国有芳香植物 800 余种，其中有利用价值的种类为 400 余种，含精油较高的芳香植物为 370 余种。我国现有的芳香植物种类有些原产于我国，有些种类系由其他国家引种栽培。一些芳香植物品种众多，据不完全统计，全世界现有玫瑰品种 15 000 余个，我国菊花品种 3000 个以上，牡丹品种 800 个以上。生态系统多样性是指生物群落与生境类型的多样性。我国南北跨越热、温、寒三带，河流纵横，海岸线漫长，复杂的自然条件使得我国生态系统的多样性极为丰富，平原、高山、沙漠、戈壁滩、盐碱地、赤道、极地、江河湖海及大气，到处都有植物生长，这为芳香植物的生长提供了有利的自然环境。

1.2　芳香植物种类及主产地

1.2.1　世界主要芳香植物种类及主产地

芳香植物，特别是草本芳香植物，其原产地主要分布在以地中海沿岸为中心的欧洲诸国，在中亚、中国、印度、南美等地区也有分布，有些地区成为了举世闻名的芳香植物产地（表 1-1）。

表 1-1 世界主要芳香植物主产地

国家或地区	主要芳香植物
加拿大	芥菜（*Brassica jumcea*）、杜松（*Juniperus rigida*）、葛缕子（*Carum carvi*）、莳萝（*Anethum graveolens*）
美 国	葡萄柚（*Citrus paradisi*）、甜橙（*Citrus sinensis*）、柠檬（*Citrus limon*）、莱姆（*Citrus aurantiifolia*）、薄荷（*Mentha haplocalyx*）、欧薄荷（*Mentha longifolia*）、芫荽（*Coriandrum sativum*）、月桂（*Laurus nobilis*）、豆蔻（*Alpinia katsumadai*）、芹菜（*Apium graveolens*）、雪松、罗勒（*Ocimum basilicum*）、茴香（*Foeniculum vulgare*）
墨西哥	莱姆、茴香、花梨木（*Ormosia hosiei*）、紫檀（*Pterocarpus indicus*）、众香子（*Pimenta officinalis*）、肉桂（*Cinnamomum cassia*）、芫荽、枯茗（*Cuminum cyminum*）、大蒜（*Allium sativum*）、姜（*Zingiber officinale*）、甜牛至（*Origanum marjorana*）
危地马拉	柠檬香茅（*Cymbopogon citratus*）、豆蔻、姜、众香子、小豆蔻（*Elettariaa cardamomum*）
海 地	柠檬、莱姆
英 国	胡椒薄荷（*Mentha piperita*）、薰衣草（*Lavandula angustiolia*）、快乐鼠尾草（*Salvia sclare*）、百里香（*Thymus mongolicus*）、罗马洋甘菊（*Anthemis nobilis*）、莳萝、牛至、欧芹（*Petroselinum hortense*）、葛缕子
法 国	薰衣草、玫瑰（*Rosa rugosa*）、茉莉（*Jasminum sambac*）、天竺葵（*Pelargonium hortorum*）、甜牛至、迷迭香（*Rosmarinus officinalis*）、百里香、杜松、罗勒、快乐鼠尾草、豆蔻、罗马洋甘菊、马鞭草（*Verbena officinalis*）、茴香、香蜂草（*Melissa officinalis*）、莳萝、龙蒿（*Artemisia dracunculus*）
西班牙	百里香、尤加利（*Eucalyptus globules*）、柠檬、迷迭香、天竺葵、丝柏（*Cupressus sempervirens*）、月桂、快乐鼠尾草、茉莉、马鞭草
摩洛哥	天竺葵、雪松、茉莉、玫瑰、迷迭香
阿根廷	香茅、柠檬、芫荽、枯茗
阿尔及利亚	天竺葵、百里香、橙花（*Citrus aurantium*）
埃 及	茉莉、洋甘菊、天竺葵
德 国	莳萝、洋甘菊、甜牛至、丝柏、欧白芷
意大利	迷迭香、佛手柑（*Citrus medica* var. *sarcodactyli*）、柠檬、杜松、玫瑰、天竺葵
保加利亚	玫瑰、快乐鼠尾草、罗马洋甘菊、甜牛至、茴香、罗勒
土耳其	玫瑰、雪松、香茅（*Mosla chinensis*）、檀香（*Santalum album*）、柠檬香茅
印 度	檀香
斯里兰卡	肉桂、欧薄荷、豆蔻、柠檬香茅、丁香（*Syringa aromaticum*）、白胡椒（*Piper nigrum*）

（续）

国家或地区	主要芳香植物
也　门	乳香（*Boswellia carteri*）
索马里	没药、乳香
马达加斯加	依兰（*Cananga odorata*）、丁香、天竺葵、广藿香（*Pogostemon cablin*）、罗勒
南　非	尤加利、茉莉
俄罗斯	芫荽、鼠尾草、薰衣草、天竺葵、洋甘菊
中　国	广藿香、香茅、肉桂、茉莉
菲律宾	依兰
印度尼西亚	丁香、豆蔻、檀香、广藿香、安息香（*Styrax tonkinensis*）、香茅
澳大利亚	尤加利、茶树（*Melaleuca alternifolia*）
奥地利	桃金娘（*Rhodomyrtus tomentosa*）、菊花（*Dendranthema morifolium*）、芥菜
安哥拉	岩兰草（*Vetiveria zizanioides*）

（引自王羽梅，《中国芳香植物》，2008）

1.2.2　我国芳香植物地理自然分布

我国是芳香植物资源大国，从南到北均有分布，但南北芳香植物种类差异很大。不同的芳香植物种类经长期自然选择和人工选择，其地理分布呈现较明显的区域性。当然，各种保护设施的兴建，将在一定程度上淡化芳香植物的地理分布，芳香植物分布的区域性也将逐渐缩小。

根据我国的气候类型，并适当结合行政区划，可把中国芳香植物区划为 7 个自然区：

（1）华南亚热带、热带区

该区主要包括我国广东、广西、福建、海南、台湾、香港、澳门。本区夏季炎热，冬季温暖，年平均气温较高，多数地区年降水量 1400～2000mm。土壤由南到北以砖红壤、赤红壤为主，其次有红壤、黄壤、石灰土、磷质石灰土等。

该区芳香植物资源极为丰富，是我国芳香植物资源较为集中的地区。就植物科属种类分布而言，以木兰科、蔷薇科、木犀科、樟科、菊科、芸香科、唇形科种类较多。主要芳香植物有：樟树、九里香、八角茴香、胡椒、肉桂、山鸡椒、香茅、白兰、黄兰、含笑、鹰爪、香荚兰、柠檬桉、依兰、柠檬草、茉莉、广藿香、檀香、丁香、马尾松、日本柳杉、珠兰、莽草、夜合花、细叶桉、乌药、金合欢、米兰、香荚兰、芸香草、香根草等。

（2）华中区（长江流域区）

该区主要包括湖北、湖南、江西、浙江、安徽、江苏的南部及四川盆地。本区夏季温度高，冬季有霜雪，年平均温度均在 15℃以上，无霜期 240～340d，年降水量

1000~1500mm。土壤有冲积土、红壤、棕壤、黄褐土、黄壤以及水稻土等。

据统计，该区有芳香植物750种以上，其中以樟科、木兰科、杜鹃花科、兰科、伞形科、唇形科为多。主要芳香植物有：山鸡椒、薄荷、缬草、香薷、花椒、马尾松、桂花、栀子、樟树、牡荆、藿香、山胡椒、狭叶山胡椒、山姜、蜡梅、山刺柏、晚香玉、罗勒、枫香等。

（3）华北区

该区主要包括北京、天津、河北、河南、山东、山西等省市及江苏和安徽的淮河以北的干旱地区，辽东半岛也类似于这个地区。本区阳光充足，雨水较少，空气湿度低，年均降水量在750mm以下，夏季昼夜温差较大，冬季寒冷，全年无霜期200~240d。土壤有黄土、棕色森林土、冲击性褐土和盐碱土。

该区重要的芳香植物主要分布在唇形科、蔷薇科和菊科。主要芳香植物有：百里香、香薷、黄芪、香青兰、野蔷薇、玫瑰、桂花、零陵香、黄花蒿、油松、缬草、茵陈蒿、猪毛蒿、苍术、花椒、荆条、铃兰等。

（4）东北寒冷区

该区主要包括黑龙江、吉林、辽宁北部和内蒙古东部地区。本区气候寒冷，植物生长期短，无霜期仅90~165d。年均降水量为400~600mm。土壤肥沃，富含有机质。土壤多为黑钙土，以灰色森林土、腐殖质湿土及沼泽地区的泥炭质湿土为主。

该区有芳香植物近百种，主要芳香植物有：杜香、铃兰、暴马丁香、臭冷杉、百里香、刺玫蔷薇、香薷、黄花蒿、香蒿、落叶松、红松、白桦、兴安杜鹃、甘草等。其中杜香、铃兰主要分布于大兴安岭，暴马丁香遍布东北。东北各省在芳香植物开发利用上几乎为空白，香料工业基础相当薄弱。

（5）西北干燥区

该区主要包括陕西、甘肃、内蒙古、新疆、宁夏等地。本区空气干燥，雨量极少，年降水量在100mm以下，气候寒冷，但阳光充足。冬寒夏热，昼夜温差较大。土壤多为漠钙土、盐土和盐碱土、红土、黄土、砂土。

该地区芳香植物资源并不很多，大面积分布的芳香植物有玫瑰、沙枣等。该地区有一些闻名全国的芳香植物，如甘肃的苦水玫瑰，新疆种植的薰衣草和大马士革玫瑰，甘肃民勤县的小茴香，而孜然是新疆重要的调味香料。

（6）西南高原区

该区主要包括四川西南部、重庆等地及云南、贵州的高原地带。本区以高原、山地为主，海拔多在1500~2000m以上，一般年降水量为800~1000mm，一年中的温度变化不大。冬暖夏凉，四季如春。云贵高原以红壤、赤红壤、黄壤燥红土为主，四川盆地以紫色土为主。

该区芳香植物种类多、分布广，主要芳香植物有：云南松、日本柳杉、马尾松、亮叶桦、含笑、蜡梅、香樟、山鸡椒、木姜子、柠檬桉、野花椒、大齿当归、香蒲、香茅等。

(7) 青藏高寒区

该区主要包括青海和西藏自治区以及四川西北部。本区气候高寒，雨水较少，空气干燥，海拔多在3000m以上，四季多风，气候变化剧烈，谷地气候较温和。土壤有石砾土、粟钙土、高山草原土等。

该区芳香植物种类不多，在局部较好环境下有一些零星分布，主要芳香植物有：臭樟、油樟、野花椒、蔷薇、缬草、土木香、荆芥、唐古特青兰、地椒、宽叶甘松及蒿属植物。

1.3　芳香植物的分类

1.3.1　植物学分类法

植物学分类法是根据植物的系统发生和形态特点，把纷繁复杂的植物界分门别类，确定芳香植物所属门、纲、目、科、属、种、变种和变型的方法。比较而言，植物学分类法更系统、更全面、更严谨。

Ⅰ裸子植物门 Gymnospermae

(1) 松柏纲 Coniferopsida

柏科 Cupressaceae

柏木属 *Cupressus*

柏木 *C. funebris*

千香柏 *C. duclouxiana*

扁柏属（花柏属）*Chamaecyparis*

日本花柏 *C. pisifera*

侧柏属 *Platycladus*

侧柏 *P. orientalis*

刺柏属 *Juniperus*

刺柏 *J. formasana*

杜松 *J. rigida*

翠柏属 *Calocedrus*

翠柏 *C. macrolepis*

松科 Pinaceae

冷杉属 *Abies*

臭冷杉 *A. nephrolepis*

杉松 *A. holophylla*

黄果冷杉 *A. ernestii*

雪松属 *Cedrus*

雪松 *C. deodara*

油杉属 *Keteleeria*

油杉 *K. fortunei*

云杉属 *Picea*

青杆 *P. wilsonii*

云杉 *P. asperata*

松属 *Pinus*

白皮松 *P. bungeana*

赤松 *P. densiflora*

红松 *P. koraiensis*

华南五针松 *P. kwangtungensis*

华山松 *P. armandi*

黄山松 *P. taiwanensis*

马尾松 *P. massoniana*

杉科 Taxodiaceae

柳杉属 *Cryptomeria*

柳杉 *C. fortunei*

落羽杉属 *Taxodium*

落羽杉 *T. distichum*

池杉 *T. ascendens*

杉木属 *Cunninghamia*

杉木 *C. lanceolata*

水杉属 *Metasequoia*

水杉 *M. glyptostroboides*

（2）红豆杉纲（紫杉纲）Taxopsida

红豆杉科（紫杉科）Taxaceae

白豆杉属 *Pseudotaxus*

白豆杉 *P. chienii*

红豆杉属（紫杉属）*Taxus*

红豆杉 *T. chinensis*

罗汉松科 Podocarpaceae

罗汉松属 *Podocarpus*

罗汉松 *P. macrophyllus*

鸡毛松 *P. imbricatus*

百日青 *P. neriifolius*

Ⅱ被子植物门 Angiospermae

（1）双子叶植物纲 Dicotyledones

菊科 Compositae

艾纳香属 *Blumea*

艾纳香 *B. balsamifera*

苍耳属 *Xanthium*

苍耳 *X. sibiricum*

苍术属 *Atractylodes*

白术 *A. macrocephala*

北苍术 *A. chinensis*

苍术 *A. lancea*

关苍术 *A. japonica*

蒿属 *Artemisia*

艾蒿 *A. argyi*

臭蒿 *A. hedinii*

黄花蒿 *A. annua*

蒙古蒿 *A. mongolica*

沙蒿 *A. desertorum*

茵陈蒿 *A. capillaris*

猪毛蒿 *A. scoparia*

蒲公英属 *Taraxacum*

蒲公英 *T. mongolicum*

菊属 *Dendranthema*

甘菊 *D. lavandulaefolium*

菊花 *D. morifolium*

野菊 *D. indicum*

毛华菊 *D. vestitum*

款冬属 *Tussilago*

款冬 *T. farfara*

木香属 *Aucklandia*

云木香 *A. lappa*

万寿菊属 *Tagetes*

孔雀草 *T. patula*

万寿菊 *T. eracta*

香青属 *Anaphalis*

翅茎香青 *A. pterocaula*

零零香青 *A. hancockii*

乳白香青 *A. lactea*

唇形科 Labiatae

百里香属 *Thymus*

百里香 *T. mongolicus*

地椒 *T. quinqecostatus*

薄荷属 *Mentha*

薄荷 *M. haplocalyx*
辣薄荷 *M. piperita*
留兰香 *M. spicata*
欧薄荷 *M. longifolia*
刺蕊草属 *Pogostemon*
广藿香 *P. cablin*
迷迭香属 *Rosmarinus*
迷迭香 *R. officinalis*
霍香属 *Agastache*
藿香 *A. rugosus*
茴藿香 *A. formosanum*
姜味草属 *Micromeria*
姜味草 *M. biflora*
荆芥属 *Nepeta*
荆芥 *N. cataria*
多裂叶荆芥 *N. multifida*
罗勒属 *Ocimum*
丁香罗勒 *O. gratissimum*
罗勒 *O. basilicum*
圣罗勒 *O. sanctum*
蜜蜂花属 *Melissa*
香蜂花 *M. officinalis*
牛至属 *Origanum*
牛至 *O. vulgare*
甜牛至 *O. majorana*
神香草属 *Hyssopus*
神香草 *H. officinalis*
鼠尾草属 *Salvia*
鼠尾草 *S. japonica*
香紫苏 *S. sclarea*
香薷属 *Elsholtzia*
香薷 *E. ciliata*
鸡骨柴 *E. frnticosa*
四方蒿 *E. blanda*
薰衣草属 *Lavandula*
薰衣草 *L. angustiolia*
紫苏属 *Perilla*
紫苏 *P. frutescens*

樟科 Lauraceae
木姜子属 *Litsea*
木姜子 *L. pungens*
山鸡椒 *L. cubeba*
山胡椒属 *Lindera*
乌药 *L. aggregate*
山胡椒 *L. glauca*
香叶树 *L. communis*
月桂属 *Laurus*
月桂 *L. nobilis*
樟属 *Cinnamomum*
沉水樟 *C. micranthum*
黄樟 *C. porrectum*
肉桂 *C. cassia*
香桂 *C. subavenium*
阴香 *C. burmannii*
樟树 *C. camphora*
木兰科 Magnoliaceae
观光木属 *Tsoongiodendron*
观光木 *T. odorum*
含笑属 *Michelia*
白兰 *M. alba*
含笑 *M. figo*
黄兰 *M. champaca*
深山含笑 *M. maudiae*
紫花含笑 *M. crassipes*
木兰属 *Magnolia*
厚朴 *M. officinalis*
黄玉兰 *M. champaca*
玉兰 *M. denudata*
木莲属 *Manglietia*
大叶木莲 *M. megaphylla*
木莲 *M. fordiana*
香木莲 *M. aromatica*
芸香科 Rutaceae
花椒属 *Zanthoxylum*
花椒 *Z. bungeanum*
两面针 *Z. nitidum*

柑橘属（柑属）*Citrus*
甜橙 *C. sinensis*
柠檬 *C. limon*
柑橘 *C. reticulata*
葡萄柚 *C. paradisi*
芸香属 *Ruta*
芸香 *R. graveolens*
九里香属 *Murraya*
九里香 *M. exotica*
千里香 *M. paniculata*
茵芋属 *Skimmia*
茵芋 *S. reevesiana*
黄皮属 *Clausena*
齿叶黄皮 *C. dunniana*
黄皮 *C. lansium*
伞形科 Umbelliferae
刺芹属 *Eryngium*
刺芹 *E. foetidum*
藁本属 *Ligusticum*
川芎 *L. chuanxiong*
藁本 *L. sinense*
葛缕子属 *Carum*
葛缕子 *C. carvi*
茴芹属 *Pimpinella*
茴芹 *P. anisum*
茴香属 *Foeniculum*
茴香 *F. vulgare*
欧芹属 *Petroselinum*
香芹 *P. hortense*
羌活属 *Notopterygium*
羌活 *N. incisum*
芹属 *Apium*
旱芹 *A. graveolens*
纤叶芹 *A. leptophyllum*
山芹属 *Ostericum*
大齿山芹 *O. grosseserratum*
隔山香 *O. citriodorum*
莳萝属 *Anethum*

莳萝 *A. graveolens*

鸭儿芹属 *Cryptotaenia*

鸭儿芹 *C. japonica*

芫荽属 *Coriandrum*

芫荽 *C. sativum*

孜然芹属 *Cuminum*

孜然芹 *C. cyminum*

蔷薇科 Rosaceae

地榆属 *Sanguisorba*

地榆 *S. officinalis*

龙牙草属 *Agrimonia*

龙牙草 *A. pilosa*

蔷薇属 *Rosa*

黄蔷薇 *R. hugonis*

玫瑰 *R. rugosa*

木香 *R. banksiae*

月季 *R. chinensis*

香水月季 *R. odorata*

桃金娘科 Myrtaceae

桉属 *Eucalyptus*

蓝桉 *E. globulus*

柠檬桉 *E. citriodora*

白千层属 *Melaleuca*

白千层 *M. leucadendra*

互叶白千层 *M. alternifolia*

红千层属 *Callistemon*

红千层 *C. rigidus*

蒲桃属 *Syzygium*

丁子香 *S. aromaticum*

香桃木属 *Myrthus*

香桃木 *M. communis*

众香属 *Pimenta*

众香 *P. officinalis*

蜡梅科 Calycanthaceae

蜡梅属 *Chimonanthus*

蜡梅 *C. praecox*

浙江蜡梅 *C. zhejiangensis*

夏蜡梅属（洋蜡梅属）*Calycanthus*

夏蜡梅 *C. chinensis*

檀香科 Santalaceae

沙针属 *Osyris*

沙针 *O. wightiana*

檀香属 *Santalum*

檀香树 *S. album*

木犀科 Oleaceae

丁香属 *Syringa*

暴马丁香 *S. amurensis*

连翘属 *Forsythia*

连翘 *F. suspensa*

素馨属（茉莉属）*Jasminum*

茉莉 *J. sambac*

素方花 *J. officinale*

木犀属 *Osmanthus*

桂花 *O. fragrans*

番荔枝科 Annonaceae

藤春属（阿芳属）*Alphonsea*

藤春 *A. monogyan*

依兰属（加拿楷属，夷兰属）*Cananga*

依兰 *C. odorata*

鹰爪花属（鹰爪属）*Artabotrys*

鹰爪花 *A. hexapetalus*

假鹰爪属（山指甲属，酒饼叶属）*Desmos*

假鹰爪 *D. chinensis*

楝科 Meliaceae

米仔兰属 *Aglaia*

米兰 *A. odorata*

四季米仔兰 *A. duperreana*

（2）单子叶植物纲 Monocotyledoneae

禾本科 Gramineceae

刚竹属（毛竹属）*Phyllostachys*

紫竹 *P. nigra*

毛金竹 *P. nigra* var. *henonis*

黄花茅属 *Anthoxanthum*

黄花茅 *A. odoratum*

苦竹属 *Pleioblastus*

苦竹 *P. amarus*

簕竹属 *Bambusa*

孝顺竹 *B. multiplex*

茅香属（香草属）*Hierochloe*

茅香 *H. odorata*

箬竹属 *Indocalamus*

阔叶箬竹 *I. latifolius*

香根草属 *Vetiveria*

香根草 *V. zizanioides*

香茅属 *Cymbopogon*

橘草 *C. goeringii*

鲁沙香茅 *C. martinii*

香茅 *C. citratus*

芸香草 *C. distans*

枫茅 *C. winteriamus*

香竹属 *Chimonocalamus*

灰香竹 *C. pallers*

慈竹属 *Neosinocalamus*

慈竹 *N. affinis*

百合科 Liliaceae

百合属 *Lilium*

百合 *L. brownii* var. *viridulum*

麝香百合 *L. longiflorum*

葱属 *Allium*

葱 *A. fistulosum*

大蒜 *A. sativum*

韭菜 *A. tuberosum*

韭葱 *A. porrum*

蒙古韭 *A. mongolicum*

洋葱 *A. cepa*

风信子属 *Hyacinthus*

风信子 *H. orientalis*

铃兰属 *Convallaria*

铃兰 *C. majalis*

玉簪属 *Hosta*

玉簪 *H. plantaginea*

姜科 Zingiberaceae

豆蔻属（砂仁属）*Amomum*

草果 *A. tsaoko*

砂仁 *A. villosum*
香豆蔻 *A. subulatum*
姜属 *Zingiber*
红球姜 *Z. zerumbet*
姜 *Z. officinale*
蘘荷 *Z. mioga*
姜花属 *Hedychium*
姜花 *H. coronarium*
姜黄属 *Curcuma*
姜黄 *C. longa*
莪术 *C. zedoaria*
郁金 *C. aromatica*
山姜属（良姜属）*Alpinia*
草豆蔻 *A. katsumadai*
莎草科 Cyperaceae
莎草属 *Cyperus*
香附子 *C. rotundus*

1.3.2 按生态习性分类

（1）一、二年生芳香植物

一年生芳香植物是指从播种到开花、结实、枯死均在一个生长季内完成的一类芳香植物。一般在春季播种，夏秋季开花结实，然后枯死。一般都不耐寒，多为短日性，如罗勒、紫苏等。二年生芳香植物是指播种后当年只进行营养生长，第二年春夏才开花结实，完成其生命周期的一类芳香植物。一般在秋季播种，有一定耐寒力，不耐高温，大多为长日性，如紫罗兰、胡萝卜等。

（2）宿根芳香植物

与一、二年生芳香植物相似，地下部分未发生变态，能生活多年的一类草本芳香植物。如菊花、芍药等。

（3）球根芳香植物

由地下茎或根变态形成膨大部分的多年生草本芳香植物。因其变态部分不同，又可分为以下5类：

球茎类　地下茎膨大呈球形，表面环状节痕迹明显，上有数层膜质外皮，在球茎顶端有肥大的顶芽，侧芽不发达。如香雪兰、唐菖蒲等。

鳞茎类　地下茎短缩，呈扁平鳞茎盘，鳞茎盘上着生肉质鳞片。如水仙、百合等。

块茎类　地下茎膨大呈块状，表面无环状节痕，块茎顶端通常有几个发芽点。如茅香、山柰等。

根茎类　地下茎根状，有明显的节与节间，每一节上通常可发生侧芽。如姜等。

块根类　块根由不定根或侧根膨大而成，块根上无芽，芽生在根茎分界处。如大丽花。

（4）木本芳香植物

多为灌木或乔木。如含笑、蜡梅、桂花、依兰等。

（5）肉质多浆类芳香植物

具旱生、喜热的生态生理特点，植物体内含水量多，茎叶肥厚、肉质多浆。如芦荟、量天尺等。

（6）水生类芳香植物

生于水中或沼泽地中。如莲、睡莲等。

（7）高山类芳香植物

生于较高海拔地区或山区。如雪莲花。

1.3.3 按植物学形态分类

草本类　如香叶天竺葵、芸香、薄荷、柠檬香茅等。

灌木类　如九里香、月季、迷迭香等。

乔木类　如白兰、柠檬桉、樟树、桂花等。

藤本类　如忍冬、鹰爪花、胡椒等。

竹类　如紫竹、毛金竹等。

棕榈类　如槟榔、椰子等。

1.3.4 按不同利用部位分类

香草植物　全草或地上部均可利用的草本芳香植物。如薰衣草、薄荷、紫苏、香茅等。

香叶植物　叶片具有浓郁香气的一类芳香植物。如绿花白千层、樟树、菖蒲等。

香根植物　地下根部具香气的一类芳香植物。如香根草、姜、缬草等。

香花植物　鲜花具有浓郁香气的一类芳香植物。如依兰、桂花、茉莉、米兰、玫瑰等。

香果植物　果实或果皮具香气的一类芳香植物。如香荚兰、茴香、胡椒、柑橘类等。

香木植物　心材可提取精油的木本芳香植物。如檀香、花梨木、雪松等。

香皮植物　树皮或根皮具香气的芳香植物。如桂皮、牡丹皮等。

香树脂植物　此类植物能产生树脂，其树脂可提取精油。如乳香、没药、安息香等。

1.3.5 按经济用途分类

药用芳香植物　具有特殊的药用价值，可作为药物来使用。如五味子、广藿香等。

香料芳香植物　可作辛香料直接使用或从植物体内提取精油（挥发油）的一类植物。如茴香、八角、豆蔻、姜、薄荷、香茅等。

食用芳香植物　植物的部分器官或全株可食用。如罗勒、紫苏、百里香、茴香、柠檬等。

熏茶芳香植物　植物某个器官具芳香性，可用于茶叶的熏制。如茉莉、玫瑰、桂花等。

观赏绿化用芳香植物　作观赏、绿化用的草本或木本芳香植物。如桂花、米兰、白兰等。

环境保护芳香植物　能改善环境条件，可作为环境指示植物的一类芳香植物。如台湾相思、樟子松等。

1.3.6 按风味分类

辛辣风味　如辣椒、姜、辣根、芥菜、黑胡椒、白胡椒等。

辛甜风味　如肉桂、丁香等。

甘草样风味　如甜罗勒、小茴香、龙蒿、细叶芹等。

清凉风味　如薄荷、留兰香、罗勒、牛至等。

葱蒜类风味　如洋葱、细香葱、大蒜等。

酸涩样风味　如续随子等。

坚果样风味　如芝麻籽等。

苦味　如芹菜籽、啤酒花、迷迭香等。

芳香样风味　如鼠尾草、莳萝、芫荽、百里香等。

知识拓展

一些芳香植物具有多种用途，利用途径不同，其利用部位也不同。如茴香、芫荽、芹菜等，作为蔬菜食用时，利用部位是其鲜嫩茎叶，而提取精油时则是利用其果实；柑橘类芳香植物作为水果食用时，利用其果肉，而提取精油时则是利用其果皮。此外，许多芳香植物既可提取精油，又兼有药用价值，如广藿香、薄荷、莳萝籽等。

小　结

生物多样性包括物种多样性、品种多样性和生态环境多样性。我国复杂的自然生态环境为各种芳香植物的生长提供了有利的自然条件。芳香植物，特别是草本芳香植物，其原产地主要分布在地中海沿岸为中心的欧洲诸国。我国南北自然生态环境不同，因而芳香植物种类差异很大，使各种芳香植物的自然地理分布呈较明显的区域性。根据我国的气候类型，并结合行政区划，把中国芳香植物区划分为华南亚热带及热带区、华中区、华北区、东北寒冷区、西北干燥区、西南高原区及青藏高寒区 7 个自然区。芳香植物种类众多，为更好地了解和利用芳香植物种质资源，对其从植物学系统、生态习性、植物学形态、利用部位、经济用途、风味等方面进行了分类。

复习思考题

1. 根据我国气候类型，结合行政区划，把芳香植物区划为哪几个区？各区的主要芳香植物种类有哪些？
2. 对芳香植物进行植物学分类的意义是什么？
3. 根据不同利用部位，可将芳香植物分为哪几类？

推荐阅读书目

1. 中国芳香植物．王羽梅．科学出版社，2008.
2. 园艺学总论．章镇，王秀峰．中国农业出版社，2003.
3. 药用植物资源学．郭巧生．高等教育出版社，2007.
4. 香辛料生产技术．徐清萍．化学工业出版社，2010.

第2章

芳香植物

生长发育与环境条件

影响芳香植物生长发育的生态因子主要包括温度、光照、水分、土壤、地形、地貌、大气、生物等。芳香植物各生态因子之间相互联系、相互制约，共同组成芳香植物生长发育所必需的生态环境。了解芳香植物与环境条件的关系对芳香植物的高产、稳产、优质、高效极其重要。

2.1 芳香植物的生长发育特性及其规律性

2.1.1 生长与发育的关系

植物的生长发育是一系列复杂的生命活动过程，是植物按照其自身固有的遗传模式和顺序，并在一定的外界环境条件下，利用外界的物质和能量进行分生、分化的结果，是一个从量变到质变的过程。生长是指植物各器官、系统的长大和形态变化，是量的变化；发育是指细胞、组织和器官的分化完善与功能上的成熟，是质的变化。因此，植物的生长与发育不同，但两者密切相关，生长是发育的物质基础，而发育成熟状况又反映在生长量的变化上。对生长和发育而言，都不是越快越好或越慢越好。

2.1.2 芳香植物生长周期

植物的生长周期是最普遍的生长规律之一，包括生命周期、昼夜周期和季节周期。

植物从播种开始，经幼年、性成熟、开花、衰老直至死亡的生长发育全过程称为植物的生命周期。根据周期不同可把植物分为一年生植物、二年生植物和多年生植物。就植物个体生长而言，无论是整个植株质量的增加，还是茎的伸长或叶面积的扩大，都不是无限的。生长最基本的方式是初期生长慢，中期生长逐渐加快，当速度达到高峰后，逐渐减慢，最后生长停止。这种方式就是所谓的S形曲线。

所有活跃生长的植物器官在生长速率上都具有生长的昼夜周期性。影响植物昼夜生长的因子主要有温度、水分和光照。其中，植物生长速度与水分关系最为密切。在水分供应正常的前提下，植物地上部在温暖白天的生长较黑夜快，一天内生长速度有两个高峰，通常一个在午前，另一个在傍晚。而多数植物的根系夜间生长量大，新根发生也多，白天生长量相对较小。果实生长昼夜变化主要遵循“昼缩夜胀”的变化规律，其中光合产物在果实内的累积主要是前半夜，后半夜果实的增大主要是吸水。

每年随着气候变化，植物的生长发育表现出与外界环境因子相适应的形态和生理变化，并呈现出一定的规律性，称为年生长周期。在年生长周期中，这种与季节性气候变化相适应的植物器官的形态变化时期称为物候期。不同芳香植物种类和品种的物候期有明显差异。环境条件、栽培技术也会改变或影响物候期。因此，在生产上常以此来调节控制植物生长发育向人们所期望的方向发展。

2.1.3 芳香植物个体发育过程

就种子繁殖的个体而言，植物从种子萌发开始到再收获种子为止的过程称为个体发育。此过程可分为种子时期、营养生长时期和生殖生长时期3个阶段。

（1）种子时期

种子时期指从种子形成至开始萌发的阶段。健康的植株在良好的光照、水分和养分条件下，雌蕊柱头授粉，卵细胞受精，胚珠发育成成熟种子；采收后的成熟种子进入休眠状态。种子休眠过后，在适宜的温度、水分等条件下即可萌发。

（2）营养生长时期

种子发芽后进入幼苗期，幼苗生长的好坏对植株以后的生长发育影响很大。幼苗期对水分和养分的绝对需求量不多，但要求严格。幼苗期以后，一年生芳香植物进入营养生长旺盛期。二年生芳香植物营养生长旺盛期过后，有些就开始进入短暂的休眠期，第二年春季再开始旺盛生长。二年生及多年生芳香植物在贮藏器官形成后有一个休眠期，有的是自发休眠，但大多数是被动休眠，一旦遇到适宜的温度、水分和光照条件，即可发芽或开花。

（3）生殖生长时期

此时植物对温度、光照、水分最为敏感，温度、干旱、光照都会影响开花。花经授粉、受精后，子房膨大形成果实。此时是果实类、种子类芳香植物保证产量的关键时期。

2.1.4 花芽分化

花芽分化是指叶芽的生理和组织状态向花芽的生理和组织状态转化的过程。花芽分化可分为生理分化阶段、形态分化阶段和性细胞形成阶段。生理分化阶段是在形态分化之前的肉眼看不见的生理变化期，是生长点内部由叶芽的生理状态转向花芽的生理状态转变的过程；形态分化期是芽内部花器官出现；性细胞形成是花粉和柱头内的雌雄两性细胞的形成发育。全部花器官分化完成后即花芽形成。

2.1.4.1 花芽分化的类型

（1）夏秋分化型

花芽分化每年1次，在6~9月进行。这类植物至秋末花器的主要部分已完成花芽分化，只有性细胞的分化在冬春完成，第2年春季开花。如牡丹、丁香、梅花等。

（2）冬春分化型

这类植物有些是原产温暖地区的木本植物，如柑橘从12月至次年3月进行花芽分化；还有一些二年生植物和春季开花的宿根植物仅在春季温度较低时进行花芽分化，如芹菜等。

（3）当年一次分化、一次开花型

一些当年夏秋开花的种类，在当年枝的新梢上或花茎顶端形成花芽。如萱草、菊花等。

（4）多次分化型

一年可多次发枝，每次枝顶均能形成花芽并开花。如月季、茉莉、忍冬等。

（5）不定期分化型

每年只分化 1 次花芽，但无固定时期，播种后只要植株达到一定叶面积就能成花，主要视植物体自身养分的积累程度而异。如万寿菊等。

2. 1. 4. 2　影响花芽分化的因素

（1）内部因素

遗传特性（DNA，RNA）是代谢方式和发育方向的决定者；结构物质主要包括各种碳水化合物、各种氨基酸和蛋白质；能量物质指淀粉、糖类和 ATP；调节物质主要是内源激素和酶类。

（2）环境因素

光照对花芽分化的影响主要是光周期的作用。各种植物对日照长短要求不一，根据这一特性将植物分为长日照植物、短日照植物、中性植物。强光下光合作用旺盛，利于花芽分化。紫外光对花芽分化有促进作用。适宜的温度有利于花芽分化，各种芳香植物花芽分化的最适宜温度不同。土壤适度干旱时，营养生长停止或较缓慢，有利于花芽分化。

2. 1. 4. 3　花芽分化调控途径

针对不同芳香植物花芽分化特点，合理调控环境条件，采取相应的栽培技术措施，调节植株营养条件及内源激素水平，控制营养生长与生殖生长平衡协调发展，从而达到调控花芽分化与形成的目的。

（1）促进花芽分化

减少氮肥施用量；适当减少土壤供水；满足成花诱导阶段的环境条件，主要是温度及日照长度，即春化作用和光周期的调控；生长旺盛的枝梢摘心、扭梢、拉枝、环剥、环割、绞缢等；喷施促进花芽分化的生长调节剂；疏除过量的果实；修剪时多轻剪。

（2）抑制花芽分化

促进植株营养生长的措施；喷施促进营养生长的植物生长调节剂；多留果实；修剪时适当重剪。

2.2 环境条件对芳香植物生长发育的影响

2.2.1 温度

温度是影响芳香植物分布及生长发育的重要环境因子之一，制约着植物体生长发育的速度及其生理活动。芳香植物只有在一定的温度范围内才能正常的生长发育。因此，了解芳香植物对温度适应的范围及其与生长发育的关系，是确定芳香植物分布范围和安排生产季节，获得优质高产的重要依据。

2.2.1.1 温度对芳香植物分布的影响

芳香植物原产地因纬度、海拔高度、地形、季节特点等不同，温度条件也存在差异。随纬度提高，温度也逐渐降低。纬度每增加 1°，年平均温度下降 0.5～0.9℃。因此，随纬度增加，温带及寒温带的耐寒性芳香植物分布增加；随纬度降低，亚热带及热带芳香植物分布增加。海拔高度对温度呈现有规律性的影响。无霜期随海拔升高呈现缩短趋势。平均海拔每升高 100m，气温下降 0.5℃左右。因此，高海拔地区多分布耐寒芳香植物，如雪莲、杜鹃花等。

不同地形通过影响芳香植物种植地的光照、温度、湿度，间接对植物产生综合生态效应。如生长在南坡的芳香植物长势健壮、产量较高、品质较好，但易受干旱或早春晚霜危害；北坡芳香植物易受冻害；西坡芳香植物会因下午较强的光照使得芳香植物易得日灼病。

不同地区的四季长短有一定差异，其差异大小受其他因子（如地形、海拔、纬度、季风、雨量等）的综合影响。芳香植物的物候期不是完全一成不变的，它会随着每年季节性变温和其他气候因子的综合作用而有一定范围的波动。在芳香植物生产和利用芳香植物进行园林绿化及香化建设中，必须对当地气候变化及芳香植物物候期进行充分了解，才能获得高产高效，发挥芳香植物在园林绿化和香化建设中的作用。

2.2.1.2 芳香植物不同种类对温度的要求

根据芳香植物对温度的适应性程度，可将其分为以下 4 类：

（1）耐寒性芳香植物

一般能耐-2～-1℃低温，短期内能忍耐-10～-5℃低温，最适同化作用温度为 15～20℃。这类芳香植物大多原产于寒带和温带以北，如薄荷、鼠尾草、迷迭香、欧当归、百里香、细香葱、薰衣草、香蜂花等。这类芳香植物能够露地越冬。

（2）半耐寒性芳香植物

通常能耐短时间-2～-1℃低温，最适同化作用温度为 17～23℃。这类芳香植物原产于温带较暖地区，如芍药、风信子等。耐寒力一般，在长江以南地区可露地越冬，在华南各地冬季可露地生长。

（3）喜温性芳香植物

种子萌发、幼苗生长、开花结果都要求较高温度，同化作用最适温度为 20~30℃，花期气温低于 10~15℃则不易授粉或落花落果，如忍冬、香茅等。

（4）耐热性芳香植物

这类植物的生长发育要求较高温度，同化作用最适温度多在 30℃左右，个别芳香植物可在 40℃下正常生长，如槟榔、砂仁、罗勒属植物等。

2.2.1.3　芳香植物不同生育时期对温度的要求

芳香植物在不同生长发育时期对温度的要求也不同。对一年生芳香植物而言，一般规律是播种期（即种子萌发期）要求温度高；幼苗生长期要求温度较低；旺盛生长期需要较高温度，否则影响开花结实；开花结实期要求相对较低温度，有利于延长花期和籽粒成熟。对二年生芳香植物来说，播种期要求较低温度（相对于一年生芳香植物而言）；幼苗生长期需要有一个更低的低温阶段（相对于播种期而言），来促进春化作用的完成；旺盛生长期要求较高温度；开花结实期同样需要相对较低温度。

温度对芳香植物的影响主要是气温和地温。气温影响芳香植物地上部分的生长，而地温则影响芳香植物根系的生长。土层越深，土壤温度变化幅度越小，根系温度变化也较小。

2.2.1.4　高温或低温障碍

温度是芳香植物生长发育最为敏感的环境条件。芳香植物生长发育并非总处于最适宜的温度范围内。温度过高或过低均会对芳香植物造成生理障碍。高温破坏光合作用和呼吸作用的平衡关系，促进蒸腾，从而使植物处于饥饿失水状态。热害使一些可逆的代谢变化变为不可逆的变化。高温持续时间越长，或温度越高，引起的障碍也越严重。高温引起的障碍主要包括日灼、落花落果、雄性不育、生长瘦弱，严重的可导致死亡。

低温对芳香植物造成的伤害，其外因主要取决于温度降低程度、持续时间、低温来临时间和解冻速度；内因主要取决于芳香植物种类、品种及其抗寒能力，此外还与地势和芳香植物本身营养状况有关。在温度过低的环境下，芳香植物会遭受冻害、冻旱、寒害等自然灾害的威胁。低温对芳香植物的危害轻则影响生长发育，重则使其受害，严重时会导致芳香植物死亡。温度剧烈变化对植物危害尤为严重，尤其是在生长发育的关键时期。降温越快越严重。通过适宜的栽培措施可提高芳香植物的抗寒性来减轻低温伤害，如秋季来临时，加强抗寒锻炼，增施磷、钾肥，少施氮肥，减少灌水避免徒长等。

2.2.2　光照

光照作为芳香植物生长发育的重要生态条件之一，通过光照强度、光照长度和光质（光的组成）3 个方面来影响芳香植物的生长发育。

2.2.2.1 光照强度对芳香植物生长发育的影响

一般植物的最适宜需光量为全日照的50%~70%。光照不足时，植株徒长、节间延长、花色不正、花香不足、花期延迟，且容易感染病虫害。

光照强度影响花蕾开放时间。如昙花近午夜开放，午夜后闭合；紫茉莉傍晚开放，日出闭合。

光照强度对叶色和花色也有影响。光照充足促进叶绿素合成，叶色浓绿，反之叶色变淡。紫红色花是由于花青素的存在而形成的，花青素必须在强光下才能产生。

芳香植物因生态习性不同，对光照强度要求也不同。可将芳香植物分为喜光芳香植物、耐阴芳香植物和中性芳香植物3种类型。

（1）喜光芳香植物

该类芳香植物喜强光，不能忍受若干荫蔽，光照不足时生长不良。多产于热带及温带平原上，高原南坡上以及高山阳面岩石上。如香茅、牡荆、结香、茉莉、玉兰等。

（2）耐阴芳香植物

该类芳香植物需光量少，在适当的荫蔽条件下才能正常生长，不能忍受强烈的直射光，生长期间一般要求有50%~80%荫蔽度。多原产于热带雨林下或分布于林下及阴坡。如铃兰、郁金香、灵香草等。

（3）中性芳香植物

该类芳香植物在充足的阳光下生长最好，但亦有不同程度的耐阴能力。生长期间，特别是夏季光照过强时，适当遮光有利其生长。如九里香、香冠柏、杜鹃花、白兰花、桔梗等。

2.2.2.2 光照时间对芳香植物生长发育的影响

光照时间的长短影响芳香植物的花芽分化、开花、结实、分枝习性以及某些地下器官（块根、块茎、球茎、鳞茎等）的形成。植物对白天和黑夜相对长度的反应，称为光周期现象。

按照芳香植物对光周期的反应，可将其分为以下3类：

（1）长日照芳香植物

日照长度必须大于某一临界日长（一般为12~14h及以上），或暗期必须短于一定时数才能成花的植物。如当归、红花、萝卜等。通常春末和夏季为自然花期。

（2）短日照芳香植物

日照长度只有短于其所要求的临界日长（一般为12~14h及以下），或者暗期必须超过一定时数才开花的植物。如紫苏、菊花等。多数在秋、冬季开花。

（3）日中性芳香植物

对光照时间长短不敏感，只要温度适宜，一年四季都能开花。如月季、天竺葵等。

此外，一些植物只能在一定光照长度下才能开花，延长或缩短日照时数均抑制其开花，称为中日性植物（或限光性植物）。如某些甘蔗品种，只有在日照 12.5h 条件下才能开花。

光周期除影响芳香植物的花芽分化和开花外，还影响芳香植物器官的形成。如慈姑、荸荠球茎的形成要求短日照条件，而洋葱、大蒜鳞茎的形成要求长日照条件。

在芳香植物栽培过程中，应根据该芳香植物对光周期的反应确定适宜播种期；通过人工控制光周期，促进或延迟开花，这在芳香植物育种工作中可以发挥作用。

2.2.2.3　光质对芳香植物生长发育的影响

太阳辐射的波长变化在 150~3000nm 的范围内。实验及理论推导证明，叶片吸收的光以可见光和紫外线为主，即同化太阳光谱 380~710nm 区间的能量。

光质（或光的组成）影响芳香植物的生长发育。经实验证明，红光、橙光有利于植物碳水化合物合成，加速长日照植物的生长发育，延迟短日照植物的生长发育；而蓝紫光能加速短日照植物的生长发育，并促进蛋白质和有机酸的合成，而延迟长日照植物的生长发育。一般认为短波光可促进植物分蘖，抑制植物伸长，促进多发侧枝和芽的分化；长波光可促进种子萌发和植物的向高生长；极短波促进花青素和其他色素的形成，高山地区及赤道附近极短波光较强，花色鲜艳。

2.2.3　水分

水分是芳香植物体内重要的组成成分和光合作用的重要原料之一。芳香植物体内各项生命活动过程都离不开水，水分的多少直接影响着芳香植物的生存、分布、生长和发育。

2.2.3.1　芳香植物对水的适应性

根据芳香植物对水分的适应能力和适应方式，可分为以下 5 类：

（1）旱生芳香植物

该类芳香植物具有高度的抗旱能力，不宜水分过多，能忍受长期空气或土壤干燥而正常生长发育。多数原产于炎热而干旱地区。如芦荟、量天尺等。栽培中应掌握宁干勿湿的灌水原则。

（2）半耐旱芳香植物

该类芳香植物叶片多呈革质、蜡质或被有绒毛，细胞液渗透势较低，如梅花、柑橘、一些松、柏科常绿针叶树种类等。栽培中应掌握干透浇透的灌水原则。

（3）中生芳香植物

该类芳香植物对土壤水分需求大于半耐旱芳香植物，以干湿适中的环境为宜，过干或过湿均不利其生长。绝大多数芳香植物均属于该类型，如月季、茉莉、丁香、桂花等通常需保持 60%左右的土壤含水量。

(4) 湿生芳香植物

该类芳香植物抗旱能力较差或极差，生长中需要较高的土壤湿度和空气湿度，水分不足会影响其生长发育。如水菖蒲等。栽培中应掌握宁湿勿干的灌水原则。

(5) 水生芳香植物

该类芳香植物长期生活在水中，根系不发达，但通气组织发达，不能忍受缺水的干旱条件。如莲、泽泻、香蒲等。

有部分水生植物也有较高的耐旱能力，如千屈菜、黄菖蒲等，既能在浅水区生长，也能在陆地生长。

2.2.3.2 芳香植物不同生长发育阶段对水分的要求

芳香植物生长发育的不同阶段，对水分有不同要求。如播种后种子萌发需要充足的水分；幼苗期，因根系浅而细弱，吸水力较弱，土壤需要保持湿润；旺盛生长期水分需充足，以保证旺盛生理代谢活动顺利进行；生殖生长期需水较少，空气湿度不能太高，否则影响花芽分化、开花数量和质量。植株休眠期及半休眠状态时，需水量较低，应少灌水。

水分过多或过少均对植物生长不利，影响芳香植物的观赏价值和精油含量。水分过多会造成植株徒长，还会抑制花芽分化；适当控制水分，有利于花芽形成，如梅花在形成花芽的6~7月，一定要控制供水量。水分供应过少则会造成生理障碍，严重的使植物死亡。因此，在芳香植物栽培过程中，应根据芳香植物种类、生长发育时期及气候条件、土壤水分状况等，适时、适量地灌溉，以保持土壤良好的通气条件，确保芳香植物产量稳定、品质优良。

2.2.4 土壤与营养

芳香植物从土壤中吸收营养元素和水分，以保证其正常的生长发育。只有土壤结构和理化特性良好才能满足芳香植物对水、肥、气、热的要求，获得最佳产量和最佳品质。

2.2.4.1 芳香植物对土壤的要求

多数芳香植物对土壤的要求为熟土层深厚、养分充足、疏松透气、温度稳定、保水性好。要满足以上土壤条件，必须在逐年深耕的基础上，结合施用大量有机肥，改善排灌条件。

(1) 土壤质地

土壤质地是指组成土壤的矿质颗粒各粒级所占的比例及其所表现的物理性质。根据各粒级土粒含量的不同，土壤可分为砂土、壤土、黏土、砾土等。砂土通气良好，保水保肥能力差，易发生干旱；黏土通气透水能力差，保水保肥能力强，供肥慢；壤土性质介于砂土和黏土之间，是最优良的土壤。壤土土质疏松，透水性良好，保水保肥能力强，适宜栽种多种芳香植物，特别是根及根茎类的芳香植物更适宜在壤土中栽培。砾土的特点与砂土类似，适当进行土壤改良后栽种较为适宜。

露地栽培的芳香植物对土壤的要求一般不甚严格，只要土层深厚，通气和排水良好，并具有一定肥力即可。盆栽芳香植物因根系的伸展受花盆限制，因此对土壤有特殊要求。配制盆栽芳香植物培养土时，各种基质材料的比例并不确定，只要配制的培养土符合以下要求即可：养分丰富；排水透气良好和具有保水保肥能力；平时不干裂，湿时不黏结成团；酸碱度适宜；土壤中不含有害物质。

（2）土壤酸碱度

土壤酸碱度是土壤多种化学性质的综合反映，它与土壤中微生物活动、有机物合成和分解、土壤养分分解和有效性等有密切关系。一般的芳香植物与其他多数植物一样，适合生长在微酸性至微碱性土壤上。

我国土壤 pH 变化由北向南渐低，由南方的强酸性到北方的强碱性，即南方多酸性到中性土壤，北方多碱性到中性土壤。南方许多芳香植物喜微酸性土壤，如肉桂、白兰、柠檬桉等。北方种植较多的玫瑰可良好地生长在微酸性到微碱性土壤上，而薰衣草则以中性到含钙质微碱性土壤生长较好。鸢尾在我国南北方均有栽培，以中性至微碱性土壤中生长较好。

根据芳香植物土壤酸碱度的要求不同，可将芳香植物分为以下 4 类：

耐酸性芳香植物：要求土壤 pH 为 4.0~6.0，如杜鹃花、山茶、栀子等。

微酸性芳香植物：要求土壤 pH 为 6.0~6.5，如百合、茉莉、柑橘、马尾松等。

中性芳香植物：要求土壤 pH 为 6.5~7.5，绝大多数芳香植物属于此类，如风信子、郁金香、大滨菊等。

碱性芳香植物：要求土壤 pH 为 7.5~8.0，如鸢尾、北美香柏、碱韭、韭葱等。

2.2.4.2　营养元素

除土壤本身存在的营养外，芳香植物所需要的营养主要依靠肥料来补充。为适应芳香植物生长发育和获得高产、优质的芳香植物，必须进行施肥以保证植物生长发育期间营养充足。在芳香植物栽培过程中，如何控制营养供应，直接影响着芳香植物的产量和品质。

（1）肥料类型

有机肥来自动植物遗体或排泄物，如人粪尿、厩肥、鸡鸭粪肥、草木灰、饼肥、马蹄片、沼气肥等。有机肥料对土壤结构、土壤中的养分、能量、酶、水分、通气和微生物活性等有着十分重要的影响。充分腐熟的有机肥多以基肥形式施入土壤，对植物养分供给比较平缓持久。有机肥料中各种营养元素比较完全，且这些物质完全是无毒、无害、无污染的自然物质，能为生产高产、优质、无污染的绿色芳香产品提供必需条件。

商品无机肥有尿素、硫酸铵、过磷酸钙、硫酸亚铁、磷酸二氢钾、硫酸钾、硼酸、硫酸锌等。无机肥主要用作追肥。追肥是基肥的补充。无机肥肥效高，常为有机肥的10倍以上。

（2）施肥时期

基肥施用时期因芳香植物种类不同而异。一、二年生芳香植物一般在播种或定植前整地时施入，木本芳香植物可在采收后至萌芽前施用。追肥一般是在植物吸肥数量大而集中的时期进行。不同种类的芳香植物生长发育特点有较大差异，因此追肥时期和次数不同。

（3）施肥量

芳香植物种类及品种、土质、肥料种类不同，难以确定统一的施肥量标准。一般植株矮小、生长旺盛的芳香植物少施；植株高大、枝叶繁茂的芳香植物多施。从需肥量来看，有的需肥量大，如薏苡、枸杞等；有的需肥量中等，如贝母、当归等；有的需肥量小，如小茴香、柴胡等；有的需肥量很小，如石斛、夏枯草等。一般植物在生长过程中对氮、磷、钾的需要量最大。喜氮的芳香植物有薄荷、紫苏、藿香、荆芥等；喜磷的芳香植物有薏苡、枸杞、荞麦等；喜钾的芳香植物有人参、黄芪、芝麻、甘草等。

（4）施肥方法

施肥分为土壤施肥和根外追肥。土壤施肥应根据芳香植物根系分布特点，将肥料施于根系集中分布层。施肥方法如下：

撒施：将肥料均匀撒在全园，翻入土壤中，多与园圃整地同时进行。

环状施肥：沿植株周围开环状沟，将肥料施入后随即掩埋。

灌溉式施肥：将肥料掺入水中，与灌溉尤其是喷灌、滴灌结合进行的一种施肥方式。

根外追肥：又称叶面施肥，是利用叶片、嫩枝及幼果的气孔、皮孔和角质层具有的吸收能力将液体肥料喷施于植株表面的一种追肥方法。操作简便、节省肥料、见效快。为提高叶面喷肥的效果，应选无风、晴朗、湿润的天气，夏季最好在10：00以前或16：00以后，以免因气温过高引起肥液浓缩发生药害。

2.2.5 气体

影响芳香植物生长发育的气体主要是O_2和CO_2。O_2和CO_2是植物进行呼吸作用和光合作用所必需的气体。

2.2.5.1 氧气

芳香植物栽培过程中，土壤板结、通气不良会造成缺氧，使植物根系无氧呼吸增加而导致其生长受阻，不能产生新根，严重时引起烂根等现象。因此，芳香植物栽培过程中排水、松土、翻盆、换盆等工作都有改善土壤通气条件的意义。

不同芳香植物种子萌发对氧气含量要求不同。如羽扇豆种子浸泡于水中，会因缺氧而不能发芽，而石竹种子会有部分发芽；还有一些芳香植物只需少量氧气即可发芽，如荷花、睡莲等；大多数芳香植物种子需要空气含氧量在10%以上的潮湿土壤中才能发芽，土壤中空气含氧量低于5%，许多种子不能发芽。

2.2.5.2　二氧化碳

空气中CO_2含量很少，约为0.03%，是光合作用的原料。对植物光合作用来说，此CO_2浓度并不充足，尤其是在光照强度较高的正午前后，温室或大棚中的CO_2常常成为光合作用的限制因子。如在光照充足的情况下，提高CO_2含量10~20倍，可有效促进光合作用。目前，已经可以用CO_2发生装置向温室、大棚补充CO_2，称为施气肥。但CO_2浓度过高（超过2%~5%）时，会引起气孔开度减少，气孔阻力增大，光合作用受到抑制，一些植物还会发生所谓的“中毒”和早衰现象。

2.2.6　环境污染

2.2.6.1　空气污染对芳香植物的危害

来自燃烧废气、工业及交通废气的大气污染物种类较多，如SO_2、CO、氟化物、Cl_2、氮氧化物等。这些有毒气体主要通过气孔，在植物进行光合作用气体交换时，随同空气进入植物体引起毒害作用，污染的空气能破坏植物生长发育，造成植物一系列的生理病变等，并降低其品质。危害程度取决于有毒气体浓度、植物本身表面保护组织、气孔开张程度、细胞中和气体的能力和原生质的抵抗能力。

SO_2主要是由含硫石油和煤的燃烧产生，是我国当前主要的大气污染物。当SO_2在0.05~10mg/L浓度下持续一段时间后，植物就可能出现受害症状，主要表现在开始时叶片褪绿、叶脉间呈现大小不等、无一定分布规律的斑点、块状伤斑，然后变成褐斑，叶缘干枯，最后叶片脱落。针叶树受害部位常从叶尖开始向基部扩展。对SO_2比较敏感的芳香植物有玫瑰、梅花、月见草等；抗性中等的芳香植物有万寿菊、鸢尾、杜鹃花、栀子等；抗性较强的芳香植物有丁香、桂花、广玉兰等。

氟化物指以气态与颗粒态形式存在的无机氟化物。氟化物主要来源于含氟产品的生产、磷肥厂、钢铁厂、冶铝厂等工业生产过程。氟化氢是氟化物中排放量最大、毒性最强的污染物。它的分布仅局限于工厂附近局部区域，影响范围较小，但其毒性比SO_2大30~300倍，当氟化氢含量为1~5μg/L时，稍长时间即可使植物受害。氟化氢从气孔进入植物体内，首先是叶尖和叶缘出现褐色伤斑，逐渐向叶身发展，严重时叶干枯脱落。对氟化氢敏感的芳香植物有玉簪、梅花、杏、杜鹃花、扁柏等；抗性中等的芳香植物有桂花、水仙、月季、栀子等；抗性较强的芳香植物有金银花、万寿菊、玫瑰等。

汽车废气中的NO及烯烃类碳氢化合物在紫外线照射下发生光化学反应形成NO_2、过氧乙酰硝酸酯（PAN）、臭氧、醛类（RCHO）等污染物，称为光化学烟雾。这些污染物氧化性极强，严重危害植物生长。对氮氧化物敏感的芳香植物有鸢尾、杜鹃花等。

2.2.6.2 水污染对芳香植物的危害

人类活动使大量的工业、农业和生活废弃物排入水中，使水受到污染。水中污染物很多，如重金属污染物（镉、镍、砷、汞、铬等）、有机污染物（酚类、氰化物、苯类、醛类等）、非金属污染物（硒、硼等）。

当含有重金属的污染水以灌溉水形式流入土壤时，土壤和植物中的重金属含量不断累积增加，当芳香植物对重金属吸收累积到一定程度，就会影响其生长发育，造成芳香植物产量和品质下降。

酚类可使芳香植物叶片黄化，根系变褐腐烂，生长受到抑制；氰化物通过抑制呼吸及多种酶的活性，使得芳香植物生长受到抑制，分枝少，根系生长不良；苯类对芳香植物的危害性小于酚类和氰化物，主要是造成叶片狭窄，抑制芳香植物地上部生长，增加果实涩味，降低风味品质。

水生植物，如凤眼莲、浮萍等，可吸收水中的氰化物、酚类、汞、砷和铬，但凤眼莲已经成为人们公认的入侵植物，应用时要特别注意。

2.2.6.3 土壤污染对芳香植物的危害

土壤污染一方面通过被污染的灌溉水进入土壤，也可通过大气污染、空中颗粒物沉降地面造成土壤污染；另一方面通过施用含毒污染泥、大量施用农药和化肥造成土壤污染。当土壤中有害物质过多，超过土壤自净能力，就会引起土壤理化结构变化，微生物活动受到抑制，有害物质或其分解产物在土壤中逐渐积累，对芳香植物造成危害。农药、化肥的大量使用，使土壤有机质含量下降，土壤板结，有害物质大量积累，造成芳香植物产量和品质下降。

2.2.7 生物因素

2.2.7.1 病害

病害可分为侵染性病害和非侵染性病害。侵染性病害是由生物性病原，如真菌、细菌、病毒、线虫、寄生性种子植物等引起的植物病害。芳香植物常见病害及防治要点如下：

（1）白粉病类

真菌性病害。危害芳香植物叶片、叶柄、嫩茎、芽和花瓣，发病部位产生白色粉末状，使病叶发黄、皱缩和早期落叶甚至不开花。发病前或病害刚发生时喷施高脂膜乳剂效果较好，发病初期还可喷施代森锌或多菌灵，药剂交替使用。

（2）锈病

真菌性病害。危害芳香植物叶片、果实、叶柄或嫩梢，甚至枝干，黄色粉状锈斑是该病的典型病症。防治措施是及时清除病残体，减少初侵染源；喷洒25%粉锈宁可湿性粉剂1500倍或0.2~0.3°Bé的石硫合剂。

（3）炭疽病

真菌性病害。主要危害叶片，同时也在茎、花和叶柄上发生。典型症状为叶片上产生界限分明、稍微下陷的圆斑或沿主脉纵向扩展的条斑。防治措施是利用和培育抗病品种；及时清除感病材料，减少侵染源；发病初期，可喷 70%代森锰锌 500~600 倍液。

（4）软腐病

细菌性病害。主要危害植物多汁肥厚的器官，发病不限于田间，运输途中和贮藏期间也有发生，且危害更重。由细菌引起的软腐病常因伴随的杂菌分解蛋白胶产生吲哚而发生恶臭。

（5）病毒病

病毒性病害。感病植株表现为花叶、黄化、斑驳、枝条或果实畸形等。防治较困难，主要防治措施是加强检疫，繁殖无毒苗木；消灭传毒昆虫；选育抗病品种等。

2.2.7.2 虫害

危害芳香植物的害虫种类很多，常见的芳香植物害虫及其防治如下：

（1）蛴螬

即金龟子幼虫。乳白色，头部黄褐色，身体圆筒形，常呈 C 形蜷曲。危害幼苗根及根茎部。夏季多雨，土壤潮湿的环境，最容易引发蛴螬危害。防除可用 50%辛硫磷乳剂 1000~1500 倍液浇灌根际。

（2）蚜虫

危害广泛，主要在芳香植物幼叶、嫩枝处吸取汁液，引起叶片变黄、皱缩、卷曲，还会诱发煤烟病。可利用瓢虫进行生物防治；初期用 3%天然除虫菊酯稀释后喷洒。

（3）介壳虫

种类繁多，聚集在植株的花、叶、枝和果实上吸取汁液，造成叶片和枝条变黄，果实表面变色和褪色，落叶、落花和落果严重。少量时，用软毛刷刷除，初期可用 25%杀灭菊酯 1500~2000 倍液或吡虫啉喷洒。

（4）蜗牛

具甲壳，头有 4 个触角，走动时头伸出，受惊时则头尾一起缩进甲壳。喜阴湿，昼伏夜出，用齿舌刮叶、茎，严重时咬断幼苗。可用 6%密哒颗粒剂防治。

一些微生物和害虫危害芳香植物，而还有一些微生物或昆虫（如蜜蜂等）对芳香植物生长会产生有益的影响。

2.2.7.3 生物之间的相互影响

俄罗斯生物学家密奇尼柯夫提出一种假设认为，植物为保护自身不受外来危害，从细胞中分泌出某种物质来抵御。植物分泌物中含有维生素、抗菌素、酶、激素等生理活性很强的化合物，此外，还有芳香精油、苷和植物杀菌剂等。这些次生代谢物对植物生理代谢及生长发育均能产生一定的影响。这种生物现象已成为一个独立的学科，叫作植物互应学。

在生态系统中，许多种植物、动物和微生物之间也存在着相互依存、相互促进或相互排斥的现象。如在葡萄园中种植紫罗兰，不仅可相互促进，而且所结的葡萄还带有芳香气味；在果树行内种植大蒜，也表现有驱虫作用；松树萜类可以阻止植食者取食，也可以吸引小蠹虫及小蠹虫的捕食性天敌，对松树本身和天敌都有好处。

总之，从生态学观点看，在生物圈中的一切环境因素都是相互适应、相互排斥而又维持一定平衡关系，绝不能孤立地去看待，而是要综合地去分析。

知识拓展

菊花的花期调控：欲使菊花在长日照条件开花，应进行短日照处理。预先把植株培育健壮，嫩枝长到9~12cm时，每天只给9~10h的光照，其余时间可用黑布或黑塑料薄膜等将植株罩起来(以早晚为宜，因中午过热)。短日照的有效感应在顶端，故上部一定要完全黑暗，基部则要求不严。经30~40d处理，菊花即可形成花蕾，以后可去罩，并加强肥水管理。为延迟开花，也可选择晚花品种，采用延长日照的方法，阻止花蕾的形成，从而推迟开花。

小　结

芳香植物的生长发育是一个从量变到质变的过程。芳香植物的生长周期包括生命周期、昼夜周期和季节周期。芳香植物的个体发育过程包括3个时期，即种子时期、营养生长时期和生殖生长时期。花芽分化是由营养生长向生殖生长转变的标志。温度、光照、水分、土壤、地形、地貌、大气、生物等因子均影响着芳香植物的生长发育。这些因子之间相互联系、相互制约，共同组成芳香植物生长发育所必需的生态环境。各个因子对芳香植物生长发育有其独特性，不能被其他因子所代替，在一定的时空或生长发育阶段，某一个或某几个因子可能起主导或限制作用。因此，了解芳香植物生长发育与环境条件的关系对芳香植物的高产、稳产、优质、高效极其重要。

复习思考题

1. 芳香植物高低温障碍产生的原因是什么？怎样克服？
2. 按照芳香植物对光照强度的要求，芳香植物可分为哪几类？
3. 光周期对芳香植物的生长发育有什么作用？
4. 光质对芳香植物的生长发育有哪些影响？
5. 水分对芳香植物生长发育有哪些影响？

推荐阅读书目

1. 观赏园艺学．陈发棣，郭维明．中国农业出版社，2001.
2. 园艺学总论．章镇，王秀峰．中国农业出版社，2003.
3. 药用植物资源学．郭巧生．高等教育出版社，2007.
4. 花卉学．包满珠．中国农业出版社，1998.

第3章

芳香植物的繁殖

芳香植物繁殖就是指芳香植物产生同自己相似的新个体，这是芳香植物繁衍后代、延续物种的一种自然现象。芳香植物通过各种各样的方式产生新的植物后代，繁衍其种族和扩大其全体。芳香植物的繁殖是芳香植物生产的重要环节，是保存种质资源的手段。掌握芳香植物的繁殖技术对进一步了解芳香植物的生物学特点，扩大芳香植物的应用范围都有着重要的理论意义和实践意义。芳香植物的繁殖包括有性繁殖和无性繁殖两大类。

3.1 有性繁殖

有性繁殖，即种子繁殖，是利用植物种子进行繁殖后代的一种方法。凡由种子播种长成的苗称为实生苗。种子繁殖具有来源广、轻便、便于贮藏和流通、繁殖系数大、生长健壮、适应性强等优点。但对于异花授粉的芳香植物来说，种子繁殖的后代具有较大变异性，不利于保持优良品种特性，开花结实较迟，尤其是利用种子繁殖的木本芳香植物成熟年限较长。

3.1.1 种子采收

3.1.1.1 种子采集原则

选择生长健壮、无病虫害、具本品种优良性状的植株作为采种母株。如果是异花授粉芳香植物，不同品种间必须保持400m以上的间隔距离，防止因花粉混杂而引起变异或退化。采种工作不能过早或过迟。过早采收种子，导致种子成熟度不够；过迟采收种子，某些植物，如黄瓜、番茄等，会发生胎萌现象，种子可能在母体内萌发。

3.1.1.2 种子采收时间和方法

芳香植物种子成熟期随植物种类、生长环境的不同存在较大差异。适时采收成熟的种子是保证种子产量和品质的重要措施。一些一、二年生芳香植物开花期较长，边开花边结实，且常以首批成熟的种子品质最佳，因此要注意及时分批采收；成熟期比较一致，且成熟后种子不易散失的芳香植物，如万寿菊等，当大部分果皮变黄、变褐时，可一次性收割果枝采集种子；一般蒴果、荚果和角果等容易开裂，需在果实充分成熟、即将开裂前采收；一些芳香植物，如当归、白芷等，应采适度成熟的种子留种，因老熟种子播种后容易提早抽薹；黄芪等种子老熟后往往硬实增多，或休眠加深，如采后即播，以采收适度成熟（较嫩）种子为宜。但也有部分芳香植物种子虽形态上已成熟，但胚还没有发育完全，需完成一系列生理生化转化过程，种胚才逐渐成熟并具有发芽能力，即生理后熟作用，如玫瑰种子、明党参种子等。

新采集的种子一般都带果皮，因此要进行处理。肉质果类种子，可用水洗取种；易开裂的荚果和蒴果类种子可放于阳光下晒干，使果皮裂开，再用木棒敲打，使种子脱出；对种子与果肉不易分离的，可用堆沤或水浸方法使果肉腐烂发酵，再取出种子晾干；银杏、核桃果实处理时，需戴防护手套，以免一些毒性物质伤及皮肤。获取的种子会带有一些杂质，可通过风吹、过筛等进行净化来提高种子纯净度。种子脱粒过程中，要尽量避免损伤种子。

3.1.2　种子寿命与贮藏

3.1.2.1　种子寿命

种子寿命是指种子在一定环境条件下保持良好发芽能力的期限。在农业生产中，一般以达到50%以上发芽率的贮藏时间为种子寿命的衡量标准。种子寿命除由其自身遗传特性决定外，还受种子成熟度、脱粒方法、干燥程度及贮藏条件的影响。温度、湿度及通气状况是影响种子贮藏寿命的关键因素，它们相互制约，共同影响种子寿命。如贮藏环境潮湿并伴随高温，种子生活力将丧失更快。因此，种子贮藏环境要保持干燥。

根据种子寿命不同，可将其划分为以下 3 种类型：

（1）短命种子

种子寿命在 3 年以下，如柳树种子的寿命极短，成熟后只在 12h 以内有发芽能力。对于这类种子，采收后必须及时播种。

（2）中命种子

中命种子也称常命种子，种子寿命为 3~15 年。如核桃、黄芪、甘草等种子。

（3）长命种子

种子寿命在 15 年以上。以豆科植物居多。

3.1.2.2　种子贮藏方法

种子贮藏过程中，要尽量创造良好条件，延长种子寿命，提高其生产上的利用年限。种子贮藏方法为：

（1）干藏法

将干燥种子贮藏于干燥的环境中。干藏除要求环境干燥外，有时也结合低温和密封条件。适合于含水量低的种子。

干藏法又可分为 4 种：一是自然干藏法，将耐干燥的芳香植物种子，经过阴干或晒干后装入纸袋中或箱中，放于阴凉、通风、干燥的室内贮藏；二是密封干燥法，对于容易丧失发芽力的种子，充分干燥后，将其装入容器中密封贮藏；三是低温干燥贮藏法，对于种皮坚硬致密，不易透水透气的种子，如合欢种子，将其充分干燥后，放在温度 0~5℃、相对湿度 50%的环境条件下贮藏；四是真空干燥贮藏法，将充分干燥的种子密封在近似于真空条件的容器贮藏，抑制种子的呼吸作用，保持种子处于休眠状态，延长种子寿命。

（2）湿藏法

湿藏作用主要是使具有生理休眠的种子，在潮湿低温条件下破除休眠，提高发芽率，并延长贮藏种子的生命力。适用于含水量较高的种子。多限于越冬贮藏，并往往与催芽结合。

湿藏法可分为两种。一种是低温层积沙藏法，贮藏种子用的河沙湿度以手捏成团而不滴水，一触即散为度。种子与湿沙混后，置于一定湿度、0~10℃的低温下贮藏。如牡丹、芍药和柑橘种子多用此法。另一种是水藏法，将种子装入袋内，放入流水中贮藏。贮藏种子处必须干净、无淤泥和烂草。种子四周用木桩围挡，以防种子被水冲走。某些水生植物如睡莲、莲等种子适用于水藏法。水藏法只能在冬季河水不结冰的地方使用，否则易引起种子冻害。

3.1.3 种子质量检验

为了解种子的发芽力，确定播种量和苗木密度，一般播种前需进行种子质量检验。种子检验是应用科学的方法对生产上的种子品质进行细致的检验、分析、鉴定以判断其好坏的一种方法。其检验指标一般包括两个方面，分别为种子的品种品质和播种品质。

（1）品种品质

种子的品种品质主要是指种子的真实性和品种纯度。品种真实性检查是根据品种的田间特征特性，实地检查该品种植物的田间性状（可与纯度调查同时进行），确认其真实性与品种描述中所给定的品种特性一致。品种纯度是指具有本品种特性的纯净种子或植株数的数量占供试品种数量的百分率。品种纯度检测可分为田间检测和室内检测。田间检测是选择代表性地块作为检验区，确定调查株数，调查出不符合品种特性的株数，计算出品种纯度；而种子室内检测常用种子形态鉴定法，通过比较典型与供试样品的形态学和解剖学特征，确定种子纯度。此外，还可用蛋白质电泳技术检测法、DNA 分子标记技术检验法。

（2）播种品质

播种品质的测定是指种子的净度、饱满度、发芽力、生活力和含水量等的测定。

种子净度：是用纯净种子的质量占供检种子质量的百分比来表示。净度是种子品质的重要指标，是计算播种量的必要条件。

种子饱满度：通常用千粒重来衡量。种子饱满度是种子品质重要指标之一，也是计算播种量的依据。

种子发芽力：即种子发芽能力，可直接用发芽实验来鉴定，主要鉴定种子的发芽率和发芽势。发芽率是指在适宜条件下，样本种子中发芽种子的百分数；发芽势指在适宜条件下，规定时间内发芽种子数占供试种子数的百分率。发芽势说明种子的发芽速度和发芽整齐度，表示种子生活力的强弱。

种子生活力：是种子发芽的潜在能力。要在较短时间内了解种子的发芽能力，可测定其生活力。主要有如下方法：第一种是直接观察种子的外部形态，凡种粒饱满、种皮有光泽，且剥皮后胚及子叶呈乳白色、不透明，并具弹性的为有活力种子。第二种是氯化三苯基四氮唑（TTC）法，将种子剥皮，剖为两半，取胚完整的一半没入

0.5%TTC溶液，置于30~35℃黑暗条件下3~5h。具有生活力的种子，胚芽及子叶背面均能染色；无发芽力的种子腹面、周缘不着色，或腹面中心部分染成不规则交错的斑块。第三种是靛蓝染色法，将种子用水浸泡数小时，待种子吸胀后剥去种皮，浸入0.1%~0.2%的靛蓝溶液中染色2~4h，取出用清水洗净，凡不上色者为有生活力种子，上色或胚着色者，表明种子已失去活力。

种子含水量检测：种子含水量是种子水分占供试样品质量的百分率，它是种子安全贮运的重要内因。

3.1.4 播种前准备工作

3.1.4.1 育苗盘和育苗基质

一些芳香植物推荐使用穴盘或育苗盘进行育苗。育苗基质要求土壤疏松、透气性好、保水保肥、无病虫害。常用基质有泥炭、珍珠岩、蛭石，一般混合使用。如泥炭：珍珠岩：蛭石为2：1：1或泥炭：珍珠岩为2：1。

3.1.4.2 装盘和浇水

基质混合过程中，加入适量水和杀菌剂（如百菌清、苗菌敌等），以加入水后的基质手握成团且不滴水，触之即散为宜。拌匀后装盘，基质在装盘过程中不需压实，轻轻整平即可。

3.1.4.3 种子处理

（1）药剂处理

药粉拌种：适于干种子播种。药剂量要根据种子质量和药剂有效成分含量来确定。如苗期立枯病可用70%敌克松拌种，用量为种子质量的0.3%，与种子拌匀后直接播种即可。

药水浸种：采用药水浸种要严格掌握药液浓度和消毒时间。先将种子用清水浸泡2~3h，然后根据芳香植物和病菌种类选择适宜的药剂浸种并按规定时间消毒，如1%硫酸铜浸种10min或10%磷酸钠浸种10min等，捞出种子，用清水将药液冲洗干净后进行播种或催芽。

（2）热水烫种

一些种壳厚而硬实的种子，如黄芪、合欢、甘草等种子，可先用冷水浸没种子，再用80~90℃的热水边倒边搅拌，使水温达到70~75℃后并保持1~2min，然后加冷水逐渐使温度降至20~30℃，再继续浸种。该方法既能使病毒钝化，又有杀菌作用。

（3）温汤浸种

适宜于种皮较厚、吸水困难的种子。将种子用洁净纱布包扎好，放于50~55℃水中浸泡15~20min，水量为种子量的5~6倍，浸种过程中要不断搅拌种子，取出后，再放入30℃左右清洁水中继续浸种催芽。该方法有一定的消毒作用，也对催芽有利。

(4) 促进种子萌发的方法

普通浸种催芽：适宜于种皮薄、吸水快的种子。不同植物种子浸泡时间存在差异，如鼠尾草种子预先浸种一夜可提高发芽率，发芽更快；芹菜、洋葱种子浸种 24h。

机械损伤：对于种皮厚硬的种子，如莲、辣木种子，可挫去部分种皮，以利吸水发芽。

化学处理：适用于种皮厚、具蜡质的种子。有些无机酸、盐、碱等化学药物能够腐蚀种皮，改善种子吸水和透气。如黄芪种子用 60%硫酸浸种 30min，捞出后，用清水冲洗数次并浸泡 10h 再播种。

生长调节剂处理：常用的生长调节剂有 α-萘乙酸、赤霉素等。如党参种子用 0.005%的赤霉素溶液浸泡 6h，发芽率和发芽势均提高 1 倍以上。

层积处理：是打破种子休眠常用的方法。银杏、忍冬、人参、玫瑰等种子常用此法促进发芽。层积催芽法与前面介绍的种子低温层积沙藏法相同。

3.1.5 播种

芳香植物种子既可大田直播，也可育苗。对于种子比较细小，幼苗较柔弱，并需特殊管理的，应先育苗，培育成健壮苗株后再定植。

3.1.5.1 播种时期

播种时，要根据芳香植物种类的特性和当地气候条件，选择适当的露地播种期。一年生芳香植物，如旱芹等，原则上春季气温开始回升，平均气温稳定在芳香植物种子发芽的最低温度以上时播种；二年生芳香植物，如岩蔷薇等，原则上秋播，一般在气温降至 30℃以下时争取早播；多年生木本芳香植物，如八角茴香、山鸡椒等，春播或秋播均可，如八角茴香在无霜冻地区，选择 12 月至翌年 1 月播种为佳，有霜冻的地区，应待温度回升至 12℃以上时的 2~3 月进行播种为好。

芳香植物育苗过程中，播种期的选择很重要。一般适宜播种期为定植期减去秧苗苗龄，即可向前推算日期。不同芳香植物种类苗龄不同，同一芳香植物苗龄因育苗设施、环境条件等不同也有变化。

3.1.5.2 播种方法

播种方法主要有点播（穴播）、撒播和条播。点播多用于大粒种子，如鼠尾草、桃、荔枝等种子；撒播多用于小粒种子，如韭菜、小葱等。百里香、西洋甘菊等较小的种子，可先用干净细沙拌匀再播种；条播适合大多数种子。

3.1.5.3 播种量

播种量是单位面积土地播种种子的重量。适宜的播种量对苗株的数量和质量都很重要。播种量不宜过大或过小，要科学地计算播种量。播种量计算公式为：

播种量（g/m^2）= 每平方米苗株数×每克重种子粒数×发芽率（%）×净度(%)×成苗率（%）×1.3~1.5（安全系数）

其中，成苗率=种子出苗数÷发芽数。

在生产实际中播种量应视芳香植物种类、土壤质地松硬、气候冷暖、病虫草害、雨量多少、种子大小、播种方式（直播或育苗）、播种方法等情况，适当增大播种量，需有30%~50%的安全系数。

3.1.5.4 播种深度与覆土

播种后应立即盖一层土或基质，以保持床土水分，有助于子叶脱壳出苗。覆土厚度依种子大小、整地质量、土壤水分而定，一般为种子大小的 3~5 倍，即 0.5~1.5cm。大粒种子播种要深些，如核桃种子播种深度为4~6cm，小粒种子播种要浅些，如香椿种子播种深度为0.5cm；雨水多和温度高的地区播种可浅些，而雨水少的干旱地区和表土层较干的田块播种或种子较大时可适当深些；砂土比黏土适当深播；有的品种发芽需光，直接播于土表即可。

3.1.6 播种后管理

播种覆土后，用细孔喷壶喷水，为保持土壤湿度和温度，在苗床上覆盖塑料薄膜、稻草等覆盖物，待幼苗出土后，及时撤除。苗期管理的关键是满足幼苗对光、温、水、肥的需要。

3.2 无性繁殖

无性繁殖，即营养繁殖，是利用植物的营养器官或无性器官（如根、茎、叶等）的一部分进行繁殖的方法。营养繁殖获得的新植株，其遗传性与母体一致，能继承母体的各种优良特性。与有性繁殖相比，无性繁殖植株开花结实较早，但无性繁殖的繁殖系数小，木本植株后代的根系较浅（实生嫁接苗除外），适应性不强，寿命较短，有些芳香植物若长久采用无性繁殖易发生退化、生长势减弱等现象。因此在生产上有性繁殖与无性繁殖应交替使用。

无性繁殖的类型主要有扦插繁殖、压条繁殖、分生繁殖、嫁接繁殖等。

3.2.1 扦插繁殖

扦插繁殖是利用植物的根、茎、叶等繁殖材料，部分插入基质中，给予一定的条件使其生根后发育成新植株的繁殖方法。扦插繁殖得到的苗木称为扦插苗。扦插繁殖是一种应用范围较广、经济而简便的无性繁殖方法。

3.2.1.1 扦插方法

依插条器官的来源不同，可分为枝插、根插、叶插和叶芽插。在育苗生产实践中，枝插应用最广泛，根插次之，叶插在某些花卉的繁殖上应用较多。

（1）枝插

枝插根据枝条的木质化程度和生长状况不同，可分为硬枝扦插和绿枝扦插(图 3-1)。

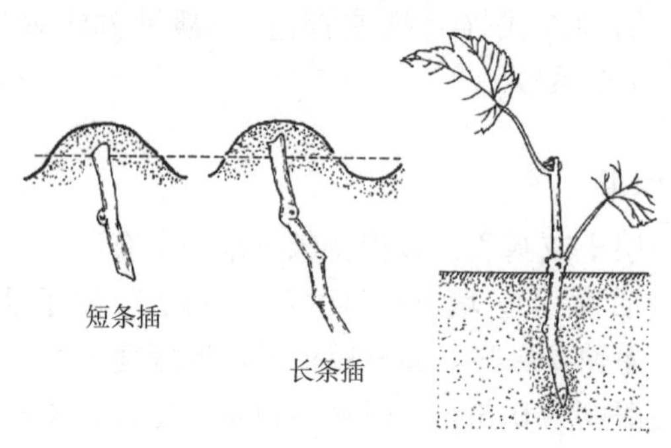

图 3-1 枝 插

（引自李光晨，《园艺通论》，2000）

硬枝扦插：选取一年生或多年生的已完全木质化枝条作为插条进行扦插。从母株上选择生长健壮、芽体饱满、无病虫害的 1～2 年生枝条作为种条。硬枝露地扦插时间一般为每年 3～4 月，不同地区稍有差异。原则上土壤温度稳定在 10℃以上，枝条上芽尚未开始萌动时进行。

扦插前将种条剪成带 2～3 个芽，长 10～15cm 左右的插条，有些长势强健的枝条也可保留 1 个芽。将枝端的形态学基部靠节的部位剪成 45°平滑斜面，而形态学上端在第一芽上面 1cm 处（干旱地区可为 2cm）剪成平滑平口。接穗剪好后，直插或斜插入土壤中，扦插深度为插条的 2/3。常用硬枝扦插的芳香植物有葡萄、罗汉松、刺柏、玉兰等。

绿枝扦插：植物生长期内用半木质化带叶绿枝进行扦插。嫩枝扦插一般在每年 7～9 月进行。扦插不宜过早或过迟，过早扦插，新梢成熟度低，贮藏养分少，不利于扦插成活；反之，外界气温下降，不利于扦插苗地上部生长。如天竺葵、菊花、大丽花、月季、米兰、茉莉等。在植物生长期，将半木质化枝条剪成长 5～10cm 的茎段，每段带 3 个芽，仅保留顶端 2～3 片叶片，然后插入基质，扦插深度为插条的 1/3～1/2。接穗一般随采随插，不宜贮藏。多汁液的植物应使切口干燥半日至数日后扦插，以防腐烂。

（2）根插

芍药、紫藤、丁香等芳香植物能从根上产生不定芽形成植株，因此，这些芳香植物可把根作为扦插繁殖材料。根抗逆性弱，应特别注意防旱。在休眠期（晚秋或早春）选取粗 2mm 以上的 1 年生根剪成 5～15cm 的根段，上切口为平口，下切口为斜面切口，于春季直插基质中，顶端与基质平或略高，也可将插条横埋基质中，深度 1cm 左右，注意保湿（图 3-2）。根插在芳香植物休眠期进行。

1.全埋根插　　2.露顶根插

图3-2　根　插

（引自陈发棣、郭维明，《观赏园艺学》，2001）

（3）叶插

适用于能在叶片上发生不定芽及不定根的芳香植物。叶插在芳香植物生长期进行。

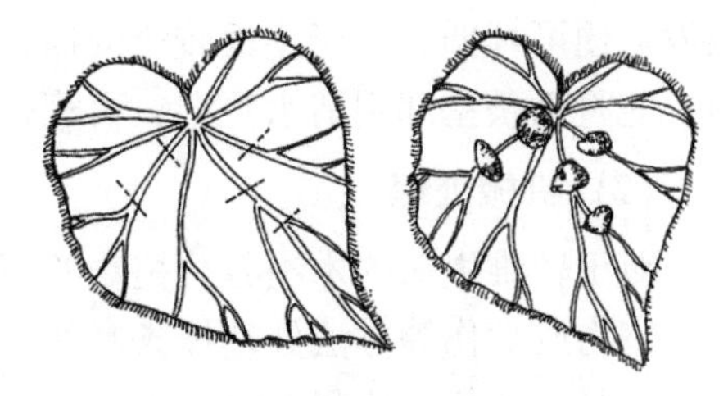

图3-3　全叶插（平置法）

（引自李光晨，《园艺通论》，2000）

叶插按照所取叶片的完整性，分为全叶插和片叶插；按照叶片与基质接触方式，分为平置法和直插法。全叶插以完整叶片为插条，生根部位有叶脉、叶缘及叶柄。通常从叶脉、叶缘生根的采用平置法。需注意的是，对于叶脉处生根的叶片需在粗壮叶脉上用小刀切断，切断处可产生幼小植株。叶柄生根的采用直插法，叶柄基部发生不定芽。片叶插是将叶片切成数块，每块需带主脉，分别插入基质。片叶插时要注意不可使叶片上下颠倒，否则影响成活（图3-3、图3-4）。

（4）叶芽插

以一叶一芽及其着生处茎或茎的一部分作为插条的扦插方法称为叶插法。适用于叶插容易生根，但不易长芽的芳香植物，如菊花、山茶、杜鹃花等，通常在生长期进行。将叶片成熟、腋芽饱满的枝条剪成带有一叶一芽的插条，直插基质中，露出芽尖或将插条平插基质中只露出叶片（图3-5）。叶芽插因只带一个芽，因此也称单芽插。叶芽插节省插条，但成苗缓慢。

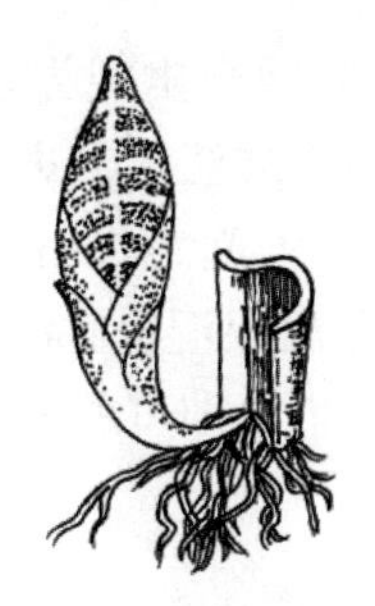

图3-4　虎尾兰片叶插

（引自李光晨，《园艺通论》，2000）

图3-5　菊花叶芽插

（引自李光晨，《园艺通论》，2000）

3.2.1.2 促进插条生根的方法

对于易生根的插条可不进行催根处理，温度适宜直接将插条插入苗床即可。对于不易生根的插条，扦插前进行催根处理既能提高生根率，又有利于培育壮苗。应用于生产实践中的促进插条生根的方法如下：

（1）植物生长调节剂处理

常用的植物生长调节剂有萘乙酸、吲哚丁酸、生根粉等。处理方法有水剂浸渍、粉剂蘸粘。应用植物生长调节剂时应注意浓度不能过大，否则其刺激生根作用会变为抑制生根作用，使机体内的生理过程遭到破坏。植物生长调节剂浓度因芳香植物种类、扦插材料而异，萘乙酸、吲哚乙酸等应用于易生根的绿枝扦插插条时，浓度为500~2000mg/L，插条下端浸于植物生长调节剂溶液中5s，取出平放地上，待水溶液蒸发后便可扦插；对于生根较难的插条，浓度为10 000~20 000mg/L。采用粉剂处理时，先将插条基部用清水浸湿，再蘸粉后扦插。

（2）机械处理

对于较难生根的木本芳香植物的硬枝扦插，在生长后期采集插条之前，可先用剥皮、刻伤或缢伤等方法处理枝条基部，阻止枝条上部养分向下转移运输，从而使养分集中于受伤部位。休眠期时，由此处剪取枝条，剪成插条进行扦插，则容易生根，苗木生长势强。

（3）黄化处理

扦插前选取枝条用黑布等材料包裹，3周后剪下枝条，剪成插条扦插，容易生根。其原因是黑暗条件能促进根组织的生长，解除或降低植物体内的一些物质如油脂、樟脑、松脂、色素等对细胞生长的抑制作用。

（4）加温处理

冬季和早春扦插常因地温低而造成生根困难，可人为提高插条基部生根部位的温度。可采用铺地膜、使用电热温床或施用厩肥发酵生热来提高温度。插条基部温度保持在20~28℃，气温最好在8~10℃以下。该处理有利于插条生根，而芽则生长缓慢。

（5）倒催根处理

对于难生根的植物，如丁香、山葡萄等，进行扦插后会出现先长叶再生根的现象，造成插穗放叶后又逐渐死亡的假活现象。采用倒催根方法可促进插条生根，做法为将捆好的插条按形态学上端和下端倒置放于浅沟中，上面盖2cm左右厚细沙，整平后洒水，湿润即可，上面覆盖一层塑料薄膜，进行保温保湿，15d后每2~3d要检查一次愈伤组织和生根情况，当剪口完全愈合或有根尖生出即可取插穗进行扦插。

3.2.1.3 扦插后管理

扦插后管理对插条的成活率至关重要。扦插后，要及时浇水或喷水，经常保持湿度，特别是绿枝扦插，基质相对湿度要保持在60%左右，空气湿度则要接近饱和状态；插条愈合生根时期，要及时松土除草；部分芳香植物的嫩枝扦插需遮阴，在未生根之前，如地上部叶片展开，则应摘除部分叶片；当插条长出许多新梢时，应选留一个生长健壮、方位适宜的新梢作为主干培养，抹除多余的萌条。除苗萌应及早进行，以免木质化后造成苗木出现伤口。

对于扦插苗移栽的时期，不同的芳香植物种类需分别对待。草本芳香植物的扦插苗生根后当年即可移栽；叶插苗初期生长缓慢，待苗长到一定大小才能移栽；绿枝扦插苗在不定根长出足够的侧根、根群密集而又不太长时移栽最好，但应避开在新梢旺盛生长时移栽；扦插迟、生根晚且不耐寒的芳香植物，如山茶、米兰、茉莉等最好在苗床上越冬，次年移栽。

3.2.1.4 影响扦插成活的因素

（1）内在因素

不同芳香植物因遗传特性的差异，其形态结构、组织结构、生长发育规律及对外界的适应能力均存在差异。因此，扦插过程中，生根的难易不同。一般情况下，插条应采自年幼的母树，母树年龄越小，其生命活动能力越强，采集的枝条成活率也越高，而且很多树种是以采自1~2年生实生苗上的枝条扦插成活率最高。选择母株基部直接萌发的萌蘖条作为插条最好，因其发育阶段最年幼，再生能力强，容易生根成活。侧枝比主枝易生根，营养枝比结果枝易生根。同一枝条上的中下部插条更为充实，扦插成活率更高。一般阳面枝比阴面枝易生根。枝条的发育状况影响插条的扦插成活。试验证明，年龄相同的插条越粗越好，而且要有一定的长度。因此插条的选用应掌握“粗枝短剪，细枝长留”的原则。插条上的芽和叶能供给插条生根所必需的营养物质和生长素、维生素等，有利于生根，对于绿枝扦插、针叶树种和常绿阔叶树种的扦插尤为重要。因此，在防止叶片蒸发水分过量的情况下，应尽量保持较多的叶和芽。病毒对插条生根有明显的抑制作用。因此，应选用无病虫害的母株采集枝条，并对剪口进行消毒处理。

（2）外界因素

扦插基质以结构疏松、通气良好，能保持较为稳定的湿度但又不积水的扦插基质为宜。因此，扦插育苗时，常用素沙、泥炭土、珍珠岩、蛭石等；露地大面积扦插时，应选用排水良好的沙壤土为宜。

温度对插条生根的影响表现在气温和地温两个方面，插条生根要求的地温因树种而异。土壤温度高于空气温度3~5℃有利于插条生根，反之则利于插条萌芽。因此，扦插时如能提高地温则有利于插条生根成活。扦插后，需保持适当的湿度，湿度的保持对于绿枝扦插、扦插难以成活的树种尤为重要。插条对湿度的要求以土壤含水量稳定在田间最大持水量的50%~60%为宜，土壤含水量过高会使土壤通气不良，不利于插条生根，空气相对湿度以80%~90%为宜。因此，浇水、喷雾、塑料棚的气插棚等的应用，对插条的生根极为有利。充足的光照既能提高土壤温度，又能促进插条生根。对绿枝扦插和常绿树种扦插来说，充足的光照有利于叶片进行光合作用制造养分，有助于生根；但过于强烈的光照会使枝条水分过分散失和灼伤，因此应适当遮阴。

3.2.2 压条繁殖

压条繁殖是利用芳香植物的茎能发出不定根的特性，枝条不与母株分离的情况下，将枝条埋入湿润的土壤、苔藓或其他保湿材料中，或用保湿材料包裹枝条，待枝条生根后，将其与母株分离成为一个新植株的繁殖方法。压条繁殖在木本芳香植物中应用较多，但较费工，繁殖系数也较低，对母株损伤较大，在生产上很少大规模应用。对扦插较难生根或生根慢的芳香植物可采用压条法繁殖。

根据其埋条的状态、位置及其操作方法不同，可分为地面压条和空中压条。

（1）地面压条

地面压条是将在节间做环状剥皮的植物枝条压入潮湿的泥土中，诱导产生不定根，然后将枝条连同根系一起剪离母体，从而成为一个独立的新植株。地面压条根据枝条压入土中的方式不同又可分为直立压条和曲枝压条。直立压条又称垂直压条或培土压条，常用于石榴、无花果、玉兰、杜鹃花、木兰、栀子等分蘖多、丛生性强的木本芳香植物繁殖。将母株在春季芽萌动前于近地表平茬，仅留2~5cm短桩，促使基部发生萌蘖。新梢长至15~20cm进行第一次培土，培土高度7~10cm，宽约25cm，浇足水，并保持土壤湿润状态；新梢长至40cm进行第二次培土，培土高20cm左右，宽40cm左右。秋季休眠后挖开堆土，将生根枝条与母株剪离，另行栽植（图3-6）。曲枝压条是将近地面枝条埋入土中部位的芽进行刻伤或枝条环剥1~3cm宽，然后拉平并压入土壤，埋入土中的部位可形成不定根，然后与母株分离，形成一个独立的植株。本法适用于枝条离地面近且容易弯曲的植物（图3-7，图3-8）。

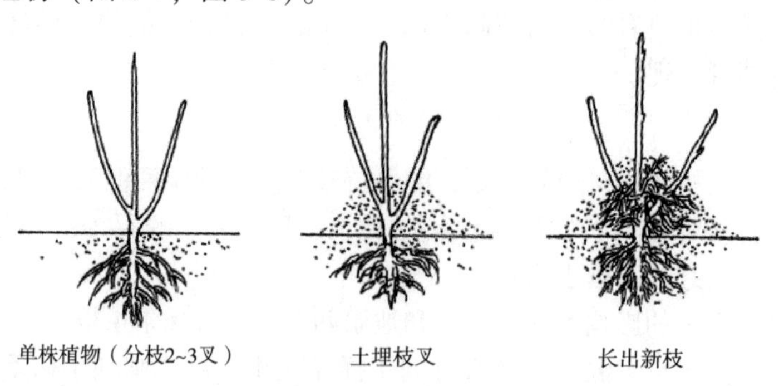

图3-6 直立压条

（引自李光晨，《园艺通论》，2000）

（2）空中压条

空中压条即高空压条或高压法。选择2~3年生的充实健壮枝条，在适宜部位环剥，宽为2~4cm，再用潮湿锯木屑、苔藓、稻草、园土等保湿基质包裹环剥部位，最后用塑料薄膜包紧，两端用塑料绳扎紧。期间需保持基质湿润，生根后即可剪离母

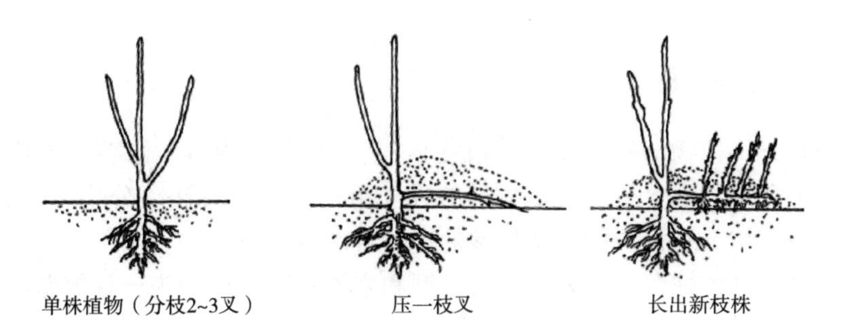

图 3-7　曲枝压条（水平压条法）

（引自李光晨，《园艺通论》，2000）

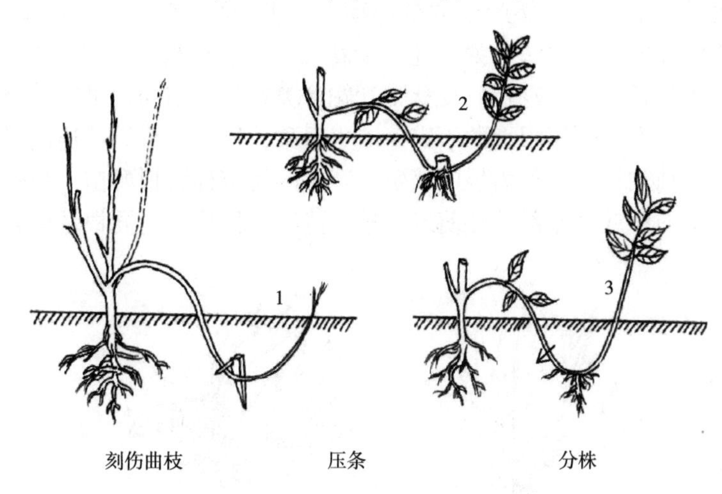

图 3-8　曲枝压条（普通压条法）

（引自李光晨，《园艺通论》，2000）

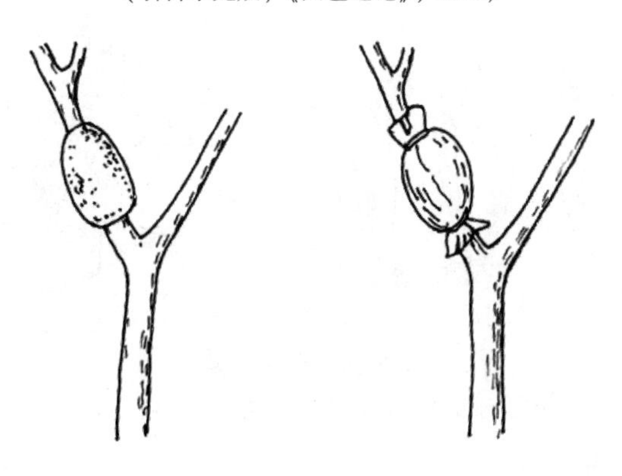

图 3-9　空中压条

（引自李光晨，《园艺通论》，2000）

体，另行栽植（图 3-9）。适用于大树或枝条较硬且不易弯曲埋土的植物，如山茶、桂花、米兰、蜡梅等。此法技术简单，成活率高，但对母株损伤重。

分离压条的时间一般是早春或秋末进行。若分离较粗的压条，最好分次割断，避免造成母株死亡。

3.2.3 分生繁殖

分生繁殖是将植物的根（块根、根蘖）、茎（块茎、根茎、鳞茎、球茎等）或匍匐枝从母体上分割出来，另行栽植成新的独立植株的繁殖方法。分生繁殖具有简便、容易成活、成苗快、新植株能保持母株的遗传特性等特点。

分生繁殖根据植株营养器官的变态类型和来源不同，可分为分株繁殖和变态器官繁殖。

（1）分株繁殖

分株繁殖是将根部或茎部产生的带根萌蘖（根蘖、茎蘖）从母体上分割下来，形成新的独立植株的繁殖方法，如兰花、菊花、牡丹、蜡梅等（图 3-10）。一般早春开花种类在秋季生长停止后进行；夏秋季开花种类在早春萌动前进行。分株繁殖基本上分为两大类，一类是利用根上的不定芽产生根蘖，待其生根后，连同根系一起剪离母体，成为一个独立植株，称为根蘖繁殖。产生的幼苗称为根蘖苗。另一类是由地下茎或匍匐茎节上的芽或茎基部的芽萌发新梢，待其生根后，连同根系剪离母体，成为一个独立植株。

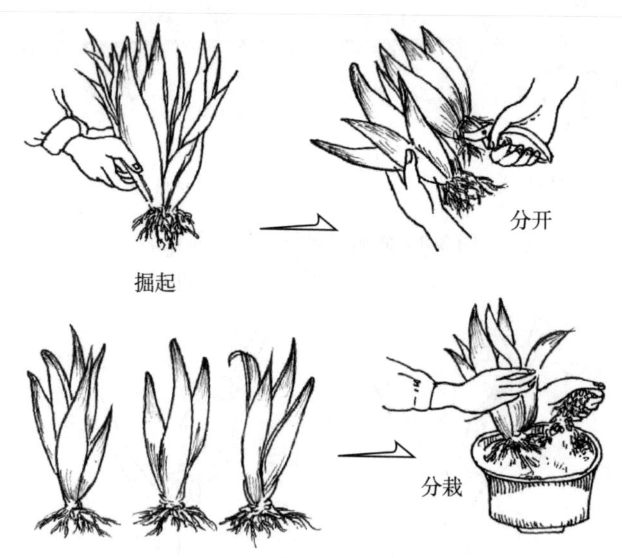

图 3-10 分株繁殖

（引自陈发棣、郭维明，《观赏园艺学》，2001）

（2）变态器官繁殖

变态器官繁殖是利用具有贮藏作用的变态器官进行繁殖的方法。根据繁殖材料采用的变态器官不同，分为根茎繁殖，如薄荷、莲、姜、虎尾兰（图 3-11）等；块茎繁殖，如半夏；球茎繁殖，如番红花、芋头等；鳞茎繁殖，如百合、水仙等；块根繁殖，如大丽花（图 3-12）、何首乌等；珠芽繁殖，如卷丹（图 3-13）、半夏等。繁殖过程中，选择的繁殖材料应肥壮饱满，无病虫害；块根、块茎繁殖材料分割后，先晾

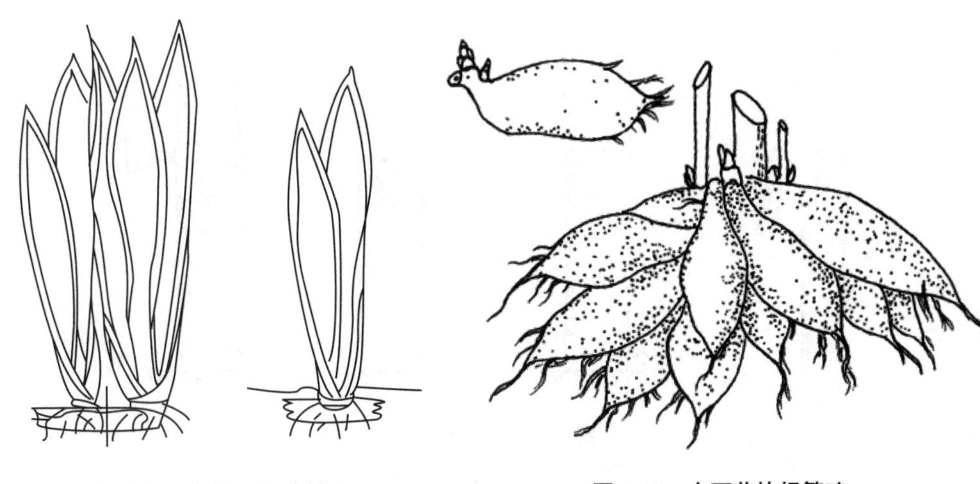

图3-11 虎尾兰根茎繁殖
（引自李光晨，《园艺通论》，2000）

图3-12 大丽花块根繁殖
（引自胡繁荣，《园艺植物生产技术》，2007）

1~2d，使伤口稍干，或拌草木灰，可促进伤口愈合，减少腐烂，为提高成活率，应及时栽种；球茎、鳞茎类繁殖材料，芽头应朝上；根茎类繁殖材料可先将根茎切成每段需带一个芽的根茎段，再分别繁殖，覆土深度应适度。

3.2.4 嫁接繁殖

嫁接繁殖是将一种植物的枝条或芽接到另一种植物的茎或根上，使之愈合在一起成为一个独立的新植株的繁殖方法。供嫁接用的枝条或芽称为接穗，承受接穗的植物称为砧木。通过嫁接培育出来的幼苗称为嫁接苗。嫁接苗可以促进苗木的生长发育，提早开花结果，这种特性不仅可用于栽培，也可用于育种，缩短育种工作年限。如银杏实生苗需生长18~20年才开始结果，而嫁接后3~4年便可结果。嫁接后，可利用砧木对接穗的生理影响，提高嫁接苗对环境的适应能力。此外，通过高接换种，有利于新品种的推广利用。

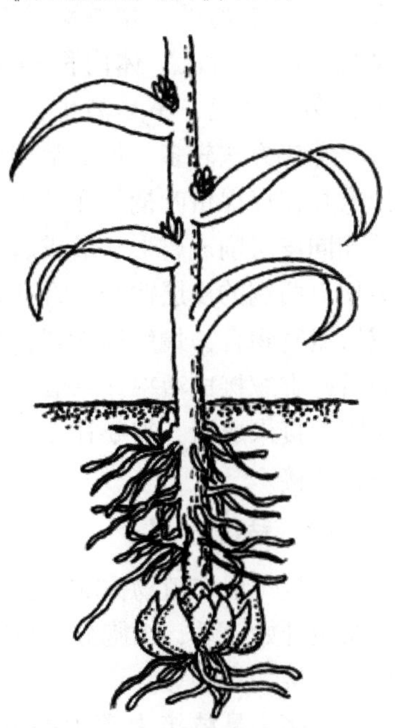

图3-13 卷丹鳞茎与珠芽
（引自李光晨，《园艺通论》，2000）

3.2.4.1 嫁接方法

依据嫁接所用材料不同，嫁接方法分为芽接、枝接和根接。

(1) 芽接

芽接是从用作接穗的枝条上切取一个芽（即接芽或接穗），嫁接在砧木上，成活后萌发形成新的植株（图3-14）。砧木不宜太细或太粗，一般为1~2年生的

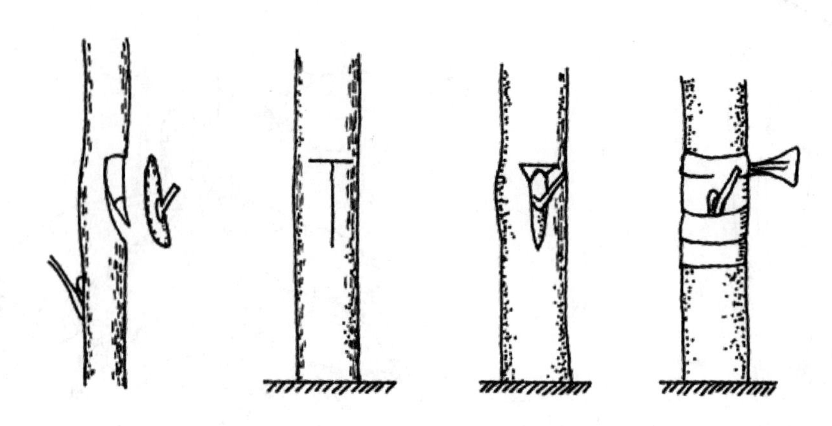

图 3-14 T 形芽接

（引自李光晨，《园艺通论》，2000）

茎粗 0.5cm 的实生苗。选择成熟饱满的侧芽作接穗。芽接在生长季节进行，从春季到秋季均可。秋季芽接要掌握好时间。芽接过早，接芽发育尚未充实，砧木又处于旺长阶段，体内积累养分较少，芽接成活率低，且接芽当年萌发易发生冻害；芽接过晚，不易离皮，接后愈合困难，成活率低。

芽接方法较多，但最常用的为 T 形芽接。具体方法是选取带饱满叶芽的枝条，去掉叶片，仅保留叶柄，在芽上方（约 0.5cm 处）横切一刀，深达木质部，再自上而下连同皮层削成盾形，形成盾形芽片作为接穗，在砧木适当位置上切 T 形切口，并将纵切口两侧的皮层掀开，将芽片插入切口，并使芽片上端的形成层与砧木横切口的形成层紧密吻合，最后用塑料薄膜包扎嫁接口。同时注意将叶柄保留于外，以便 1~2 周后检查嫁接成活率。一般若芽体新鲜，叶柄一触即落，说明已经嫁接成活。否则，说明嫁接未成活，需要补接。补接可立即进行，如时机已经不适合芽接，可来年春季进行枝接。

（2）枝接

枝接一般在植物休眠期进行，多在春季、冬季，以春季最为适宜。此时砧木与接穗树液开始流动，细胞分裂活跃，接口愈合快，容易成活。枝接分为切接、劈接、腹接、舌接、靠接等。

切接：是枝接中常用的方法，适用于砧木比接穗粗的情况。砧木宜选用茎粗 1~2cm的幼苗，在距地面 5cm 左右处截断，削平切面后，在砧木一侧垂直下刀，深达 2~3cm。接穗应选择发育充实的枝条，剪成带 2~3 个芽、长 5~10cm 的枝段，将其下端与顶端芽同侧削成长 2~3cm 的斜面，与此斜面的对侧，则削成不足 1cm 长的短斜面。斜面均需平滑，以利与砧木接合。削好的接穗插入砧木切口时，将砧木与接穗的形成层对齐并密接，若接穗较细，至少要使一侧对齐并密接，最后用塑料条包扎好嫁接口（图 3-15）。

劈接：适用于较粗大的砧木或高接。根据砧木大小可从 5cm 左右处剪砧。在砧木截面中央垂直纵切一刀，深 5~8cm。接穗剪成带 2~3 个芽、长 8~10cm 的枝段，在与顶芽相对的基部两侧削成两个向内的楔形切面，使有侧芽的一侧稍厚。接合时，

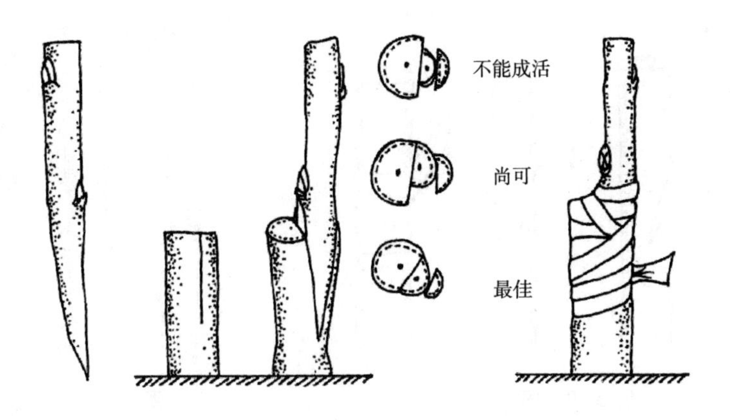

图 3-15　切　接

（引自李光晨，《园艺通论》，2000）

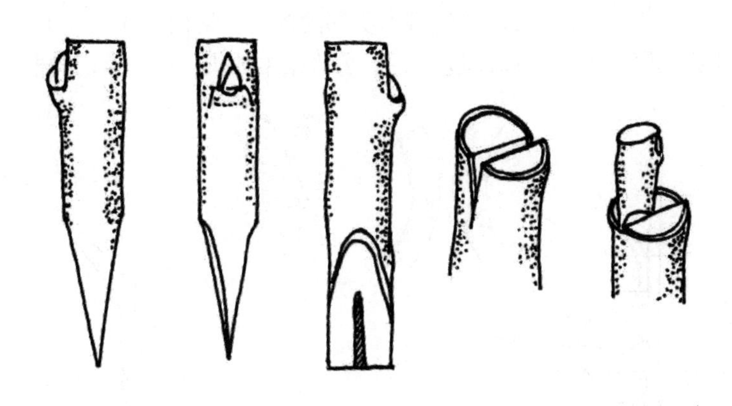

图 3-16　劈　接

（引自李光晨，《园艺通论》，2000）

粗的砧木可接 2 个或 4 个接穗。将砧木与接穗的形成层对齐后用塑料薄膜包扎好嫁接口（图 3-16）。

腹接：适用于针叶树及砧木较细的种类（图 3-17）。砧木不用去头，在其腹部进行枝接，待其成活后再剪砧去顶。在砧木的侧面斜向下切一刀，深至砧木直径 1/3，长 2~3cm，接穗切法与切接相同；或在砧木适当部位横竖各切一刀，形成 T 字形切口，深至皮下即可将接穗插入，绑紧即可。前者为普通腹接，后者为皮下腹接。

舌接：适合于砧穗都较细且等粗的情况。在接穗下端芽的背面削成 3cm 左右长的斜面，然后在削面由下往上 1/3 处顺着接穗向上劈，劈口长约 1cm，呈舌状。砧木上削成 3cm 左右长的斜面，削面由上向下 1/3 处顺着砧干往下劈，劈口长约 1cm，和接穗的斜面部位相对应，将接穗的劈口插入砧木的劈口中，使接穗与砧木的舌状部位交叉起来，然后对准形成层，向内插紧（图 3-18）。如果砧木与接穗粗度不一样，要在砧穗插合时使两者一边形成层对准、密接为宜。

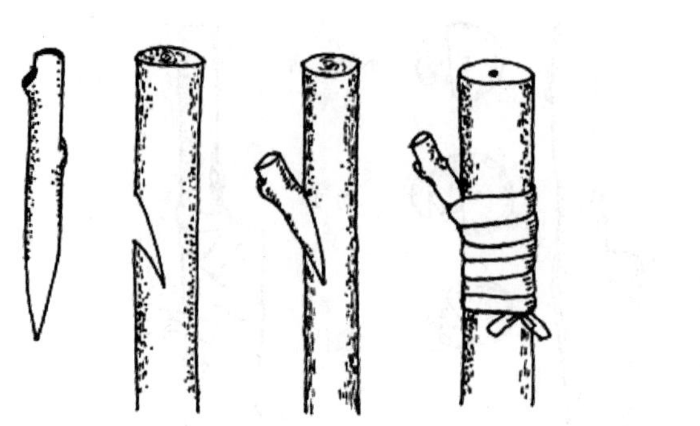

图 3-17 腹 接

（引自李光晨，《园艺通论》，2000）

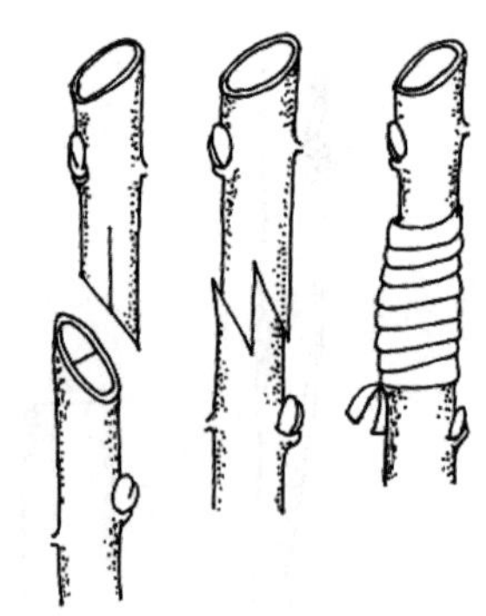

图 3-18 舌 接

（引自李光晨，《园艺通论》，2000）

靠接：适用于亲和力差，嫁接不易成活的树种，砧穗粗度应相近。在距地面相同高度，将砧木和接穗枝干的侧面各削去略带木质部的树皮，切面大小、深度均应尽量相同，然后将切口相接，紧密捆绑。待砧穗愈合后，剪去砧木的头，剪下接穗的根（图 3-19）。

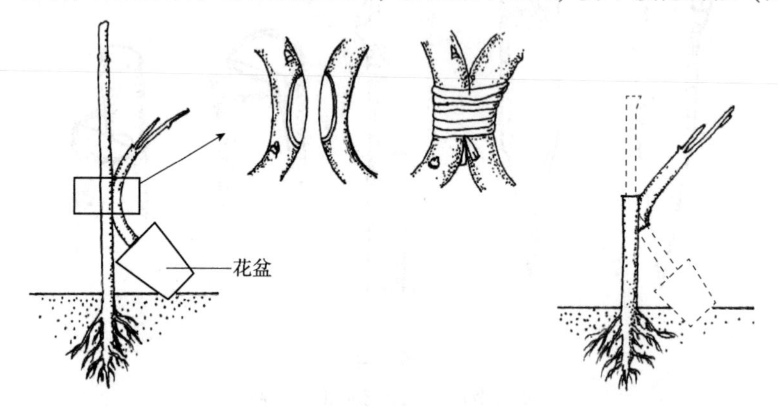

图 3-19 靠 接

（引自李光晨，《园艺通论》，2000）

（3）根接

根接以根系作砧木，在其上面嫁接接穗。用作砧木的根为完整的根系或 1 个根段均可。如果是露地嫁接，可选生长粗壮的根在平滑处剪断，用劈接、插皮接等方法。也可将粗度 0.5cm 以上的根系，截成 8～10cm 长的根段，移入室内，在冬闲时用劈接、切接、插皮接、腹接等方法嫁接。若砧根比接穗粗，可把接穗削好插入砧根内；若砧根比接穗细，可把砧根插入接穗（图 3-20）。接好绑缚后，用湿沙分层沟藏，早春植于苗圃。

3.2.4.2 影响嫁接成活的因素

（1）内在因素

砧穗的亲和性是砧木与接穗在内部组织结构上、生理上和遗传上彼此相同或相近

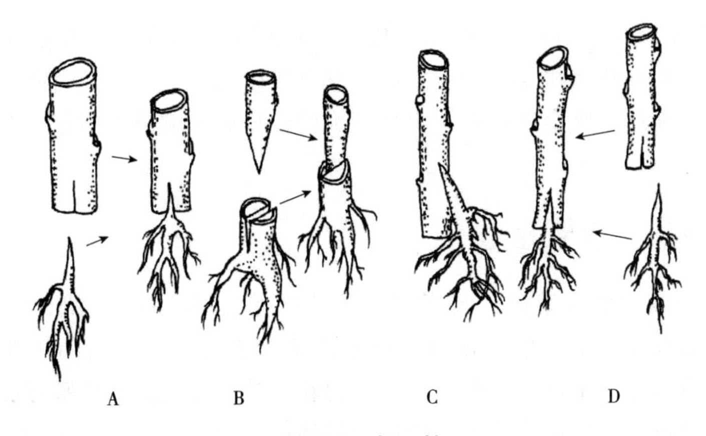

图3-20 根 接

A. 劈接倒接 B. 劈接正接 C. 倒腹接 D. 皮下接

（引自李光晨，《园艺通论》，2000）

的程度，表示砧木和接穗经嫁接而能愈合生长的能力。一般来说，同一品种或种内嫁接亲和力最高，其次为同属内和同科内。接穗含水量也会影响嫁接成活率。如接穗含水量少，形成层细胞停止活动，甚至死亡。通常接穗含水量在50%左右时为好。接穗上芽相对静止有利于嫁接成活。在生产实践中，一般根系已经开始活动而接穗尚处于相对休眠状态时嫁接为宜。砧穗在代谢过程中如产生松脂、单宁或其他有害物质，不利于伤口愈合，影响嫁接成活。

（2）外界因素

环境条件对嫁接成活的影响，主要表现在对愈伤组织的形成和发育速度上。环境条件主要是温度和湿度。适宜的温度和湿度是形成愈伤组织的必要条件。温度太高，切口水分散失快，不易成活；温度过低，愈伤组织发生少。多数植物生长最适宜温度为20～30℃，也是嫁接适宜的温度。嫁接愈合过程中，必须保持嫁接口的高湿度，因此嫁接完成后需用塑料薄膜绑扎保湿。土壤湿度影响砧木的根系活动，土壤干旱不利于砧木根系的活动，也不利于芽接时砧木形成层的剥离，因此嫁接前需提前进行苗圃灌水。大气湿度以保持较高湿度但又不出现阴雨绵绵的气候条件有利于嫁接成活。嫁接技术是否娴熟，也是嫁接成功与否的重要因素，其中嫁接面的切削是否平滑和接穗与砧木两者的形成层是否对准尤为关键。只有形成层对齐，相互密接，才有利于愈合。此外，应操作快速准确、捆扎松紧适宜。嫁接前至少一周内不要对取接穗的母株和砧木进行修剪，否则植株进入创伤的修复过程会使树皮难以剥离。

3.2.4.3 嫁接后管理

嫁接后注意加强管理，确保有较高成活率。嫁接后3～4d需全遮光处理，并需常浇水，使空气湿度保持在90%以上。设施环境内施用CO_2可使嫁接苗生长健壮，当CO_2浓度从0.3μL/L提高到10μL/L时，成活率可提高15%。嫁接后7～15d，即可检查成活情况。成活后及时去除捆绑物，及时剪砧、除萌等。剪砧时，应在芽片上

0.3~0.4cm 处剪下，剪口向芽背面稍微倾斜，有利于剪口愈合和接芽萌发生长，但剪口不可过低，以防伤害接芽。剪砧后砧木基部发生的萌蘖，应及时除去，以免消耗养分和水分。去萌蘖过晚会造成苗木上出现大的伤口而影响苗木质量。嫁接未成活的要及时补接。

3.2.5 组织培养繁殖

组织培养繁殖即离体繁殖，是指通过无菌操作，将植物的组织或器官（如根、茎、叶、芽或其他组织等）的一部分接种到人工配制的培养基内，在人工控制的温度、光照、湿度等条件下进行培养，从而获得新植株的方法。该繁殖方法不受气候条件影响，繁殖速度快，繁殖系数大，能保持母体的原有性状，是工厂化育苗的方向。此外，通过组织培养还可以培养脱毒种苗。目前，组织培养已经在植物生产中得到广泛应用，有良好的发展前景。

3.2.5.1 组织培养的分类

根据外植体不同，将植物组织培养分为以下 5 类：

(1) 胚胎培养

胚胎培养包括胚培养、胚乳培养、胚珠和子房培养及离体受精的胚胎培养技术等。

(2) 器官培养

器官培养是指植物某一器官的全部或部分器官原基的培养，包括茎段、茎尖、块茎、球茎、叶片、鳞片、花序、花瓣、子房、花药、花托、果实、种子等。

(3) 组织培养

广义组织培养包括各种类型外植体的培养；而狭义组织培养包括形成层组织、分生组织、表皮组织、薄壁组织和各种器官组织及其培养产生的愈伤组织。

(4) 细胞培养

细胞培养指以单个的游离细胞（如用果酸酶从组织中分离的体细胞，或花粉细胞、卵细胞）为接种体的离体无菌培养。

(5) 原生质体培养

植物原生质体是被去掉细胞壁的由质膜包裹的、具有生活力的裸细胞。原生质体培养是对植物的原生质体进行培养，形成完整植株的培养技术。

3.2.5.2 组织培养的一般流程

(1) 培养基的配制

培养基主要由矿质营养元素、有机物质、生长调节物质和碳源等组成。培养基配方很多，其中 MS 培养基应用最广泛，此外还有 White、Nitsch、B_5、ER、HE 等培养基。组织培养能否成功，适合的培养基是一个重要因素。

（2）外植体的选择

外植体是指从植物体上切取下来用于组织培养的部分。外植体应根据植物种类来选择。再生能力较弱的木本植物、较大的草本植物通常以茎段为外植体，而比较容易繁殖、植株矮小、缺乏显著茎的草本植物，可采用叶片、叶柄、花托、花萼、花瓣等作为外植体。不同的植物各有最适宜的外植体（表 3-1）。

表 3-1　常见芳香植物外植体适合的取材部位

部　位	常见芳香植物种类
带有鳞茎盘的双鳞片	水仙
鳞片不定芽	风信子
顶芽或茎尖	香石竹、月季、菊花、玉簪、萱草、牡丹
茎段或腋芽	菊花、夜来香、晚香玉、小苍兰、鸢尾、金边瑞香、重瓣玫瑰
叶或叶柄	菊花、水仙、紫苏、小苍兰、桔梗
花茎或花梗	鸢尾、郁金香
花蕾、花瓣	菊花、非洲菊

（3）消毒

配制好的培养基、接种用具、蒸馏水等需用高压灭菌消毒；每次接种前，接种工作台用紫外灯照射 20~30min。外植体先用 70%酒精消毒 20~30s，再用饱和漂白粉溶液消毒 10~20min 或用 0.1%~1%氯化汞消毒 2~10min，接着用无菌水冲洗 4~5 次，放在消毒的培养皿中准备接种。正式接种前，操作人员双手也需用 75%酒精擦拭。同时，穿戴工作服、口罩、帽子等，以防污染。

（4）接种

接种用的镊子和剪子（手术刀）用酒精灯火焰消毒后，稍凉后使用。接种全过程均应在无菌条件下进行。一般在超净工作台前将无菌的外植体接入培养基中。

（5）初代培养

接种后的材料置于光照培养箱中培养，促使外植体中已分化的细胞脱分化形成愈伤组织，或顶芽、侧芽直接萌发形成芽，然后将愈伤组织转移到分化培养基分化成不同的器官原基或形成胚状体，最后发育成再生植株。

（6）中间繁殖体的继代培养

在初代培养诱导出的芽、胚状体、原球茎等称为中间繁殖体。将中间繁殖体在人为控制的最好的营养供应、激素配比和环境条件下进一步培养增殖，即转接继代。其做法为配制适宜的继代培养基，将中间繁殖体不断接种其上，在培养室继续培养。继代工作需及时进行，否则中间繁殖体老化将会影响其进一步增殖。

（7）生根与壮苗培养

将最后一次继代培养的中间繁殖体转移到生根培养基上，转移的同时进行苗丛、胚状体或原球茎的分离。较低的矿物质浓度、较低的细胞分裂素含量及较高的生长素含量有利于生根。壮苗可通过减少培养基中糖含量和提高光照来实现。

（8）炼苗移栽

选择生长健壮、具有3~5条根的生根苗先进行室外炼苗，待苗适应外部环境后，再移栽到疏松透气的基质中，注意保温、保湿、遮阴、防病虫害等。当组培苗完全成活并长至一定大小时，即可移栽到大田用于生产。

3.2.5.3 芳香植物组织培养变异

不同的芳香植物的器官或组织，其形态发生有一定变异。尤其是一些较难培养的种类，要考虑外植体的来源，包括不同的个体、不同的器官或器官上的不同部位。进行离体繁殖时，采用不适宜的外植体在限定的条件下，可能会使培养失败。

在进行芳香植物离体繁殖时，由于培养中的细胞团不断继代，不正常的植株产生的频率增加，变异的范围相当广泛。从芳香天竺葵愈伤组织产生的植株中，发现了一些表现型变异，包括叶形态变异，花青素颜色丧失，绒毛丧失，变矮，香精油成分发生变化及花的形态变异等，变异率远远比扦插繁殖中的要高。从嵌合体分离可产生变异，如某些带金边、银边的变种，通过离体繁殖失去了金边等。此外，还有细胞核和细胞质的基因突变，核外基因组的分离导致变异，非遗传的生理适应变异，返还幼年期和缩短幼年期等，与常规扦插繁殖颇不一致。大多数的变异是苗木生产者不希望产生的，但这些变异中有的可能进一步被选择培育成为符合需要的新品种。当然，在工作中应采取适当的措施减少变异的发生，除非目的在于育种。

3.3 容器育苗技术

在装有培养基质的各种容器中培育苗木称为容器育苗。容器育苗具有节省种子，提高苗木质量和成活率等优点，缺点是成本高，单位面积产苗量低，运输不便等。

3.3.1 容器育苗基质的配制

3.3.1.1 基质的配制

育苗基质需具备以下特点：适宜而稳定的化学性质；一般干基质的容重在0.4~0.6g/cm^3之间；总孔隙度以60%~80%为宜，其中大孔隙（空气容积）和小空隙（毛细管容积）大约各占50%；pH为5.8~7；无病虫害和对营养液无不良化学影响；能够多次利用。

我国配制营养基质的材料主要有泥炭、森林土、炉渣、蛭石、珍珠岩、岩棉、菇渣、腐殖质土等；一般是两种或两种以上的基质配合使用。国外主要是泥炭和蛭石混合物。营养基质的配制应根据培育芳香植物的生物学特性和对营养条件的要求而定。配制基质时，先将基质加水增湿，以手握成团不滴水，触之即散为宜。

3.3.1.2 育苗基质处理

基质因长期使用后，尤其是连作情况下，会聚集病菌和虫卵，易发生病虫害。因此，在基质使用前需消毒。常用的基质消毒方法有高温消毒和化学消毒。研究表明，82℃维持 30min 可杀死线虫、致病真菌、细菌、虫卵及大多数杂草种子等。化学药剂消毒时，常用的化学药剂为甲醛，一般是将 40% 甲醛稀释 50 倍后，均匀喷淋在基质上，所用药液量一般为 20～40L/m^3，用塑料薄膜封盖 24～48h 后揭膜，再将基质摊开，让其残药挥发完全，方可使用。

3.3.2 育苗容器的选择

常见的育苗容器有各种育苗钵、育苗盘、育苗箱、无纺布育苗袋等，以育苗钵、育苗盘应用较为普遍。容器大小应根据育苗种类和所需苗龄的长短而定。

3.3.3 装土与排列

容器中育苗基质不应装得过满，灌水后育苗基质表面一般要低于容器边口 1～2cm，以防灌水后育苗基质和水流出容器。育苗钵的排列或育苗盘穴孔规格的选择应根据芳香植物枝叶伸展情况而定，以方便芳香植物生长及操作管理，节省土地为原则。

3.3.4 播种或扦插育苗

容器育苗可行播种、扦插等。播种前应催芽，播后覆土，覆土太厚，幼苗出土后较弱；覆土太薄，一些种子带壳出土。扦插育苗时，可将配制好的基质装入育苗钵内，插穗下端用适宜浓度生长调节剂处理后扦插即可。

播种覆土后或扦插后均需浇水。播种后，一般要求基质含水量达到最大持水量的 85%～90%。扦插后，土壤湿度以土壤含水量稳定在最大持水量的 50%～60%为宜。

3.3.5 苗期管理

种子出土后应适当降低基质含水量。一般在子叶展开至两叶一心时，含水量为最大持水量的 60%～75%；三叶一心至出苗为 45%～65%，能满足大多数芳香植物对水分的需求。定植前需控制浇水量，促进根系生长，使其粗壮，提高抗逆性。光照应根据芳香植物种苗的类别、苗龄、季节等情况进行调控。多数芳香植物种苗除夏季育苗期外，其他季节可少遮阴或不遮阴，以免幼苗徒长。容器育苗很少发生虫害，但要注意防治病害，保持通风来降低空气湿度，并适当使用杀菌剂。

知识拓展

组培脱毒苗是用茎尖等没有被病毒感染的组织培养的植株。植物茎尖分生组织内无维管束且细胞分裂增生速度快，因此茎尖生长点（0.1~1mm 区域）病毒含量非常低，甚至检测不出病毒。因此，采用小茎尖进行离体培养可使植物脱除病毒。由于茎尖脱毒培养法培养的脱毒苗效果好，后代遗传稳定，已在无毒苗培育上得到广泛应用。

小　结

芳香植物通过各种方式繁殖后代。其繁殖方式包括有性繁殖和无性繁殖。有性繁殖时，需为适时采收的种子创造良好的贮藏条件。此外，还需种子质量检验。播前一般需对种子进行消毒和催芽。播后覆土，浇透水。苗期管理的关键是满足幼苗对光、温、水、肥的需要。无性繁殖是利用植物营养器官或部分无性器官进行繁殖的方法。无性繁殖类型主要有扦插繁殖、压条繁殖、分生繁殖、嫁接繁殖、组织培养等。容器育苗是在装有基质的各种容器中培育苗木。容器育苗的一般流程为配制基质、基质消毒、育苗容器装土与排列、播种或扦插育苗、苗期管理等。

复习思考题

1. 种子贮藏的方法有哪些？
2. 促进芳香植物种子发芽的主要措施有哪些？
3. 促进插条生根的主要措施有哪些？
4. 影响插条成活的因素有哪些？
5. 什么是压条繁殖？什么是分生繁殖？
6. 什么是嫁接繁殖？影响嫁接成活的因素有哪些？
7. 简述植物组织培养的一般流程。
8. 容器育苗基质必须具备哪些特点？

推荐阅读书目

1. 观赏园艺学．陈发棣，郭维明．中国农业出版社，2001.
2. 园艺学总论．章镇，王秀峰．中国农业出版社，2003.
3. 药用植物资源学．郭巧生．高等教育出版社，2007.
4. 花卉学．包满珠．中国农业出版社，1998.
5. 芳香植物栽培学．何金明，肖艳辉．中国轻工业出版社，2010.

第4章

芳香植物

栽培管理

芳香植物只有在适宜的环境条件下才能正常生长发育，因此在生产过程中，常采用一些栽培管理措施来满足芳香植物对光、温、水、热、土、肥等的需求，以保证获得高产、优质的芳香植物。

4.1 芳香植物露地栽培管理

露地栽培是指在无任何遮盖物的土壤上种植苗木。露地栽培相对于保护地种植而言，栽培面积大，受外界环境影响也较大。

4.1.1 土壤改良

在种植芳香植物之前，如土壤条件不理想，则需针对土壤不良质地和结构进行相应改良。土壤改良就是采取相应的物理、生物或化学措施，改善土壤性状，提高土壤肥力，为植物生长发育创造良好的环境条件。土壤改良分为物理改良和化学改良。土壤物理改良是采取相应的农业、水利、生物等措施来改善土壤性状，提高土壤肥力。具体措施包括适时耕作、平整土地、增施有机肥来改善土壤性状；客土掺泥或掺沙来改良过砂、过黏土壤；排水洗盐、种稻洗盐等来改良盐碱土；种植绿肥作物、营造防护林、设立沙障等来改良沙荒地等。土壤化学改良是用化学改良剂改变土壤酸碱度的一种措施。如碱性过高，可加入适量硫酸亚铁，如施用硫酸亚铁 1.5kg/10m^2，施用后 pH 相应降低 0.5~1.0。总之，选择或创造适宜于芳香植物生长发育的土壤酸碱度是获得优质高产的重要条件之一。

4.1.2 整地作畦

整地作畦是芳香植物栽植前的首要工作。主要包括翻耕、耙细整平、去杂物、作畦或作垄等。

翻耕一般在秋季或初冬进行。一、二年生芳香植物翻耕深度一般为 20~30cm，球根或宿根芳香植物翻耕深度一般为 40~50cm。翻耕时，可结合施入腐熟有机肥。翻耕完毕后，还需将土壤耙细整平，并去除石块、草根、枯枝等杂物。

作畦或作垄需根据芳香植物生长特性、土壤性质、当地降水量等情况确定。畦有高畦、平畦、低畦之分。一般来说，平畦和低畦适于地下水位低的干旱地区；高垄是把栽培行做成 20~30cm 的高垄，芳香植物种植在高垄上，适于地下水位高、降水量较大地区；畦宽可根据芳香植物种类、田间管理便利等来确定。

4.1.3 种植

露地种子直播方式可穴播、条播。播种用的种子可以是浸种催芽的湿种子或不浸种催芽的干种子。定植时，可用定植铲在畦面挖定植穴，定植穴应比幼苗的根系或土团稍大稍深，将已经培育好的幼苗放于定植穴内并扶正，覆土，种植完及时浇透水。

定植密度依芳香植物种类、栽培方式、土壤肥力状况、管理水平及气候条件等而定。

定植深度根据芳香植物种类、栽培季节而定。一般以子叶以下畦面与土坨面相平为宜。

4.1.4　间苗、定苗、补苗

播种出苗后，需及时间苗。间苗不宜过迟，过迟间苗会造成幼苗因过密而光照不足，最终导致植株细弱。露地种子直播间苗一般进行 2~3 次，最后一次间苗即定苗。如出现缺苗现象，需及时补苗。一般来说，补苗与间苗同时进行，即将健壮的间苗补栽到缺苗处，并浇水。补苗时间选择阴天或晴天傍晚为宜。

4.1.5　灌溉与排水

灌溉与排水是芳香植物栽培管理过程中的一项重要环节。芳香植物在不同生长发育时期，对水分的需求不同。幼苗根系分布浅，本身需水不多，保持土壤湿润即可；封行后芳香植物处于旺盛生长阶段，需水量较多，且此时正处于高温酷暑天气，水分蒸发量也较大，因此要灌水充足；花芽分化期土壤适度干旱，有利于花芽分化；花期及时灌水，防止落花；果期在不造成落果的情况下，土壤保持湿润；果实接近成熟时应停止灌水；休眠期少浇水。

一般在低洼地、地下水位过高或降水量较多的地区，需注意排水问题。当田间有积水时，土壤中氧气不足，根系无氧呼吸，产生一些有害物质，严重时会造成根系中毒死亡，因此，应及时排水，避免涝害。

4.1.6　施肥

定植后，常以速效性化肥进行追肥。追肥是基肥的补充。施用追肥时，可在行间开沟施或穴施，也可结合灌溉施入，还可进行根外追肥。施肥量以“少量多次”为原则，以免引起徒长或肥料流失。

不同芳香植物需肥种类有一定差异。一般来说，栽培以全草或叶类为收获对象的芳香植物，可偏施氮肥；栽培以块根、块茎为收获对象的芳香植物，可偏施钾肥；栽培以果实籽粒为收获对象的芳香植物，可偏施磷肥，能提高种子产量。一般情况下氮肥的总需要量比磷肥、钾肥要多。在生产中，为获得较高产量和质量，不能单一施用某种肥料。

芳香植物不同生长期所需求肥料种类和数量不同。苗期生长量小，基本不会缺肥，因此苗期很少施肥；随着幼苗长大，适当增施氮肥，可促进其茎叶生长，在营养快速生长期需肥量最多，到了开花结果期适当增施磷、钾肥。

追肥时间和次数因芳香植物种类和利用部位不同而异。如薄荷、香蜂草等利用地上部茎叶提取精油的，整个生长季节需肥量较大，至少要追肥 3~4 次。但在收割前要控制施肥，施速效肥时，最迟要在收割前 20~25d 进行，施长效肥时，应在收割前

40~45d施用，不宜过迟或过早。过早后期肥力不足，过迟则会因后期徒长影响芳香植物产量和质量。

4.1.7 中耕、除草、培土

中耕是在植物生长发育期间对土壤浅层翻倒、疏松表层土壤的过程。中耕有疏松表土，增加土壤通气性，促进好气微生物活动和养分有效化，去除杂草，促使根系伸展，调节土壤水分状况等作用。中耕时间和次数根据当地气候条件、土壤状况和芳香植物生长状况而定。一般在大量灌水后或土壤板结时进行中耕。中耕深度根据芳香植物种类而定。根系分布较浅的，如薄荷、紫菀（*Aster tataricus*）等，中耕宜浅；根系入土较深的，如黄芪、白芷等，中耕可深些。

杂草不仅与幼苗争夺土壤中的养分和水分，还滋生病菌、害虫，需及时清除。一般除草与中耕结合进行。近年来，多使用化学除草剂来除草，如使用得当，可省时、省力，但现代规范化栽培不提倡使用化学除草剂。

培土是对植物进行中耕除草时将土垒于植物茎基部的过程。培土对芳香植物越冬有保护作用，如菊花；可帮助芳香植物越夏，如浙江贝母；可使一些芳香植物多结花蕾，如款冬；促进珠芽生长，如半夏。此外，培土还有防止芳香植物倒伏、避免根系外露及促进芳香植物产生不定根等作用。

4.1.8 植株调整

植株调整包括摘心、摘蕾、修剪、设立支架等。

摘心是摘去植物顶尖部分。摘心通过解除植物顶端优势，促进植物多分枝。在栽培过程中，白杭菊进行多次摘心，促进分枝，控制植株高度，保证枝条加粗生长和防止倒伏，提高产花量；罗勒长到30cm时摘心，促使多分侧枝，其产量比不摘心高出40%。

摘蕾是指摘除花蕾，抑制植物生殖生长，促进营养生长，凡不以果实种子为目标产品的芳香植物均可通过摘蕾提高茎叶产量。如摘蕾有利于提高白术根茎的产量和质量。摘心和摘蕾时间均宜早不宜迟。

修剪更新的目的在于平衡枝叶生长与开花结果的关系，更新老枝，疏掉病弱枝、徒长枝，保证植株通风透光，以利生长，增加产量。修剪时间应因地制宜，一般在秋季停止生长后至早春开始生长前进行。如薰衣草开花5~6年后枝条开始衰老，产量下降，需要重剪更新。

一些芳香植物在栽培过程中还需设立支架，如猕猴桃、金银花、栝楼等。

4.1.9 病虫害防治

芳香植物在栽培过程中，往往会受到病虫侵害，造成植株生长不良，产量和品质下降。因此，病虫害防治工作是芳香植物栽培过程中极其重要的环节。芳香植物病虫害防治在农业上主要贯彻“预防为主，综合防治”的方针，将病菌和害虫的危害限制到最低程度。

病虫害防治方法较多，一般分为植物检疫、农业防治、物理防治、生物防治和化学防治，在生产上应将各种防治措施结合使用，以取得较好的防治效果。

（1）植物检疫

植物检疫是一个国家或地区以立法形式，禁止某些危险的病、虫、杂草等人为传入或传出，对已发生或传入的危险性病虫、杂草等采取有效措施，控制其进一步蔓延。

（2）农业防治

农业防治是采用农业技术综合措施改善作物的生长环境，增强植物对病、虫、草害的抵抗力，创造不利于病原物、害虫和杂草生长发育或传播的条件，从而控制、避免或减轻病、虫、杂草危害的方法。主要措施有选育和利用抗病品种、抗虫品种；改进耕作栽培措施，如轮作、深耕细作、调节播种期、合理施肥和灌溉、清洁田园等。

（3）物理防治

物理防治是应用各种物理因素或器械防治病虫害的方法。物理防治包括徒手捕杀；对种子及繁殖材料进行热处理，如热水浸种等；利用昆虫趋性诱杀害虫，如黑光灯、黄色粘虫板等。

（4）生物防治

生物防治是利用生物或其代谢产物控制有害生物的方法。生物防治包括以虫治虫，如利用天敌昆虫防治害虫；以菌治虫，即利用害虫的病原微生物防治害虫；应用昆虫激素，如利用性信息素诱捕法或迷向法防治害虫。

（5）化学防治

化学防治是使用化学农药来防治植物病虫害的方法，是植物病虫害防治最常用的措施。化学农药具有高效、速效、使用方便等优点，但使用不当，植物会产生药害，造成环境污染等。化学农药按照防治对象分为杀虫剂、杀菌剂、杀卵剂、除草剂、杀线虫剂等。为充分发挥化学防治的优点，减轻其不良作用，应恰当选择农药种类和剂型，合理使用农药。

4.1.10 覆盖遮阴

覆盖就是利用稻草、秸秆或塑料薄膜等铺盖在畦面或植株上，用来调节土壤温度和湿度。冬季覆盖可防寒，夏季覆盖可降温保湿。覆草厚度一般为8~12cm。地膜覆盖具有增温、保墒抗旱、抑制杂草生长、减轻病害等作用。

遮阴是保护植株或幼苗不受阳光直射，防止地表温度过高，减少水分蒸发，保证芳香植物正常生长的一项措施。如西洋参、三七等为喜阴芳香植物，需搭设荫棚遮阴。

4.1.11 防寒越冬

对于一些露地栽植不耐寒的芳香植物，冬季需采取防护措施才能安全越冬。常用措施包括选用抗寒品种；芳香植物进入生长后期，控制氮肥施用量和浇水量，增施磷、钾肥，增强对寒冷的抵抗能力；畦面覆盖草帘；以地下部休眠的芳香植物，如玉簪、芍药等，在封冻前将干枯的地上部剪除，在其上培土防寒；对于一些树体比较大的芳香植物，无法进行覆盖或进行压埋的，可在树体上包裹草帘、塑料薄膜等进行防寒。

4.2 芳香植物容器栽培管理

将芳香植物栽植在各种容器中即盆栽。盆栽既便于控制影响芳香植物生长发育的各种环境条件，又便于搬运。芳香植物陈列室内时，芳香植物不仅散发怡人香气，还具有一定的医疗保健功能。因此，盆栽芳香植物已成为芳香植物生产中重要的栽培形式之一。

4.2.1 栽培容器

目前，栽培芳香植物的容器种类与样式多种多样，主要有素烧泥盆、陶盆、瓷盆、木盆或木桶、水养盆、兰盆、塑料盆、铁容器等。不同的栽培容器，其排水性、透气性等存在很大差异，应根据芳香植物种类、生物学特性及栽培目的选择使用。

4.2.2 盆土

盆栽芳香植物时因其根系伸展受到限制，频繁浇水也容易造成养分流失和土壤板结，因此，盆土成为芳香植物正常生长发育的关键。盆土通常由园土、沙、腐叶土、泥炭、松针土、珍珠岩、蛭石、椰糠等基质按一定比例配制而成。一般来说，配制的培养土要求质地均匀、重量轻、通气透水、具有一定的持水力、富含腐殖质。此外，不同芳香植物对盆土酸碱度要求也不同，在配制盆土时，应根据所种植的芳香植物适宜酸碱度进行相应调整。

4.2.3 上盆、换盆、翻盆、转盆

上盆是将培育好的幼苗移栽到花盆中的过程。上盆或换盆时，如使用旧盆，应预先进行清洗和消毒处理，干后再用；如使用新盆，应用清水浸泡 1~2d 后再使用。上盆时，应先在盆底排水孔处垫一瓦片或窗纱等以防盆土漏出并方便排水，然后加入少量盆土，将幼苗放于盆土上方，幼苗根际周围应尽量多带基质保护根系，并保证幼苗根系向四周舒展，继续填入盆土将根系埋没至根颈处，土面距盆沿边缘 2~3cm，以便浇水。

随着盆栽植物的不断长大，根系充满盆内，需要逐渐更换到更大的盆中，以利于其继续健壮生长，称为换盆。如换盆只是为了修剪根系或更换培养土，盆的大小不变，称为翻盆。换盆前几天应停止给植株浇水，盆土干燥，容易脱盆。换盆时，应根据植株的大小选择相应口径的盆进行更换，不能换入过大的盆内；换盆后应立即浇透水；根据芳香植物种类确定换盆次数和时间，多年生盆栽芳香植物在休眠期进行，1~2年换盆1次，一、二年生芳香植物在其生长期根据情况进行多次换盆。

上盆、换盆后应放置在阴凉处养护1周，然后逐渐移至向阳处，恢复正常管理即可。

转盆是为保持植物株型均匀，在芳香植物生长期间经常变换盆的方向。因一些芳香植物具有趋光性，如不经常通过转盆调整光照，会出现偏冠等现象，影响观赏价值。生长旺盛时期，一般5~7d转盆1次，每次转盆时最好把花盆原地旋转180°，使植株叶片分布均匀，生长不歪斜。如天竺葵、旱金莲等。

4.2.4　水肥管理

盆栽芳香植物的浇水与施肥常结合进行。

浇水次数、浇水量及浇水时间应根据芳香植物的种类、发育阶段、气候条件、栽培基质性质、栽培容器等灵活掌握。生长旺盛期应多浇水，休眠期少浇水或停止浇水。砂质土壤适当多浇水，黏质土壤少浇水。一天中浇水时间一般冬季在9：00~10：00以后，夏季在8：00前或17：00以后。栽植在素烧瓦盆中的芳香植物比栽植在塑料盆中的需水量要大，因素烧瓦盆通过盆壁蒸发散失的水分比芳香植物本身消耗的多。此外，热天多浇水，阴天少浇水。

盆栽芳香植物的施肥应根据芳香植物的种类、发育阶段、季节变化、栽培基质的养分状况等，做到适时、适量。施肥分为基肥和追肥。基肥与栽培基质混匀后使用；追肥的原则为薄肥勤施，可进行叶面喷肥。一般来说，一、二年生芳香植物，除豆科植物可少施氮肥外，其余均需施用一定量的氮、磷、钾肥；宿根或木本芳香植物，需根据开花次数施肥，一年多次开花的芳香植物，花前花后应多施肥。观叶芳香植物应多施些氮肥，观花、观果芳香植物多施些磷、钾肥。此外，抽生枝叶时以氮肥为主，花芽分化或开花前以磷、钾肥为主；温暖的生长季节可多施，天气寒冷时可少施。

4.2.5　整形修剪

整形与修剪是两个完全不同的概念，但二者关系密切，相辅相成。整形主要包括绑扎、设立支柱、绑缚等，而修剪主要是指摘心、剪枝、剥芽等。盆栽芳香植物进行整形修剪时，一方面要顺应芳香植物本身的自然生长趋势，充分发挥其特点；另一方面要通过人为的造型进行艺术加工，提高其观赏性。

知识拓展

天敌昆虫是指以其他昆虫为食的昆虫。包括捕食性天敌昆虫和寄生性天敌昆虫。捕食性天敌昆虫是指捕食者捕杀或吞噬猎物，猎物在受害时往往被立即杀死，捕食者一生要杀死多个猎物。常见的捕食性天敌有螳螂、瓢虫、草蛉、猎蝽等。寄生性天敌昆虫是指有些昆虫在一个时期或一生都生活在另一种昆虫的体表或体内，以摄取寄主营养来维持生活。常见的寄生性天敌有姬蜂、茧蜂、小蜂、寄蜂等。

小　结

芳香植物栽培过程中，只有满足其对光、温、水、热、土、肥等需求，才能保证芳香植物获得高产优质。芳香植物栽培管理分为露地栽培和容器栽培。露地种植芳香植物之前，如土壤条件不理想，需进行土壤改良。整地作畦是芳香植物栽植前的首要工作。整地作畦完成后，即可定植幼苗，定植完浇透水。出苗后，需及时间苗，并做好灌溉与施肥、植株调整、覆盖和遮阴、病虫害防治等工作。芳香植物容器栽培是将芳香植物栽植在各种容器中。栽培盆土是芳香植物正常生长发育的关键。将培育好的幼苗移栽到盆中即为上盆，此后，芳香植物还需进行换盆或翻盆、转盆等。芳香植物容器栽培过程中，浇水与施肥常结合进行，并应做到适时、适量。为保持良好造型，盆栽芳香植物还需进行整形修剪。

复习思考题

1. 如何对土壤酸碱度进行调节？
2. 如何对露地栽培芳香植物的病虫害进行综合防治？
3. 盆栽芳香植物上盆、换盆应注意些什么？
4. 配制芳香植物盆栽基质的要求有哪些？
5. 盆栽芳香植物的水肥管理需注意哪些方面？

推荐阅读书目

1. 观赏园艺学．陈发棣，郭维明．中国农业出版社，2001.
2. 花卉学．包满珠．中国农业出版社，1998.
3. 园林植物病虫害防治（第 3 版）．武三安．中国林业出版社，2015.
4. 药用植物资源学．郭巧生．高等教育出版社，2007.

第5章

芳香植物

采收与采后处理

当芳香植物所利用的部位达到采收要求时，即可采取相应措施进行收获。采收时期、采收方法和采后加工直接关系到芳香植物的产量和品质，是芳香植物生产中不可忽视的环节。

5.1 采收时期

芳香成分的积累是一个由低到高再到衰减的过程，即在各器官发育过程中有一定的变化规律，这就是不同的芳香植物都有其最佳采收期的原因。通常在芳香植物的利用部位精油含量最高时进行采收。适宜的采收时期是保证芳香植物品质的关键环节，对芳香植物的利用有重要意义。

5.1.1 不同种类芳香植物采收的一般原则

（1）全草类

全草类芳香植物指全草均可加以利用的芳香植物。通常在植株充分生长、枝叶茂盛的蕾期或初花期收割，如藿香、荆芥等。但有些芳香植物例外，如茵陈在嫩苗期采收为佳，马鞭草在花期采收最好。

（2）叶类

叶类芳香植物是以叶作为原料的芳香植物。一般来说，在叶片生长旺盛、叶色浓绿、花未开放或果实未成熟前采收，如紫苏叶、艾叶等。对于一些木本芳香植物来说，需达到一定年限后方可采收，如桉树类需定植后 3 年方可采叶提油。

（3）根及根茎类

根及根茎类芳香植物是将根及根茎加以利用的芳香植物。这类芳香植物应在休眠期采收，因休眠期地下部分积累的有机物质多，需要种植一定年限。如香根草种植 1 年或 1 年半以上为宜，在我国栽培 8~10 个月即可采收，种植 3 年以上其根含油率会下降。我国根及根茎类芳香植物多在 11 月左右采收。但也有例外，如当归、白芷等在抽薹开花前采收。对于一些多年生的芳香植物（如缬草、鸢尾等）根含精油的，需要定植后 2~3 年才可采收利用。

（4）皮类

皮类包括根皮、树皮以及草本芳香植物茎皮等。皮类芳香植物一般应在生长到一定树龄、树皮达到一定厚度、选择容易剥皮时采收。一般在春末夏初，此时皮部养分和树液增多，形成层细胞分裂旺盛，易于剥皮，且伤口也较易愈合。如肉桂，当树龄 10 年生以上，即可采收，4~5 月采收的称“春剥”，此时肉桂树液多，容易剥皮，灰分含量大，质量不高；9 月采收的称“秋剥”，此时桂皮油分足，质量高，但不利于肉桂树的生长。

（5）树脂类

树脂是植物体的自然分泌物或代谢产物，是人为或机械损伤后的分泌物。采收时间和采收方法随芳香植物种类和采收部位不同而异。如乳香树脂，除 5~8 月外，全年均可采收。树脂从伤口渗出后数天自然干结成固体，即可收集。

（6）花类

花类芳香植物采收时节性强。不同种类芳香植物的花在采收期上略有不同。金银花、辛夷、丁香等在花蕾期采收；玫瑰花提取精油应在花朵初放，刚露花心时采收，一天中以 6：00~10：00 含油量最高；桂花、合欢花、佛手花等则在盛花期采收。

（7）果实类

该类芳香植物因植物种类不同，采收期有一定差异。如黑胡椒、乌梅等在果实幼嫩时采收；木瓜、香橼等在果实不再增大、尚是绿色或接近成熟时采收；栀子、砂仁、枸杞等则在果实完全成熟时采收。

（8）种子类

种子类芳香植物一般在芳香植物果实充分成熟，籽粒饱满时采收，如莱菔子、续随子等。对于一些蒴果类种子，完全成熟后，蒴果会开裂，种子散失，难以收集，故宜稍提前采收，如豆蔻。有的芳香植物花期较长，如月见草，应视情况随熟随采。

5.1.2　芳香植物适宜采收时期的影响因素

确定芳香植物适宜采收期，除了要重视人们在长期生产实践中总结的传统采收经验外，还要考虑芳香植物产地、发育阶段、不同季节、生长年限等。

（1）产地

研究表明，甘肃岷县、四川宝兴、云南鹤庆 3 个传统产地生产的当归，精油得率最高的采收时期分别为 11 月、10 月和 10 月，而 3 个产地的当归精油中主要成分——Z-藁本内酯相对含量最高的采收时期均为 10 月。

（2）发育阶段

芳香植物不同发育阶段的精油含量和品质不同。对于花中含有精油的芳香植物（如晚香玉、香水玫瑰等），通常是在花蕾或花初开放时精油最多，而精油品质以花开放时最佳。但对薰衣草来说，其花含精油的部位主要是花萼，以花末期精油含量最高，其精油中的乙酸芳樟酯含量自开花到种子成熟前逐渐上升，到种子成熟后含量下降。对以湖南、福建等为主产区的山鸡椒来说，5 月下旬至 6 月上旬果实饱满，但尚为绿色，采果蒸馏出的精油中柠檬醛含量为 50%~60%；7~8 月果实转黄，柠檬醛含量达到 70%~80%；8 月中、下旬果实变为黄褐色，柠檬醛含量可达 90%。因柠檬醛含量是衡量山鸡椒精油品质的重要经济指标，因此以 8 月间采果蒸馏的精油品质最好。我国河南引种的快乐鼠尾草一般在 6 月中下旬至 7 月上旬，当花穗下部最先开放的花朵中果实近成熟时采收为宜，通常 15d 采收完毕，如拖延时间过长，出油率将降低 50%。

（3）季节

采收季节不同，芳香植物精油含量、成分比例存在差异。各地的采收时间主要是根据当地当年气温、降水量、光照等情况确定。如肉桂春叶精油含量低，但精油中肉桂醛含量高；而秋叶精油含量高，但肉桂醛含量低；夏、冬两季采集的叶片，其精油和肉桂醛含量均较低。

（4）生长年限

多年生芳香植物精油含量和成分随生长年限的增长有一定变化。如樟树，其树龄越高，含油量和樟脑含量越高；而檀香要求 30 年以上砍伐利用，才能达到产油标准和保证油的质量。对直播 1 年生和育苗移栽 2 年生的当归精油进行比较研究，发现直播 1 年生精油含量远高于 2 年生，当归精油中主要成分 Z-藁本内酯是赋予当归精油香味特征和主要功效的成分，也以直播 1 年生含量较高（表 5-1）。

表 5-1 不同生长年限当归精油含量与主要成分相对含量比较 %

生长年限	精油含量	Z-藁本内酯相对含量
直播 1 年生	1.042	54.01
育苗移栽 2 年生	0.664	46.06

（引自唐文文等，《中国实验方剂学杂志》，2013）

5.2 采收方法

芳香植物种类和利用部位不同，采收方法亦不同。通常有以下几种采收方法。

5.2.1 挖取法

根及根茎类以及带根应用的全草类芳香植物采用挖取法采收。一般选在雨后晴天或阴天，土壤湿润时挖取。若土壤干燥不易挖出，可事先浇灌一次水，待能下锄时再挖。

5.2.2 采摘法

花类芳香植物（如菊花、红花、金银花等）以及部分果实类、叶类芳香植物通常采用采摘法采收，多汁类果实采收时要特别注意避免挤压翻动，以免果实破裂。

5.2.3 割取法

少数果实类芳香植物（如薏苡等）、大多数种子类芳香植物（如莱菔子）及全草类芳香植物的收获都采用割取法。

5.2.4 剥取法

剥取法主要用于利用树皮或根皮的一类芳香植物。树皮的剥离是从离地面6~7cm处向上量 50cm 左右，在上下两端，用环剥刀绕树干环割一周，上面的刀口稍朝下，下面的刀口稍朝上，深度以接近次生韧皮部为宜，随后纵切一刀，将树皮轻轻撬起，取下，不能用手触摸形成层。最后，用塑料薄膜包裹环剥处，捆扎时要上紧下松，以利排除雨水，同时要尽量减少薄膜与木质部的接触面积。25~35d后，新皮逐渐形成，即可去掉薄膜。如厚朴、黄柏等。

粗壮木本芳香植物树根的根皮剥离与树皮的剥离方法相似。对于灌木和草本根部较细的芳香植物可用木锤敲击，使木质部与皮分离，去芯取皮。

5.2.5　割伤法

树脂类芳香植物如安息香、乳香、松香等，通常将树干割伤，切口处便会渗出树脂，待树脂数天后自然干结呈固体，即可收集。

5.3　采后保存与处理

在芳香植物加工之前，对原料的贮存有一定要求。有些原料在加工前需做预处理，目的是防止原料发酵，保持原料在采集时的精油含量和质量；还有一些芳香植物在采收后需要一定的发酵处理，才开始发出香气。

5.3.1　未发香鲜花的保存

茉莉、晚香玉等是采集其即将开放的成熟花蕾。花蕾在未开放前不发香，花蕾开放才发香。在暂时的贮存过程中，如不妥善加以保存，花蕾就会因呼吸作用产生的热量而发酵变质。因此，对于未开放的花蕾在贮存时应注意：花蕾应铺成薄层放置，不应高于5cm，周围空气保持流通；花蕾贮存场所应保持温度为28~32℃较为适宜，相对湿度以80%~90%较为适宜；为使花蕾能全部均匀一致地开放，每隔一定时间将花层轻轻上下翻动。

5.3.2　鲜叶的保存

一般鲜叶采收后不立即加工，而是薄层铺放一段时间后再加工，其出油率高于鲜叶出油率，如薄荷叶、香紫苏叶等。放置数天后，其出油率通常比鲜叶高出5%~20%（按鲜重计算），其原因是鲜叶薄层放置一段时间后，表面水分散失，但又不十分干枯，叶表面细胞孔扩大，在提取精油时有利于精油散出。但也有一些比较娇嫩的鲜叶，不适宜久置，采收后应立即加工提取精油，如香叶天竺葵。

5.3.3　浸泡处理

（1）柑橘类果皮的浸泡处理

柑橘果皮用添加某种浸泡剂（如石灰水）的水溶液浸泡一段时间后，再采用压榨法提取精油，则有利于精油的提出，其原因是通过浸泡，柑橘类果皮将会充足吸收水分而变脆，细胞内压增加，压榨时果皮内油囊容易破碎，此外，果皮中含有的大量果胶也将变为不溶于水的果胶酸盐类，有利于压榨过程中油水分离。

（2）鲜花的浸泡保存

一些鲜花的开花期极短，仅数日花朵的香气就会消失，如桂花。为不使在极短花期内采集的大量桂花因来不及提取精油而遭受香气损失和发霉变质，常用浸泡法来保存。如用食盐水浸泡桂花，保存期可达半年以上不变质；玫瑰花用饱和食盐水浸泡后，既可延长贮存时间又可提高出油率。

（3）破碎处理

如芳香植物的利用部位为树干、树根、坚硬的果实或籽等，在提取精油前应进行破碎处理，不但可提高得油率，而且可提高提取效率，如檀香、肉豆蔻、芫荽籽等。此外，芳香植物的茎叶切段后，也更有利于精油的提出，如香茅、丁香、罗勒等。

5.3.4 发酵处理

还有一些芳香植物采收后需进行发酵才能呈现出较浓的香气，如广藿香、香荚兰等。

知识拓展

确定芳香植物适宜的采收时期需要把芳香植物精油的累积动态与其生长发育结合起来考虑，这两个指标有时一致，有时不一致，必须根据具体情况加以分析。有些芳香植物的精油含量在其生长发育过程中有一个明显的高峰，而且利用部位的产量变化不显著，此时，精油含量最高时期即为适宜采收时期。有时需要通过绘制精油含量和利用部位产量的曲线图，将两个曲线图中的利用部位产量高峰与精油含量高峰以同一坐标高度表示，两个曲线的相交点即为适宜采收时期。如薄荷在花蕾期精油含量最高，而茎叶产量在花后最高，绘制二者的曲线图，其相交点即为薄荷适宜采收时期。

小　结

采收时期、采收方法和采后加工直接关系到芳香植物的产量和品质。一般在芳香植物的利用部位精油含量最高时进行采收。不同种类的芳香植物，如全草类、叶类、根及根茎类、皮类、树脂类、花类、果实类、种子类，其适宜采收时期不同。对于芳香植物适宜采收期，除了要重视人们的传统采收经验外，还要考虑芳香植物的产地、发育阶段、季节、生长年限等。不同芳香植物种类的采收方法不同，通常有挖取法、采摘法、割取法、剥取法、割伤法等。在芳香植物加工之前，有些原料需做预处理，防止发酵，还有些芳香植物在采收后需进行发酵处理，才开始发出香气。

复习思考题

1. 简述不同种类芳香植物采收的一般原则。
2. 影响芳香植物适宜采收时期的因素有哪些？

3. 芳香植物采收的方法有哪些？
4. 不同芳香植物原料如何进行相应的采后保存与处理？

推荐阅读书目

1. 中药材采收加工学．秦民坚，郭玉海．中国林业出版社，2008.
2. 中药材加工学．李向高．中国农业出版社，2004.
3. 植物精油和天然色素加工工艺．罗金岳，安鑫南．化学工业出版社，2005.

第6章

芳香植物

次生代谢产物

植物新陈代谢包括初生代谢和次生代谢。植物初生代谢是维持生命所必需的，即所有植物的共同代谢途径，如糖类、脂类、核酸和蛋白质等代谢；植物次生代谢是植物合成生命非必需物质并贮存次生代谢产物的过程，如萜类、苯丙素类、单宁类、酚类、醌类、生物碱、黄酮类、香豆素、皂苷、有机酸、氨基糖衍生物、色素等均为植物次生代谢产物。次生代谢产物通常是由初生代谢产物派生而来的。

6.1　芳香植物精油

精油是芳香植物体内具有一定生物活性的次生代谢产物，是存在于植物体内具有挥发性，并能随水蒸气蒸馏、与水不相混溶，但易溶于有机溶剂的油状液体。并非所有的植物都能产出精油，只有含有香脂腺的植物才可能产出精油。精油是芳香植物中含有浓厚气味的液态成分，成分十分复杂。

6.1.1　精油性质

精油大多为无色或淡黄色的透明液体，如薄荷精油为无色透明，薰衣草、肉豆蔻精油为淡黄色，佛手柑精油为淡绿色，广藿香精油为琥珀色，岩兰草精油为深咖啡色，含薁精油多呈蓝色。多数精油具有浓烈的特异性气味，其气味通常是其品质优劣的重要标志。

精油的黏稠度似水或乙醇，如薰衣草、薄荷、迷迭香等精油；没药、岩兰草精油质地浓厚而黏稠；奥图玫瑰精油在较低的室温下呈半固体状，气温升高又变为液状。冷却条件下精油主要成分常可析出结晶，称为“析脑”，这种析出物称为“脑”，如薄荷脑、樟脑等。滤去析出物的油称为“脱脑油”，如薄荷的脱脑油通常称为“薄荷素油”，薄荷素油中仍含有约 50% 的薄荷脑。

常温下，精油具有挥发性。如将精油滴在纸上，较长时间放置后，精油会散发出香气且纸上不留痕迹。

不同芳香植物种类的精油密度不尽相同，相对密度一般在 0.85~1.065。精油多数比水轻，如玫瑰精油、茶树精油等；比水重的，如丁香油、桂皮油、香根油、月桂油等。

精油几乎均有化学活性，多具有强的折光性，折光率在 1.43~1.61。

精油不溶于水，但易溶于各种有机溶剂，如石油醚、乙醚、二硫化碳、高浓度乙醇等。精油具有亲脂性，很容易溶于油脂中。

精油具有不稳定性，光线、水分、空气均会影响精油质量，可使其质量下降，失去原有香气，因此要贮存在阴暗干燥处。

精油具有可燃性，因此要远离火源。一般精油燃点为 45~100℃，如柑橘油、柠檬油燃点为 47~48℃，高温下容易起火。

6.1.2　精油提取方法

芳香植物精油有多种提取方法，主要有水蒸气蒸馏法、溶剂萃取法、压榨法、吸附法、超临界二氧化碳萃取法等。

6.1.2.1 水蒸气蒸馏法

水蒸气蒸馏法是把采集的芳香植物切碎后装入蒸馏器皿中，通入水蒸气加热，将水和精油蒸出，经过冷凝后将精油与水分离的一种方法。本方法是提取芳香植物精油最常用的方法，适用于精油与细胞容易分离的芳香植物原料的提取。

水蒸气蒸馏法由于设备简单，操作容易，国内外所生产的精油，绝大部分均采用水蒸气蒸馏法生产，是生产精油的主要方法之一。

6.1.2.2 溶剂萃取法

溶剂萃取法也称溶剂浸提法，是利用低沸点、挥发性的有机溶剂，如石油醚、二硫化碳、四氯化碳等，连续回流提取或冷浸芳香植物原料，从而获得较为纯净的萃取组分的方法。它是将芳香植物原料投入装有有机溶剂的浸提设备中，经过一段时间的搅拌获取浸提液，在低温下回收有机溶剂，所得的产品即为浸膏。用乙醇溶解浸膏后滤去固体杂质，再通过减压蒸馏回收乙醇后，即可获得净油。净油是比较纯净的精油，属于高度浓缩、完全醇溶性的液体香料。有些芳香植物用蒸馏法不能将其芳香成分蒸馏出来或只能蒸馏出极微量精油的可采用此方法，如香荚兰、黑香豆、安息香、岩蔷薇等。本法的最大优点是在低温下进行，能保持香气完整。此法主要用于制取茉莉、桂花、玫瑰、晚香玉、肉桂、安息香等净油。总的来说，溶剂萃取法得到的净油含杂质较多，树脂、油脂、蜡等也会同时被提取出来。

6.1.2.3 压榨法

压榨法适用于柑橘类精油的提取，姜精油有时也用此法，是经冷磨或机械冷榨将甜橙、柠檬、橙子等柑橘类果实或果皮所含的精油连同水分一并挤出，然后静置分层或用离心机将精油分离出来的方法。冷压榨法所取得的精油香气较好，可保持原有风味，但所得可能含杂质而呈浑浊状态，得油率也较低。压榨的精油保存期限较短，一般会在6~9个月出现变质，而绝大多数蒸馏精油保存期限为2年以上。

水蒸气蒸馏法所得的柑橘精油与压榨法相比，香气相差较远，主要是柑橘精油中某些成分与水蒸气接触后很容易遭到破坏，因而水蒸气蒸馏法所得的柑橘精油质量较差。

6.1.2.4 吸附法

吸附法也称为吸收法、吸脂法，是利用吸附剂吸附精油，再用溶剂脱附得到精油。吸附法可分为脂肪冷吸法、油脂温浸法和吹气吸附法。

（1）脂肪冷吸法

适用于不能加热处理的芳香油分，如茉莉、晚香玉花等。利用涂在玻璃板上的精炼过的1份精制牛油和2份精制猪油，吸附从花蕾逐渐散发出来的香气而得到的含有香料的脂肪，称为香脂。香脂可直接供香料工业用，也可加入无水乙醇共搅，醇溶液减压蒸去乙醇即可得到净油。

（2）油脂温浸法

将鲜花浸入温热的油脂内，并保持一定时间，再除去废花而得到香脂。浸提操作温度控制在50~70℃。温浸法中的吸收油脂一般要反复使用，直至油脂被芳香成分饱和即可冷却而得到所需的香脂。

（3）吹气吸附法

适用于香势很强、比较鲜嫩的花朵，如茉莉、橙花。将一定湿度的空气吹经多层装有鲜花的筛板和活性炭吸附层，则香气被活性炭吸附，然后用溶剂进行脱附并除去溶剂获得吸附精油。

由于吸附法的加工温度不高，没有外加的化学作用和机械损伤，香气较佳，产品中杂质极少，因此产品多为天然香料中的名贵佳品。但由于吸附法手工操作多，生产周期长，生产效率低，因此不常使用。

6.1.2.5　超临界 CO_2 萃取法

利用天然产物在各种不同物理状态的中溶解性不同，从芳香植物原料中提取精油。CO_2 的临界温度（T_c）为30.06℃，临界状态压力（P_c）为 7.38×10^6 Pa（73.8bar），超过此温度和压力就是超临界状态。本法具有萃取温度低、溶剂性质不活泼的特点，因此能提供一种更接近某种天然植物的香味和口味。因其工艺技术要求高、设备费用投资大，目前仅限于中小规模生产和实验室研究应用。

6.1.3　精油化学成分

精油的化学成分十分复杂，大多数由几十种至上百种化合物组成，但多以数种化合物为其主要成分，因此不同的精油具有相对固定的理化性质和生物活性。精油的化学组成可分为四大类：

（1）萜类化合物

萜类化合物是精油的主要成分。根据其基本结构不同又分为单萜衍生物、倍半萜衍生物和含氧衍生物。如薄荷油中薄荷醇含量占80%左右；山鸡椒油中柠檬醛含量占80%左右；松节油中蒎烯含量占80%以上，这些均属萜类化合物。

萜烯类能生成许多含氧衍生物，如醇类、醛类、酮类及过氧化物等，其含氧衍生物常是精油中生物活性较强或具有芳香气味的主要成分。萜烯及萜烯衍生物统称为萜类化合物。

（2）芳香族化合物

芳香族化合物是精油中仅次于萜类化合物的第二大类化合物，多为小分子芳香成分。如丁香油中含有80%的丁香酚；茴香精油中含有80%左右的反式茴香脑；肉桂油中含有80%左右的桂醛等。

(3) 脂肪族化合物

脂肪族化合物在芳香植物精油中广泛存在，但其含量及作用不如萜类化合物和芳香族化合物。根据所具有的功能团不同，可分为醇类、醛类、酮类、酸类和酯类。

(4) 含硫含氮化合物

含硫含氮化合物在芳香植物精油中含量极少，含硫化合物的精油如大蒜油中的大蒜素、二烯丙基三硫化合物，黑芥子油中的异硫氰酸酯；含氮化合物的精油如茉莉、玳玳、柠檬等精油中的吲哚等。因这类化合物具有极强的气味，因此含量虽少，但往往对香料香气的产生影响极大。

6.1.4 精油特点与功效

(1) 精油的特点

精油分子结构微小，具有极强的渗透能力；安全、无毒、无害，使用后不会有任何副作用，代谢和排泄均较快，体内无任何残留；天然植物精油可单独使用一种，也可根据需要，两种或两种以上精油调和后使用；使用方式多样，根据个人需要和爱好，熏香、按摩、泡澡、嗅吸等均可，还可随身携带使用，非常方便。

(2) 精油的功效

精油有强化人的心理和生理、平衡身心的作用，如迷迭香、薄荷、薰衣草等精油可安抚和镇静中枢神经系统，具有舒缓压力，对抗沮丧，消除郁闷的功效；因精油含有杀菌、抗菌、防腐成分，故有抗菌、抗微生物及抗病毒的特性；精油中含激素、维生素、矿物质等成分，提供肌肤细胞以营养；精油有助于增强身体的免疫系统，排除毒素，恢复身体健康状态。

6.1.5 精油类别

6.1.5.1 依照精油香气特征分类

每种精油都有其独特的香气。根据精油的香气特征，可分为以下 7 种类型：

花香型（花类） 玫瑰、茉莉、依兰、橙花、洋甘菊、白兰花、晚香玉等。

柑橘型（柑橘类） 柑橘、葡萄柚、柠檬、甜橙、佛手柑、莱姆等。

香草型（药草类） 薄荷、罗勒、快乐鼠尾草、香蜂草、迷迭香、香茅等。

辛香型（香料类） 肉桂、黑胡椒、丁香、肉豆蔻、小茴香、姜等。

木质型（树木类） 雪松、丝柏、绿花白千层、檀香、桉等。

树脂型（树脂类） 乳香、没药、安息香、白松香等。

土香型（异国风味类） 广藿香、岩兰草等。

6.1.5.2 按照精油挥发速度分类

快板精油 将精油滴入基础油中放置在室温下，香气持续 24h，如薄荷、尤加利、茶树、迷迭香、罗勒等精油。一般来说，快板精油较为刺激、令人感到振奋。

中板精油　将精油滴入基础油中放置在室温下，香气持续72h，如洋甘菊、薰衣草、玫瑰、百里香等精油。一般来说，中板精油令人感到平衡和和谐。

慢板精油　将精油滴入基础油中放置在室温下，香气持续1周以上，如雪松、乳香、茉莉、没药、檀香、橙花等精油。一般来说，慢板精油给人一种沉稳的感觉，适合冥想沉思时使用。

6.1.5.3 依照精油复合性分类

单方精油　直接从芳香植物中萃取，无任何添加物的纯精油。

复方精油　将两种或两种以上的单方精油混合的精油。

调和油　基础油中加入一种或一种以上单方精油，可直接涂抹于皮肤上，用作按摩油。

6.1.6 精油保存

纯精油通常保存在深色密封的玻璃瓶中，绝对不能装在有橡胶吸管的瓶子内。精油遇光、高温，容易氧化，因此要保存在室温大约30℃以下的阴暗处。精油一旦打开接触过空气，很容易变质。未开封的纯精油，可保存数年，如檀香、乳香，就如同酒类一样越久越醇。而柑橘类精油保存期限较短。混合了基础油的精油保存期限大约为2个月，如要延长保存期限，可在混合油中添加10%小麦胚芽油，可延长至6个月。

6.1.7 精油使用方法

（1）吸入法

吸入法是最简易的精油使用方法。开会、驾车、乘车或上课时均可使用此方法。该方法对头痛、失眠、情绪不稳定及呼吸道感染直接有效。具体做法为直接将精油滴在面巾纸上，做深呼吸吸入精油，或在香薰灯、香薰器内滴入精油后加温，使空气中充满香气。

（2）按摩法

按摩是众多使用方法中最有效果的一种方法，也是精油最普遍的一种使用方法。纯精油一定要与基础油调配后才能进行按摩。一般身体按摩调配的比例是2.5%，也就是10mL的基础油中加入5滴纯精油；一般面部按摩油比例是1%，即10mL基础油中加入2~3滴纯精油。

（3）按敷法

按敷法最适合处理表皮问题，如刀伤、擦伤等，是将布料浸湿在混合了精油的热水或冷水中，敷在某处面积不大的身体部位。按敷法分为冷敷和热敷。热敷可促进血液循环、排解毒素或增加皮肤的渗透；冷敷有缓解、镇定、安抚的作用。

(4) 喷洒法

喷洒法可消毒除臭，清洁生活环境。常用精油有迷迭香、柠檬、薄荷等精油，比例是10滴兑10mL水。

(5) 沐浴法

沐浴是居家使用精油最有效果的方法，有助于促进血液循环、增强血管弹性、调节身体机能等。沐浴水温以37~39℃为宜，泡浴10~15min即可。

(6) 含漱法

将精油滴入温水中漱口，能有效解决口腔和呼吸系统问题。常用精油为茶树、薰衣草、薄荷等精油。

(7) 涂抹法

涂抹法适用于各种外伤、蚊虫叮咬、止痒、头痛、香港脚、湿疹等。不经稀释可直接小面积涂抹的为薰衣草精油和茶树精油。

6.1.8 精油使用注意事项

①精油必须稀释才能使用。精油浓度很高，因此大部分精油在使用时均需要使用基础油加以稀释。

②不能接触到眼睛。在使用时不可接触到眼睛，如在眼周使用，不可靠眼睛太近。

③皮肤上有伤口者慎用。皮肤有伤口时，不要直接涂抹精油，如有很小的伤口，可以使用精油促进伤口愈合。

④用前应进行简易的肌肤过敏测试。取稀释后的精油，抹在耳后、手肘弯曲处或手腕内侧，并在皮肤敏感部位上停留24h，如没有红肿、刺激反应，表明是安全的。

⑤部分精油使用后不可晒太阳。因有些精油含有光敏成分，使用后如晒到太阳，皮肤会变黑甚至引发皮肤癌。一般而言，柑橘类精油，如柠檬精油、佛手柑精油、甜橙精油、莱姆精油等，都具光敏性，最好晚上使用。

⑥单一精油不可持续使用。同一种精油，持续使用最多不超过3周，如罗勒、桉树、柠檬、百里香等精油切勿连续使用。

⑦不可经常大剂量使用。用量过大，会造成中毒或慢性中毒。

⑧避免口服。必要时，需在芳疗医师的指导下使用。

⑨患有高血压、神经系统及肾脏方面疾病者，须谨慎使用精油。癫痫患者禁止使用迷迭香、鼠尾草、茴香等精油，神香草、没药精油会诱发癫痫病。

⑩精油不能取代药物。

⑪避免儿童直接碰触精油，以免误用而发生危险。

⑫避免放在塑料、易溶解或有油彩表面的容器中稀释精油，应使用玻璃或陶瓷容器。

⑬气喘患者不宜使用蒸汽吸入法，否则容易刺激哮喘病情发作。

⑭孕妇最好避免使用精油来按摩或泡澡，精油分子极微小，很容易经皮肤渗透进入人体。

⑮不同生产厂家的植物精油尽量避免混用，以免引起不良反应。

6.1.9　影响芳香植物精油含量和成分的因素

芳香植物精油含量及成分不但与芳香植物种类和品种有关，也与产地、植株年龄、采收时间、环境条件、加工等因素有关。

6.1.9.1　种类和品种

芳香植物种类和品种不同，其精油含量有一定差异。如德国大茴香种子精油含量大约是内蒙古小茴香的 2.7 倍。陈小华收集了来自我国不同地区的 28 份薄荷品种资源提取精油，其精油含量在 0.15%~0.92%之间，变异系数为 53.6%。

6.1.9.2　产地

不同产地的同一芳香植物精油含量和质量有较大差异。一般说来，相对湿度小、阳光充足的环境下，精油会优质、高产。如当归中精油，在半干旱气候凉爽和光照充足环境条件下，含量高（如产于甘肃武都等地的“岷归”达 0.65%），且色紫气香，而在少光潮湿环境下，其含量较低（如产于四川汉源等地的“川归”为 0.25%）。薰衣草含油量在连续晴天条件下可达 1.38% ~ 1.8%，阴天含油量降低到 0.97%~1.17%。

6.1.9.3　植株年龄

对多年生芳香植物来说，植物体内的精油含量及芳香成分一般会随植株年龄的增加而增加。当含油量增加到一定程度后，植株开始衰老，含油量又会随之下降(表 6-1)。

表 6-1　薰衣草精油含量与植株年龄的关系

植株年龄（年）	精油产量（kg/hm^2）	植株年龄（年）	精油产量（kg/hm^2）
2	6	6	18
3	9	7	18
4	12	8	15
5	15	9	9

（引自罗金岳、安鑫男，《植物精油和天然色素加工工艺》，2005）

6.1.9.4　采收时间

采收时间与精油含量关系密切。如不同采收时间的石牌广藿香全草精油得率为 0.21%~0.39%，以 7 月采收得油率最高（表 6-2）。

表 6-2 不同采收时期石牌广藿香精油含量比较

采收时期（月份）	精油含量（%）	采收时期（月份）	精油含量（%）
7	0.39	12	0.35
8	0.32	1	0.27
9	0.28	2	0.26
10	0.28	3	0.21
11	0.29		

（引自李薇等，《中国中药杂志》，2004）

此外，就一天而言，采收时间也会影响芳香植物精油得率。如薄荷收割时，选晴天 12：00～14：00 时进行，薄荷叶中薄荷油、薄荷脑量最高；茉莉花一般在 19：00～23：00开放，在花开当天 10：00 以后采收较好，在花开时进行加工得膏率最高。

6.1.9.5 环境条件

环境条件主要是温度、光照、水分条件、海拔高度和矿物元素等，对芳香植物精油含量和成分均有影响。

（1）温度

温度不但影响芳香植物的生长发育，而且影响其次生代谢，精油作为芳香植物次生代谢产物，其含量和成分均受温度影响。一般情况下，在芳香植物生长适宜的温度范围内，气温高时精油含量较高，气温低时精油含量较低。但温度过高时，精油的蒸发量增加，会导致精油含量降低。如薄荷在高温条件下，精油含量增加，而在凉爽的夏季精油含量会降低。低温也影响薄荷精油的成分。当薄荷遇寒害后，精油中薄荷脑和酯类含量增加。但有些芳香植物因种类特点的不同而异，如葛缕子果实在干热的夏季，精油含量少，精油中香旱芹酮含量较高，而二萜烯类的含量下降，但是在凉爽、潮湿的夏季精油含量较高，其精油中二萜烯类的含量增高，香旱芹酮含量减少。

（2）光照

光照是影响芳香植物精油合成的重要因素。芳香植物多为长日照植物，光照充足，对芳香植物生长发育和芳香油的形成有相当重要的作用。如胡椒薄荷是长日照植物，在短日照下（9～12h/d）栽培，生长发育受阻，不能形成花穗，从而使产量和精油含量降低，而长日照能显著促进其精油形成；香叶天竺葵为喜光植物，遮阴则降低叶片含油率；茴香植株精油含量随光照时间延长也呈增加趋势。据研究表明，茴香精油含量及产量随光照强度降低呈下降趋势，遮光处理和不遮光处理相比，茴香精油含量存在差异。

光质也对植物次生代谢产生一定作用。实验表明，在温室内用蓝膜、绿膜、红膜和黄膜 4 种滤光膜处理高山红景天后，红膜和绿膜处理能提高红景天苷的含量和产量，而黄膜处理则降低了红景天苷的含量和产量，蓝膜处理几乎没有效果。

表6-3 陕西产地椒样薄荷出油率和产油量

产 地	海拔高度（m）	出油率（%）	产油量（$kg/667m^2$）
西 安	427	0.41	5.99
蓝 田	677	0.48	6.24
户 县	850	0.44	4.90
甘 泉	1000	0.45	5.84
库 峪	1100	0.49	6.47
千 阳	1130	0.44	6.49
麟 游	1300	0.48	6.52
旬 邑	1300	0.44	6.15
彬 县	1350	0.46	6.29
石砭峪	1500	0.40	5.80
周至老县城	1750	0.28	2.80

（引自窦宏涛，《西北农林科技大学学报》，2006）

（3）海拔高度

海拔高度同样影响芳香植物精油含量，以陕西产地椒样薄荷为例（表6-3）。

（4）水分条件

水分条件包括空气湿度和土壤水分，对芳香植物的生长发育及精油的形成起着重要的作用。不同芳香植物对土壤水分的多少有不同要求。如栽培薰衣草时，较适宜的土壤湿度为土壤最大持水量的40%~50%；土壤中水分过多，对薰衣草精油形成，特别是酯类成分的积累有不良影响。除了土壤水分外，空气湿度也影响芳香植物的生长。如原产于地中海气候地区的薰衣草、迷迭香等芳香植物，在我国长江流域栽培，因生长和收获季节降水过多，空气湿度过大，其精油含量和质量均不及原产地。

（5）矿质元素

在芳香植物栽培过程中，合理施肥与精油含量及成分关系密切。如氮素水平和氮素形态、磷水平、大量元素的不同配比及微量元素铁、硼、锌等对精油产量和成分有一定影响。如香叶栽培过程中，缺氮、磷肥时，会降低香叶产量和叶片中精油含量；而缺钾肥时，叶片中精油含量则稍有增加。试验表明，氮素形态配比不同对薄荷精油含量及其主要成分的影响也不同（表6-4）。

表6-4 不同氮素形态配比对薄荷精油含量及主要成分的影响 %

NO_3^- : NH_4^+	精油含量	柠檬烯	香芹酮
15 : 0	1.71	39.42	40.78
12 : 3	1.69	40.88	38.66
7.5 : 7.5	1.13	40.14	38.01
3 : 12	1.19	41.24	37.59
0 : 15	1.48	44.15	36.91

（引自李娟娟等，《植物生理学报》，2016）

(6) CO_2 浓度

试验表明，在一定范围内，随着空气中 CO_2浓度的增加，茴香精油含量、精油产量及其主要成分反式茴香脑含量随之增加。

(7) 多倍体诱导

用秋水仙素诱导小茴香种子后，其胚根精油主要成分反式茴香脑含量有所提高，为未处理的179%，这为培育高精油的芳香植物多倍体新品种提供了理论基础。

6.1.9.6 加工因素

许多试验已经表明，炮制方法、精油提取方法、提取条件、提取设备、蒸馏时间、分馏技术等都会影响精油的提取率和质量。

6.2 芳香植物其他次生代谢产物

芳香植物除了含有其特有的精油之外，某些芳香植物还含有其他多种化学成分：

酚类物质 种类繁多，在植物中存在的儿茶酚、单宁酸等酚类物质，对昆虫等生物有抑制或毒害作用。

生物碱 是植物体氮素代谢的中间产物。味苦，具碱性，一般都对人体产生强烈的或特殊的生理作用。许多中药的有效成分往往是生物碱，如平喘作用的麻黄，其有效成分是麻黄碱；有抗菌效果的黄连，其有效成分是小檗碱。

类黄酮 多为黄色，几乎所有的植物都含有，有利尿、杀菌、抗痉挛、抗炎、抗肿瘤作用。

单宁 也称为鞣质，广布植物药材中，具有涩味和收敛性。在医疗上常作收敛剂，用于止血、止泻、防止发炎，有时也可用于生物碱及重金属中毒的化学解毒剂。

树脂 是一类极为复杂的混合物。在植物体内常为透明或棕黄色的液体，当流出体外或暴露于空气中，往往逐渐变成半透明或不透明的固体，有时则为稠厚的液体。在医疗上有防腐、消炎、镇静、解痉、止血、利尿等作用。

皂苷 又称皂素，广泛存在于植物界，其水溶液振摇后可产生持久的肥皂样的泡沫，因而得名。具有苦味。

香豆素 广泛存在于植物中的一类芳香族化合物，具光敏性，有抗菌、消炎的作用。

苦味素 部分植物有促进消化、消炎、抗菌功能。

知识拓展

基础油又称媒介油、基底油，是取自花朵、坚果或种子的植物油。如甜杏仁油、荷荷巴油、小麦胚芽油、鳄梨油、葡萄籽油等。基础油是在60℃以下的低温环境冷压萃取而来，因此，冷压萃取的植物油可将植物中的矿物质、维生素、脂肪酸等营养物质完整保存，给予肌肤除了芳香精油功能以外的滋养帮助，其本身就是保养用油。根据精油的特性及其成分，正确选择所搭配的基础油，能调制出具有很好理疗效果的芳疗油。

小　结

精油是芳香植物体内具有一定生物活性的次生代谢产物，是存在于芳香植物体内具挥发性，并能随水蒸气蒸馏、与水不相混溶，但易溶于有机溶剂的油状液体。芳香植物精油的提取方法主要有水蒸气蒸馏法、溶剂萃取法、压榨法、吸附法、超临界CO_2萃取法。精油的化学成分十分复杂，根据其化学组成分为萜类化合物、芳香族化合物、脂肪族化合物、含硫含氮化合物。天然植物精油有高渗透性、安全性、多样性、使用方便等特点，并具平衡身心、杀菌、营养肌肤和提高身体免疫力等功效。精油的使用方法有吸入法、按摩法、按敷法、喷洒法、沐浴法、含漱法、涂抹法等，需根据注意事项谨慎使用精油。芳香植物精油含量及成分不但与芳香植物种类和品种有关，还与产地、植株年龄、采收时间、环境条件、加工等因素有关。此外，植物次生代谢产物还有酚类物质、生物碱、类黄酮、单宁、树脂、皂苷、香豆素、苦味素等。

复习思考题

1. 精油有哪些性质？
2. 精油的提取方法有哪几种？分别有哪些优缺点？
3. 精油的化学成分包括哪几类？
4. 精油保存过程中应注意哪些方面？
5. 精油使用方法有哪些？使用精油过程中的注意事项有哪些？
6. 影响芳香植物精油产量和品质的因素有哪些？

推荐阅读书目

1. 芳香疗法与芳疗植物．张卫明，袁昌齐，张茹云等．东南大学出版社，2009.
2. 植物精油和天然色素加工工艺．罗金岳，安鑫南．化学工业出版社，2005.
3. 薄荷品种资源遗传多样性研究及优异种质评价．陈小华．上海交通大学，2013.

第7章

芳香植物应用

芳香植物是集香料、药用、观赏等特性于一体的一类多功能植物，它在食品加工、医疗保健、香料工业、休闲美容、园林绿化、观光农业、空气消毒等方面具有广泛的开发利用前景。

7.1 香料

7.1.1 日化产品

自1900年起，芳香植物精油的研究就与化妆品等日化产品的制造联系在一起，为了使化妆品呈现出独特的宜人香气，人们在化妆品配方中增加了天然香料成分。现代香料工业能提供的天然香原料达数百种，日化产品中常用的芳香植物包括茴香油、桉叶油、肉桂皮油、白兰油、茉莉净油、玫瑰油等70多种。芳香植物精油广泛应用于牙膏、口香糖、香皂、香水、美容护肤品、洗发水或防裂油等日化产品中，使人用后感到清新、舒爽，而且纯天然香料安全无毒，是工业合成香料无法替代的。

此外，在蒸馏萃取提炼精油时分离出来的一种100%饱和的蒸馏原液，是精油的一种副产品，成分天然纯净，香味清淡怡人，称为纯露。纯露中除含有少量精油成分之外，还含有全部芳香植物体内的水溶性物质。100%植物水溶性物质的纯露，其所含矿物养分（如单宁酸及类黄酮）是精油所缺乏的，具有调理肌肤的作用。

7.1.2 烟用香料

烟草中加入芳香植物精油或浸膏对卷烟能够起到增香调味的作用，并赋以卷烟一定的特征香味，使烟气柔和、细腻、收敛，减轻刺激性，增加烟气浓度和甜度。烟草中常用的精油有芹菜籽油、葛缕籽油、小豆蔻油、胡萝卜籽油、丁香油等。

7.2 医疗保健

许多芳香植物是传统的中草药。芳香植物精油或从中分离的单质也具有重要的药用价值。如细辛精油、柴胡精油具有解热止痛作用，已经用于临床并有较好的退热效果；甘松精油成分缬草酮有抗心律不齐作用，是一种安全的药物。

此外，因芳香植物能散发出独特的芳香气味，消除疲劳，提高人体免疫力，因此提出了“花香疗法”。花香疗法是通过芳香植物香味调节人的心理、生理功能，改变人的精神状态，从而达到预防、治疗疾病和保健的作用。如天竺葵花香有镇定神经、消除疲劳、促进睡眠的作用；迷迭香的香气能提高人的记忆力；薰衣草、莳萝等挥发性物质有镇静作用。另外，在日本，人们利用芳香植物专门营建了健康森林，为游客提供森林浴，其中比较著名的是千米芳香植物散步道。近年在德国还开设了“花香医院”；意大利的一些大公司，利用薄荷和薰衣草的香气来刺激员工，能使工作效率提高15%。

随着芳香疗法的兴起，芳香植物精油在这一领域得到广泛应用。芳香疗法是由法国化学家 R. M. Gattefosse 命名的。芳香疗法是广义的“芳香 SPA”，是使用从芳香植物中萃取的高浓度芳香精华——精油进行养生、保健和美容的疗法。芳香疗法利用纯天然植物精油的芳香气味和芳香植物本身所具有的治愈能力，运用香熏、按摩和沐浴等方法，经由嗅觉器官和皮肤吸收，到达神经系统和循环系统，以缓解疲惫的身心，并达到保养皮肤和改善健康的功效，使人的身体、心理、精神三者达到平衡和统一。

7.3 食品加工

7.3.1 芳香蔬菜

芳香植物含有大量营养成分和微量元素，可将一些芳香植物加以开发利用作为芳香蔬菜来丰富餐饮市场。如薄荷、罗勒、迷迭香、百里香、茴香、牛至、香蜂草、紫苏、鼠尾草、艾蒿、益母草等均可作为芳香蔬菜。许多芳香植物在高档西餐中常被用作主菜或配料。

7.3.2 香料

许多芳香植物是烹饪中不可缺少的辛香料及调味料，在食品中主要起加香调味作用，使食品具有酸、甜、苦、咸、辣、涩、鲜搭配在一起的复合口味和香气。此外，一些食品中往往有少量带有不良气味的成分，影响整体的风味，在这类食品烹饪时加入辛香料，其中某些成分与不良气味成分发生化学反应，可改善食品风味。

7.3.3 食品添加剂

芳香植物精油可配制成食品添加剂用于饮料、糕点、糖果及肉制品和腌制品中。在增加食品风味的同时，还可因其抗微生物和抗氧化作用而延长食品的保鲜期。

7.3.4 香草茶

利用芳香植物的芳香气味、药理作用和营养价值，可将新鲜或干燥的芳香植物泡制成芳香茶直接饮用。如玫瑰花茶、洋甘菊茶、薄荷茶等。

7.3.5 芳香保健食品

芳香植物还可直接加入到糕点、糖果、冷饮、油、酒、醋、果酱和蜂蜜中，制成芳香保健食品，如玫瑰花饼、桂花糖藕、迷迭香饼干、香草冰激凌、芳香醋、芳香酒等。如在高度白酒中加入芳香植物再加适量冰糖泡制成芳香酒，可直接饮用或调制鸡尾酒，风味独特。适宜制作芳香酒的芳香植物有柠檬草、紫苏、薄荷、薰衣草、百里香、罗勒、桂花等。

7.3.6 着色作用

一些芳香植物中含有天然食用色素，烹调时可给食品着色。如姜黄粉、番红花在烹调时可直接上色，既可增香，又可着色。也可将芳香植物中的色素提取出来再利用，常见的有辣椒红、姜黄、洋葱色素（类黄酮类）、紫苏色素（紫苏素、紫苏宁），这些色素可赋予食品所需要的各种色泽，却无合成色素的弊端。

7.4 天然色素

芳香植物天然的色素还可用作天然染料，进行传统的布艺染色。如西洋甘菊、金盏菊和艾蒿可将布料染成淡黄色；薄荷和香蜂花可将布料染成茶色；薰衣草可将布料染成蓝紫色等。

7.5 驱虫、杀虫

芳香植物与农作物间作或套作，可利用其挥发性物质来防治病虫害，实现真正的绿色无公害种植。如水稻与柠檬间作可用来除草，棉花与薄荷间作可防治棉花立枯病的发生。蚊净香草（一种香叶天竺葵）本身就具有驱虫作用。化香（*Platycarya strobilacea*）叶可作农药，捣烂加水过滤出的汁液对防治棉蚜、红蜘蛛、甘薯金花虫、菜青虫、地老虎等有一定效果。

芳香植物精油对害虫具有较高的生物活性，且不产生抗药性，同时对人畜无毒害，不污染环境，因此引起人们的广泛关注，并对植物精油杀虫剂进行开发利用。目前已有许多芳香植物精油应用于天然农药的生产。如侧柏精油对多种害虫有驱避拒食效果，可使白蚁绝食而亡。樟科、侧柏精油对居室内的螨虫也有抑制作用。

7.6 观光农业

芳香观光农业是现代农业发展到一定阶段和人们生活达到一定水平的必然产物。芳香观光农业是在大中城市或其郊外兴建香草园、香花园、香果园、香蔬园等综合开发的芳香植物园，使其成为人们休闲度假的场所。

在欧洲及日本，“香草观光园”深受人们欢迎。在大城市的郊外，一块土地种植芳香植物，在“看香草、闻香气、吃香餐、睡香房、走香道、洗香浴”中与芳香文化亲密接触。同时，人们还可进行各种体验性和参与性活动，如提取精油、体验精油产品、采摘芳香蔬菜等。

7.7 鲜切花

近年来，人们对香草或香花花篮、花束等的需求量日益增大，可栽培观赏价值较高或具有独特香气的芳香植物用以生产鲜切花，既丰富目前市场上花卉的种类，又可满足消费者嗅觉上的感受。如百合、玫瑰、嘉兰、郁金香、香豌豆等。

7.8 园林

芳香植物以其芳香性和保健功能在园林方面倍受青睐。许多芳香植物或树形优美、造型独特，或花色艳丽、芳香迷人，或可吸附灰尘、净化空气。因此，可将其广泛栽培于公园、路旁、林荫道、庭院室内外，既可使城市形成“绿化、美化、香化”的景观，又可净化空气，驱虫杀菌，减少有毒和有害的气体。木香花、忍冬等具有独特形态，常被用作绿篱、绿墙等；广玉兰、银杏、雪松等对SO_2有抗性；刺槐、女贞等对氟有吸收功能；柏科、樟科等植物有滞尘及灭菌功能。作为观赏与绿化的芳香植物有含笑、蜡梅、白兰花等。此外，魅力永驻的玫瑰、风格不一的薰衣草、香艳兼具的天竺葵等都是观赏与绿化芳香植物的首选。

点缀配景是将芳香植物作为烘托环境氛围，起配景作用的一种应用形式。根据芳香植物的生态学与生物学特性的不同，与其他主景植物有机合理搭配，以花坛、花境、花丛、树丛等多种形式应用于各类园林绿地中，具有应用范围广，形式灵活多样，管理简便等特点，是目前芳香植物应用最为普遍的一种形式。芳香植物用于园林中的点缀，可使人“只闻其香，不见其花”，从而诱使游人去寻找、探索，能够令园林更富惊喜和趣味性。

因很多芳香植物本身是美丽的观赏植物，可建立专类园。配置时注意乔木、灌木、藤本、草本的合理搭配及香气、色相、季相的搭配互补。此外，芳香植物散发出香气很容易被盲人所感知，因此可在盲人植物园内配置香气浓郁的芳香植物，配以刻有盲文的科普说明或录音标识牌，使盲人在游玩过程中，通过嗅觉、触觉和听觉了解芳香植物，接受较好的科普教育。

7.9 饲料

饲料的工业化生产要使用许多饲料添加剂。为克服由此带来的口味不适，发达国家自20世纪40年代就开始研制饲料香味料。目前，发达国家在饲用香味料领域的研究水平相当高，生产与应用也非常普遍，而我国近几年才刚刚起步。芳香植物是天然的“香”和“味”的结合体。用某些芳香植物作饲料调味料，能掩盖饲料的不适气味，刺激动物嗅觉，诱使动物增加采食量。芳香植物在饲料上的应用报道最多的是大蒜和辣椒。日本专利公报曾报道，用10%~50%大蒜粉加10%~45%辣椒粉混合制成颗粒饲料添加剂，能显著提高蛋鸡体重及产蛋率，改善蛋黄质量。此外，大蒜粉作为饲料添加剂，除为动物提供营养成分外，还可防止白痢和胃肠道感染、抗菌、抗病毒，这是抗生素饲料添加剂所无法比拟的。

7.10　用材

芳香植物马尾松、杉木、木荷、樟树等均可作为木材加以利用。如樟树的木材耐腐、防虫、致密、有香气，是家具、雕刻的良材。

7.11　作为纤维植物

结香、紫藤、化香等可作纤维植物加以利用。如结香的树皮纤维可做高级纸及人造棉原料；枝条柔软，可供编筐；化香的根皮、树皮、叶和果实为制栲胶的原料；树皮纤维能代麻。

知识拓展

“SPA”一词最早出现于 1610 年，当时欧洲以拉丁文为主要语言，“SPA”源自于拉丁文“Solus Par Aqua”，译为英文就是“Health By Water”，“Solus”意为健康，“Par”意为经由，“Aqua”意为水，即借水来达致健康。现代 SPA 理念是充分满足人的五感六觉需求，五感意指尊重感、高贵感、安全感、舒适感、愉悦感；六觉意指视觉、嗅觉、听觉、触觉、味觉、冥想，可以使人们远离工作和生活的压力，尽情享受身体、心灵放飞的旅程。

小　结

芳香植物具有广泛的开发利用前景。芳香植物精油是香料、香精工业的重要原料，广泛应用于日化产品、医疗保健、食品工业、香料工业中；芳香植物精油对害虫有趋避、毒杀、拒食等功效，因此在驱虫杀虫方面被广泛应用；某些芳香植物可用来提取天然色素和作为饲料添加剂；因芳香植物具有芳香性和观赏性，使其在观光农业、鲜切花系列产品及园林绿化等方面得以广泛应用；某些芳香植物还可作为材用资源和纤维植物加以利用。

复习思考题

1. 芳香植物及其精油可应用在哪些方面？
2. 除本章所述的芳香植物应用方面外，你认为芳香植物及其精油还可以应用于哪些方面？
3. 什么是芳香观光农业？你认为芳香观光农业的发展前景如何？

推荐阅读书目

1. 植物精油和天然色素加工工艺．罗金岳，安鑫南．化学工业出版社，2005.
2. 中国辛香料植物资源开发与利用．张卫明，肖正春等．东南大学出版社，2007.
3. 中国芳香植物．上册．王羽梅．科学出版社，2008.
4. 香辛料原理与应用．王建新，衷平海．化学工业出版社，2004.

第8章

芳香植物产品

标准体系与法规

产品标准体系是指一定范围内的标准按其内在联系形成的科学的有机整体。绝大部分辛香料属于芳香植物，是赋与食品风味之芳香性的植物物质。辛香料的香气、色泽等特征在很大程度上受种植地域、生长气候、收获季节等因素影响，一些加工手段如粉碎、分离等也不同程度地影响辛香料质量。因此，有必要在世界范围内建立辛香料统一的质量标准和法规。本章着重阐述辛香料的标准体系与法规。

8.1　辛香料标准体系与法规

8.1.1　国内外辛香料标准现状

8.1.1.1　我国辛香料标准现状

目前，我国有辛香料现行国家标准 51 项，行业标准 5 项，地方标准及企业标准一大批，其中国标和行标中产品标准 30 项，方法标准 23 项，基础标准 3 项，产品标准中理化指标有颜色、气味、滋味、无霉变等，而对安全指标涉及较少，对微生物指标要求过低。现在开始关注安全指标和微生物污染对辛香料产品质量的影响，不仅要考虑农残和霉菌的指标，而且对辛香料的洁净度也提出了要求。《中国农业标准汇编》之辛香料和药用植物卷中就包括了辛香料的综合标准、种苗标准、产品标准、等级标准、试验方法标准及相关标准等内容。

8.1.1.2　国际辛香料标准现状

目前有辛香料国际标准（ISO）68 项、中国国标 51 项、印度 40 项、英国 39 项、法国 35 项、马来西亚 22 项、德国 12 项，与发达国家和地区相比，我国辛香料产品标准化位于世界前列。世界辛香料植物性产品生产国主要在亚洲等发展中国家，而消费和需求市场主要在欧美等发达国家和地区。大多数辛香料生长在南亚、东南亚、印度、巴基斯坦、坦桑尼亚、牙买加等，这些国家很难保证这种小规模的种植、采集、分离、晒干、贮存和运输能符合发达国际的卫生标准。然而，辛香料出口国大多都建立各自的质量标准以维护本国产品的信誉，辛香料进口国为了自身利益也制定相应的法规，各国均不相同。马来西亚药用和芳香植物及其产品的安全标准包括微生物污染限制、重金属含量限制、无类固醇、指示与要求、禁止成分与已知的副作用和需贴标签。日本是所有辛香料进口国中条例最严格的国家，其标准与美国相同，但对环氧乙烷对辛香料的消毒和黄曲霉素在辛香料及相关产品中的含量也有所限制。

8.1.2　辛香料出口等级标准

多数辛香料出口国都有自己的出口法规、产品等级及相关测试方法。如我国除了对若干辛香料制定标准外，还对其进行等级分类。首先是考察其感官指标，然后是测定其理化指标，再次是考察其卫生指标。如在《中国农业标准汇编》之辛香料和药用植物卷中对花椒主栽品种‘大红袍’、‘小红袍’、‘青椒’从感官指标和理化指标进行了评定。花椒的卫生指标符合 GB 2762、GB 2763 等有关食品卫生国家标准的要求。

马来西亚特产胡椒，主要依据颜色、湿度、瘪子等要求进行分等级。棕色品牌是黑胡椒中最好的级别，其次是黄色，然后是褐色和紫色，灰色品牌最差。白胡椒的颜色级别是奶色最好，其次是绿色，然后是蓝色和橙色，灰色级别最低。

有些特产于某些地区并著称于世的辛香料，它的原有形态和加工标准，也都为消费国所接受，作为品牌或等级供消费者选择。如香荚兰豆在各产区有不同形态、长度、水分状况等，在国际贸易中常作为品牌或等级，为消费国所接受(表 8-1)。

表 8-1 香荚兰豆在不同产区的质量状况

产 地	荚长（cm）	外 观	含水量（%）
留尼旺	18	湿、新鲜带有巧克力颜色	37.0
科摩罗	16	新鲜、有香兰素结晶、呈条纹状褐色	23.6
马达加斯加	17	新鲜、湿润	38.8
塞舌尔	14	不很新鲜、棕黄色结晶	36.0
乌干达	14	干燥、质硬	22.6
塔希提岛	9	小、新鲜、湿润	40.6

(引自张卫明、肖正春等，《中国辛香料植物资源开发与利用》，2007)

8.1.3 辛香料质量控制与标准化生产

各国的辛香料及其制品的质量规格虽不同，但为了国际交易，辛香料产品的质量检测已得到统一认识。一般来说，在国际交易中，常用的一般检验项目主要有外观检查、水分含量、总灰分含量、不溶于盐酸的灰分含量、挥发油含量、不挥发性乙醚抽提物、粗纤维含量、淀粉含量。对每一种辛香料来说，这些测定项不一定要求全部检测，通常检测其中的 4~5 项，有些辛香料还根据需要增加测定项目。

随着科技进步，人们生活水平提高，人们对辛香料及其产品品质要求越来越高。用有机种植或绿色种植方式生产辛香料，制定各种辛香料 GAP 生产标准，可使产品品质提高和稳定，减少或避免农药残留对人体健康带来的危害。近年来，我国各地一些大棚蔬菜基地开始实现 GAP 标准化有机栽培，产品出口日本、东南亚等地，其中大葱、大蒜等辛香料产品出口量最大，出口的有机生姜也在国际市场上占有一席之地。

8.1.4 辛香料进口法规与操作

经常用作国际间指导性意见的辛香料质量标准是美国辛香料贸易条例（ASTA）和美国联邦法规，这是因为辛香料在美国本土生长的品种并不多，美国是世界上辛香料进口量最大的国家，因此对辛香料的进口法规制定得特别详细。ASTA 的工作是协调美国和辛香料出口国在进行辛香料方面贸易时双方的标准和文本工作。对美国辛香料的出口尚涉及海关、美国食品和药品管理局（FDA）、美国农业管理局（USDA）等部门。美国海关仅负责货物的进出口手续，税收和货物标签，通知 FDA 并在等待 FDA 做出决定的期间报关货物。FDA 根据辛香料的品种和出口地点决定是否抽样检查，如果 FDA 决定抽样检查，其关注点为杀虫剂残留量、微生物含量和黄曲霉素等，但最应注意的是辛香料的洁净度，其中重要的一项即昆虫和啮齿类动物的数量。辛香料是农产品，要想杜绝昆虫和啮齿类动物的侵害是很困难的，FDA 的条例中为此设立了这一数量标准。与 FDA 相配合的一个美国民间机构是"美国香味料和萃取物制造者协会"（FEMA），它是根据美国食品卫生法于 1962 年成立的，负责对上报的各个使用香料进行评价，评价范围包括物质的化学结构、纯度、感官特性、天然存在情况、在食品和饮料中可使用的浓度，然后给出可否安全使用的结论。对可使用的食用香料给予一个 FEMA 编号，凡具有 FEMA 编号的食用香料都可得到 FDA 认可，并予以公布。按照美国食品法，有 FEMA 编号的香料可直接用于食品。USDA 关注的是与辛香料相伴的一些有害种子、有害昆虫及昆虫卵，其中最重要的是象鼻虫，它曾给美国农业造成巨大灾难。

8.2　精油的相关标准及质量控制

8.2.1　精油的相关标准

GB/T 14455.1—1993《精油　命名原则》

GB/T 14455.2—1993《精油　取样方法》

ISO875-1981，GB/T 14455.3—1993《精油　乙醇中溶混度的评价》

ISO279-1981，GB/T 14455.4—1993《精油　相对密度的测定》

ISO1242-1973，GB/T 14457.4—1993《精油　酸值的测定》

ISO709-1980，GB/T 14457.5—1993《精油　酯值的测定》

GB/T 14455.7—1993《精油　乙酰化后酯值的测定和游离醇与总醇含量的评估》

GB/T 14455.8—1993《精油　（含叔醇）乙酰化后酯值的测定和游离醇含量的评估》

GB/T 14455.9—1993《精油　填充柱气相色谱分析通用法》

GB/T 14455.10—1993《精油　含难以皂化脂类的精油酯值的测定》

8.2.2　精油的质量控制

芳香植物精油质量关系到人们的身体健康。无论是精油生产中的质量控制还是在精油的商业活动中，严格检验十分重要。精油检验项目有如下方面：

物理常数测定　如密度、溶解度、旋光度、折射率等。

化学常数测定　如酸值、酯值、羰值、醇值等。

组成分析　精油中主香成分及各次要成分的分离、鉴定等。

卫生指标检测　重金属元素含量、农药残留量、生物毒理试验等。

色谱分析　检验精油成分含量和纯度。

这些检测项目必须有统一的、相应的检验方法。精油产品的检验方法在国际上有ISO（国际标准化组织）规定的标准分析方法；国内有GB（中华人民共和国国家标准），还有其他有关专门规定的分析方法。

一些芳香植物产品，如芳疗精油，对其质量要求更高，除了其提取原料必须是有机芳香植物外，精油必须通过GC-MS测试，化学成分组成必须合乎标准值，才能归类为芳疗精油。

知识拓展

国际上负责有关辛香料事务的专门机构为国际标准化组织（ISO）农产食品委员会（TC34）辛香料分会（SC7），它负责日常管理、协调世界辛香料标准化工作，接受各成员国的各项档案，下达制定标准计划，批准、发布、实施和废止ISO标准，主持召开每两年一届的成员国大会。中国是国际标准化组织（ISO）、农产食品委员会（TC34）、辛香料分会（SC7）的成员国，国内技术归口单位为全国供销合作总社南京野生植物综合利用研究所，负责接受和登记ISO/TC34/SC7技术文件，并组织力量对这些文件进行分析、研究、验证、翻译ISO辛香料标准，及时向国内有关单位传送技术文件，并向主管部门提出中国采标意见和建议。

小　结

绝大部分辛香料属于芳香植物。辛香料的质量受很多因素影响。因此，有必要在世界范围内建立统一的辛香料质量标准和法规。多数辛香料出口国都有自己的出口法规、产品等级及相关的测试方法。经常用作国际间指导性意见的辛香料质量标准是美国辛香料贸易条例（ASTA）和美国联邦法规。精油质量关系到人们的健康，在其生产的质量控制和商业活动中均需进行相关项目检验，其检验项目有统一的、相应的检测方法。

复习思考题

我国及国际辛香料标准现状如何？

推荐阅读书目

1. 香辛料原理与应用．王建新，衷平海．化学工业出版社，2004.

2. 中国农业标准汇编（辛香料和药用植物卷）．中国标准出版社第一编辑室．中国标准出版社，2010.

3. 中国辛香料植物资源开发与利用．张卫明，肖正春等．东南大学出版社，2007.

第9章

常见一、二年生芳香植物

一、二年生芳香植物是指其生活史经历 1 年或 2 年的草本芳香植物。包括一年生芳香植物、二年生芳香植物、多年生芳香植物作一、二年生栽培的芳香植物。一、二年生芳香植物多喜光，一年生芳香植物不耐寒，而二年生芳香植物喜冷凉，较耐寒。

1. 罗勒

罗勒（*Ocimum basilicum*）为唇形科（Labiatae）罗勒属植物。原产印度、埃及。我国主要产区为广东、广西、江苏、河北等地。

(1) 形态特征

一年生直立草本植物，全体芳香。叶对生，卵形或卵状披针形。轮伞花序；花冠白色或淡红色。小坚果暗褐色。种子卵圆形，小而黑色。花期 7~9 月，果期 8~10 月（见彩图 1，彩图 2）。

(2) 生长习性

喜温暖湿润气候。耐热，不耐干旱，不耐涝。对土壤要求不严格。要求阳光充足。宜选择向阳平坦、肥沃疏松、排水良好、pH 5.5~7.5 的壤土或砂质土壤。

(3) 繁殖与栽培技术要点

采收嫩茎叶的，南方 3~4 月，北方 4 月下旬至 5 月初播种。罗勒种子小，可混合适量细沙后条播，行距为 35cm 左右，穴播穴距为 25cm。扦插繁殖适期为 7 月。栽前施入腐熟有机肥，整平耙细，作平畦或高畦。干旱时多浇水，反之减少浇水量。一般于定植后到分枝初期需中耕除草 1 次。收割前，特别是用于蒸油的原料，需先清除杂草，以免影响油的质量。以收叶为目的的，施肥以氮肥为主，适量配施磷、钾肥，以提高叶的产量。常见虫害为蚜虫。

(4) 主要利用部位

茎叶和花序。

(5) 采收加工

用于调味品的，叶子可在开花前采摘。用于蒸油的，宜在始花期收获。不宜带露水采割，一般在连续晴朗 2~3d 后的 9：00~17：00 收割茎叶和花序，此时收割的原料出油率最高，油质量好。用水蒸气蒸馏法提取精油。

(6) 精油含量及主要成分

鲜草得油率为 0.02%~0.04%，主要化学成分为甲基胡椒酚、柠檬烯、罗勒烯、芳樟醇等。

(7) 用途

精油可用于香水制造，还可作为芳香剂、香皂及洁牙剂等产品的成分。全草入药，有疏风行气、发汗解表、散瘀止痛、杀菌功效。茎叶可作芳香蔬菜在色拉和肉类料理中使用。

(8) 注意事项

孕妇应避免使用罗勒精油；罗勒精油如使用过量有麻醉作用。

2. 紫苏

紫苏（*Perilla frutescens*）为唇形科紫苏属植物。我国湖北、河南、四川、山东和江苏的产量较大。

(1) 形态特征

一年生草本植物，具特异芳香。叶片宽卵形或近圆形，两面绿色或紫色，或仅下面紫色。轮伞花序，花冠白色、粉红色或紫红色。小坚果灰棕色；种子椭圆形。花期6~7月，果期7~9月（见彩图3）。

(2) 生长习性

喜温暖湿润气候，较耐热和耐寒，但对闷热极敏感。要求日照充足。对土壤要求不严格，但以排水良好、肥沃的砂质壤土生长最好。喜肥，对氮需求量大。

(3) 繁殖与栽培技术要点

南方在3月中下旬，北方在4月中下旬，按行距50~60cm播种，播后覆薄土。南方3月、北方4月上旬育苗。苗高5~6cm时间苗。定植前，土壤施入腐熟有机肥作基肥，整平耙细，作畦。直播的，当苗高10cm左右时，按株距30cm定苗。育苗移栽的，苗高15~20cm时，按行株距50cm×30cm移栽于大田，栽后浇水1~2次。6~8月是紫苏生长旺盛期，需较多养分和水分。如采收嫩茎叶，可将分化花芽的顶端摘除。主要病害有斑枯病和锈病；主要虫害有银纹夜蛾、避债娥、尺蠖等危害叶片。

(4) 主要利用部位

叶片、梗、种子。

(5) 采收加工

蒸馏紫苏精油可于8月上旬至9月上旬花序初现时收割，出油率最高。全草收割后，将枝叶摊晒1d即可入锅蒸馏，提取紫苏精油。

(6) 精油含量及主要成分

全株精油得率达2.7%以上，主要化学成分为紫苏醛（叶片中可达52%以上）、紫苏醇、紫苏酮、柠檬烯等。

(7) 用途

嫩茎叶可作香味蔬菜在烹饪中使用。茎叶入药，有散寒解表、理气宽胸的功效。紫苏籽含油35%~50%，可榨取紫苏籽油。紫苏为优良蜜源植物，可种植在河岸、坡地防止水土流失。

（8）注意事项

紫苏精油有些微刺激性，孕妇不可使用。由于含有微量的致毒性酚类，因此应少量使用。

3. 香青兰

香青兰（*Dracocephalum moldavica*）为唇形科青兰属植物。我国东北、华北、西北等省区有分布，新疆普遍栽培，尤其在南疆种植较多。

（1）形态特征

一年生草本植物。茎叶极芳香，全株密被短毛；茎四棱形。叶对生，叶片长圆形或披针形，边缘具钝锯齿。轮伞花序，花冠蓝紫色。小坚果4枚，卵形，棕褐色。

（2）生长习性

在黏性至砂性土中均可生长，但以肥沃、排水良好的壤土为好。喜光，光照不足会降低产量，耐旱、耐瘠薄，但不耐涝。其伴生植物有荆条、黄刺玫、酸枣、铁杆蒿、白羊草、猪毛菜等。

（3）繁殖与栽培技术要点

土壤施厩肥，耙平整细。4月上中旬开沟条播，行距40~45cm，播深2cm。苗高5~7cm时，全草药用的按株距10cm定苗；留种的按株距15cm定苗。生长期要中耕除草，浇水，防治病虫害。在6月植株现蕾时应追肥1次，以氮、磷肥为主，以提高产量和精油含量。

（4）主要利用部位

地上部植株。

（5）采收加工

香青兰开花及种子成熟顺序为自下而上，全株成熟度极不一致，种子易脱落，应及时采收。结果初期精油含量最高，果实成熟初期柠檬醛含量高。

（6）精油含量及主要成分

水蒸气蒸馏法提取全草精油得率为0.04%~1.12%，主要化学成分为柠檬醛、香叶醇、橙花醇、香草醇。

（7）用途

精油可调配食用、日用等多种类型香精。干茎叶可作调味料或放置于衣柜使衣物增添芳香；种子为制作香囊的上好材料。全草入药，有清热燥湿、凉肝止血功能。精油对多种病菌有抑制作用，可镇咳、止喘等。嫩茎叶可用于凉拌烹调。

4. 香薷

香薷（*Elsholtzia ciliata*）为唇形科香薷属植物。除新疆、青海外，我国各地均有分布；俄罗斯西伯利亚、蒙古、朝鲜、日本、印度及中南半岛有分布。

（1）形态特征

一年生草本植物，茎常呈麦秆黄色，老时紫褐色。叶卵形或椭圆状披针形。穗状花序，偏向一侧；花冠淡紫色。小坚果黄褐色，长圆形。花期 7~11 月，果期 10 月至翌年 1 月。

（2）生长习性

喜温暖气候；一般土壤均可栽培，但在肥沃疏松、排水良好的砂质土壤中长势良好，碱土不宜栽培，怕旱，不宜重茬。

（3）繁殖与栽培技术要点

种子繁殖，条播或撒播。春播在 4 月上中旬，夏播在 5 月下旬至 6 月上旬。播种后及时覆土。苗高 4~6cm 时间苗，株距 5cm，及时中耕除草。对于地力差的，待苗高 12~15cm 时，施硝酸铵 1 次。干旱时适当浇水。主要病害有香薷锈病。

（4）主要利用部位

植株地上部。

（5）采收加工

夏末秋初开花时采植株地上部，鲜用或晒干备用，用水蒸气蒸馏法提取精油。

（6）精油含量及主要成分

全草精油得率 0.2%~1%，鲜茎叶精油得率 0.26%~0.59%，干茎叶精油得率 0.8%~2%，精油中主要化学成分为香薷酮，约 85%。

（7）用途

全草入药，有发汗解表、化湿和中等功效。花、茎叶有浓厚芳香味，可提取香料，可作烹饪调料或增香调味品。香薷可作蜜源植物。种子可榨油，用于调制干性油，油漆及工业用。

（8）注意事项

该品与山白桃相克。表虚者忌服。

5. 万寿菊

万寿菊（*Tagetes eracta*）为菊科（Compositae）万寿菊属植物。原产墨西哥及中美洲地区，现我国南北均有栽培。

（1）形态特征

一年生草本，茎直立粗壮。叶对生，羽状全裂，裂片长椭圆形或披针形。头状花序，舌状花单生茎顶，花黄色。瘦果黑色。花果期 6~9 月（见彩图 4）。

（2）生长习性

适应性强，喜温暖湿润、阳光充足的环境，亦稍耐早霜和半阴，耐湿，耐干旱，怕高温和水涝，以肥沃、疏松和排水良好的砂质壤土为宜。

（3）繁殖与栽培技术要点

3月下旬至4月初播种，播后覆土。扦插繁殖在5~6月进行，插后浇足水，遮阴。播种繁殖，幼苗5~7片真叶时定植，株距30~35cm。扦插繁殖，待插条生根后即可移栽。定植移栽后要浅锄保墒，当苗高25~30cm时出现少量分枝，开始培土以促发不定根，防止倒伏。培土后要保持土壤间干间湿。主要病虫害有病毒病、枯萎病、红蜘蛛。

（4）主要利用部位

花或带花的地上部分。

（5）采收加工

万寿菊盛花期间，采集花朵用水蒸气蒸馏法提取精油。

（6）精油含量及主要成分

茎叶精油得率为0.094%~3.500%，主要化学成分为柠檬烯、外型异莰烷酮、万寿菊烯酮、β-罗勒烯、4-甲基-6-庚烯-3-酮、异松油烯、马鞭草烯酮等。不同方法提取的花精油得率0.094%~3.700%，主要化学成分为樟脑、龙脑、1,8-桉叶油素、桃金娘烯醇、香芹酚等。

（7）用途

花、叶、根可药用。花可提取黄色染料。茎、叶和花均含精油，为香料工业重要原料之一。精油和浸膏主要用于菊花型食品香精，也用于日用品香精中。万寿菊还可盆栽观赏。

（8）注意事项

万寿菊精油中含有万寿菊酮类成分较高，有时还含有光敏物质呋喃香豆素，对皮肤有很强的刺激性。

6. 莳萝

莳萝（*Anethum graveolens*）为伞形科（Umbelliferae）莳萝属植物。原产欧洲南部，我国南北各地均可种植，但以长江流域栽培较为适合。

（1）形态特征

一年生草本，全株有强烈茴香气味。叶矩圆形或倒卵圆形，二至三回羽状全裂。复伞形花序，花瓣黄色。双悬果，淡黄色，成熟时褐色；种子小。花期5~8月，果期7~9月（见彩图5）。

（2）生长习性

喜温暖凉爽、阳光充足、通风良好、排水良好、土质疏松的环境。以中性至微酸性的砂质壤土或土质深厚壤土为佳。

（3）繁殖与栽培技术要点

种子繁殖，条播。北欧一般春播；地中海沿岸和我国长江流域秋播（8~9 月），其茎叶生长期为 11 月至翌年 2 月。种植莳萝的田块 3 年内不宜重茬。播前精细整地，施用腐熟有机肥作为基肥。均匀播种后，保证土壤含水量在 70%以上。一般于 9 月中旬前后即幼苗 6 叶期进行定假植移栽，以利于根部生长。一般于春节过后进行大田移栽。行株距 80cm×（45~50）cm。栽后灌缓苗水。主要病虫害有根腐病、茎腐病、黄萎病和蚜虫、切根虫等。

（4）主要利用部位

果实（籽实）。

（5）采收加工

一般春夏季莳萝果实未完全成熟时采收茎叶和果实。莳萝的茎叶和成熟果实均可用水蒸气蒸馏法提取精油。莳萝花期较长，种子成熟时间不一致，需分批采摘。一般于 6 月中旬开始陆续进入采收期，7 月上中旬采收结束，先成熟先采收，确保籽粒饱满。

（6）精油含量及主要成分

茎叶精油主要化学成分为香芹酮、α-水芹烯、松油烯等。干果实精油得率为 2.5%~3.5%，主要化学成分为香芹酮、柠檬烯、二氢香芹酮、α-水芹烯、α-松油烯、香芹醇、二氢香芹醇、异丁香酚、莳萝脑等。

（7）用途

莳萝精油可用于焙烤食品、腌制品、冰淇淋、果冻、软饮料等的调味增香，也可用于面包、泡菜、沙司中。莳萝精油可缓解肠痉挛和绞痛，也有催乳作用。莳萝可用于盆栽或花坛。

（8）注意事项

莳萝精油有助产作用，妇女妊娠期间禁用。发热之人或有内火者及阴虚之人忌食；干燥综合征、结核病、糖尿病、更年期综合征等阴虚内热者忌食。

7. 孜然芹

孜然芹（*Cuminum cyminum*）为伞形科孜然芹属植物，俗称孜然。主要产于埃及和西亚地区，我国新疆也有栽种。

（1）形态特征

一、二年生草本，全株无毛，有香气。叶互生，2~3 回羽状全裂，最终裂片线形。复伞形花序；花瓣粉红色或白色。双悬果狭长椭圆形，干燥后果实（种子）呈淡绿至金黄色。

（2）生长习性

喜温暖、干爽气候环境，较耐旱怕涝，不耐寒。对土壤要求不严，以中性至弱碱性且肥沃、排水良好的砂质土壤为宜。喜光，阳光不足可延迟开花结实。

（3）繁殖与栽培技术要点

在3月中旬左右，5cm地温稳定在4~6℃时播种。采取15cm等行距或15~30cm宽窄行播种，播种深度2~3cm。3~4片真叶定苗，株距3~5cm。苗期中耕2~3次。第一水在抽薹开花前进行，结合施用尿素5~10kg/667m^2；第二水在开花期进行；第三水在灌浆期进行。开花期至灌浆期，喷施磷、钾肥为主的叶面肥2~3次。主要病害为立枯病；主要虫害为地老虎。

（4）主要利用部位

果实（籽实）。

（5）采收加工

8~9月果实成熟时采收，将果实晒干，用水蒸气蒸馏法提取精油，或将果实压榨提取脂肪油后，将饼粕再用水蒸气蒸馏法提取精油。

（6）精油含量及主要成分

果实精油得率为2.4%~3.6%，主要化学成分为枯茗醛、对伞花烃、β-蒎烯等。

（7）用途

嫩茎叶可作蔬菜食用。果实用于制备咖喱粉或酱。果实入药，有散寒止痛、理气调中的功能。孜然芹精油用于日用香精，调制肉类、腌制干酪、调味品和其他食品的香精配方中。

（8）注意事项

孜然芹精油具有较强的刺激性，会使过敏性皮肤疼痛。

8. 芫荽

芫荽（*Coriandrum sativum*）为伞形科芫荽属植物。原产北非、西亚和南欧，我国各地均有栽培，以华北最多。

（1）形态特征

一年或二年生草本，有强烈香气。基生叶一至二回羽状全裂，裂片呈广卵圆形或楔形；茎生叶三至多回羽状分裂，最终裂片狭线形。伞形花序顶生；花白色或带淡紫色。果圆球形。花期7~8月，果期6~9月（见彩图6，彩图7）。

（2）生长习性

喜冷凉湿润环境，为长日照植物。浅根系，对土壤水分和养分要求均较严格。保水保肥力强，有机质丰富，pH 6.0~7.6的土壤最适宜生长。

（3）繁殖与栽培技术要点

3~4月春播，9~10月秋播。种皮较坚硬，播种前应搓开，以利出芽。夏秋季播种以直播为好，播后覆盖1cm厚的细土，播后浇足水。幼苗期浇水不宜过多，3~4d

浇水1次为宜，生长旺盛期必须加强水肥管理，保持土面湿润，施肥以速效性肥为主，结合浇水淋施。

（4）主要利用部位

茎叶、果实（籽实）。

（5）采收加工

8~9月果实成熟时采收，将果实晒干，直接采用水蒸气蒸馏法提取精油。或将果实压榨提取脂肪油后，将饼粕再用水蒸气蒸馏法提取精油。

（6）精油含量及主要成分

果实精油得率为0.4%~1.0%，主要化学成分为芳樟醇、γ-松油烯、α-蒎烯、乙酸香叶醇等。茎叶精油的主要化学成分为壬烷、癸醛、（*E*）-2-癸烯醛、（*E*）-2-癸烯-1-醇、环癸烷、十二醛、2-亚甲基环戊醇、2-癸烯-1-醇、十二醛、（*E*）-2-十四烯-1-醇、十四醛等。

（7）用途

全株作为调料蔬菜食用。果实可提取精油，用于汤、甜味酒的香味配料，还可调配香精，用于香水、花露水、化妆品和肥皂等。芫荽全株和种子均可药用。

（8）注意事项

芫荽籽精油大剂量使用可导致昏迷。妊娠期妇女禁用。

9. 旱芹

旱芹（*Apium graveolens*）为伞形科芹属植物。原产地中海沿岸，我国南北各地均有栽培。

（1）形态特征

一年或二年生草本，全株无毛，有强烈香气。基生叶矩圆形至倒卵形，一至二回羽状全裂，裂片呈卵圆形或近圆形；茎生叶互生，楔形，三全裂。复伞花序顶生；花小，绿白色。双悬果近球形至椭圆形。花期6~7月，果期8月（见彩图8）。

（2）生长习性

喜光、喜冷凉和湿润气候，对炎热及寒冷忍耐性较差。浅根性植物，喜肥，在微酸性土壤上生长最好。旱芹属于低温长日照，需要经过春化作用的植物。

（3）繁殖与栽培技术要点

初春宜在温床播种。定植后及时覆盖遮阳网至缓苗。及时浇透压蔸水，次日“复水”。苗高10~13cm前，每隔2~3d追施1次清粪水。苗高15~18cm时，应浅中耕2次。以后每隔3~5d追施1次0.5%尿素液。采收前2~3周可用0.3%~0.5%的尿素和磷酸二氢钾溶液叶面追肥。也可与病害防治结合进行。

（4）主要利用部位

茎叶、果实（籽实）。

（5）采收加工

春播地区，8~9月果实成熟时采收，将果实晒干，直接采用水蒸气蒸馏法提取精油，或将果实压榨提取脂肪油后，将饼粕再用水蒸气蒸馏法提取精油。茎叶也可蒸馏提取精油。

（6）精油含量及主要成分

果实精油得率为1.5%~2.5%，主要化学成分为柠檬烯、β-芹子烯、β-蒎烯、β-月桂烯、α-芹子烯、1-乙烯基-2-己烯基-环丙烷、β-石竹烯等。

（7）用途

嫩茎叶可作蔬菜食用。旱芹籽精油应用于酱油、肉类、调味品等食品中，也常用于日用香精如化妆品、香皂等。全株入药，有降压利尿、凉血止血、镇静消肿的功效。

（8）注意事项

妊娠期妇女禁用旱芹籽精油。

10. 茴芹

茴芹（*Pimpinella anisum*）为伞形科茴芹属植物。主产地集中于地中海沿岸，中国主要分布长江以南地区。

（1）形态特征

一年生草本植物，成株高约50cm，叶圆形，基生叶具长柄，茎生叶叶柄较短。花小，淡黄白色，伞形花序。果实近卵圆形，有香味。花期7~8月。

（2）生长习性

喜温和，不耐寒，喜日照充足、通风良好，以排水良好、pH 5.5~6.8的砂质壤土或土质深厚、疏松的壤土为佳。长日照植物，高温长日照下抽薹开花。

（3）繁殖与栽培技术要点

宜选择阳光充足，土质疏松肥沃、排灌方便的砂壤土或壤土。4~5月播种，可直播，每穴2~3粒，植株间距20~30cm，2~3个月施肥1次，以收获种子为目的，要少施氮肥，多施磷、钾肥；充分浇水，植株长得较肥大茂盛，有利生长。

（4）主要利用部位

全株。

（5）采收加工

春播的，一般8月果实即成熟，采收后晾干贮存，不宜暴晒。可采用水蒸气蒸馏法提取精油。

(6) 精油含量及主要成分

茴芹鲜花精油得率为 2.25%。种子含精油，主要化学成分为茴香脑。

(7) 用途

嫩叶可作沙拉生吃，或作汤料和调味。茴芹籽可作烹饪调味品，配制糕点、面包或用于酿酒及制作蜜饯。茴芹籽精油可用于香水、牙膏、肥皂、口腔清洁剂等。

(8) 注意事项

一般人皆可食用茴芹，茴芹属于中药类食物，有一定副作用，要适量食用。

知识拓展

莳萝籽与茴香籽外貌相似，但莳萝籽与小茴香籽存在差异。小茴香籽是细圆形的，莳萝籽是扁平的；茴香果实为分生果，有 5 个突起不明显的主棱，而莳萝果实为瘦果，除了主棱外还有两个翅状的侧棱，比茴香多了一条边儿；莳萝籽与茴香籽的气味不一样，茴香植株气味较甜，而莳萝植株有较明显的辛香味。

小　结

本章介绍了罗勒、紫苏、香青兰、香薷、万寿菊、莳萝、孜然芹、芫荽、芹菜、茴芹 10 种一、二年生芳香植物的形态特征、生长习性、繁殖及栽培技术要点、主要利用部位、采收加工、精油含量及主要成分、用途及注意事项。

复习思考题

试列举其他常见的一、二年生芳香植物。

推荐阅读书目

1. 中国芳香植物．王羽梅．科学出版社，2008.
2. 中国芳香植物精油成分手册（上、中、下册）．王羽梅．华中科技大学出版社，2015.
3. 芳香疗法和芳疗植物．张卫明，袁昌齐，张茹云等．东南大学出版社，2009.
4. 药用植物规范化种植．马微微，霍俊伟．化学工业出版社，2011.

第10章

常见宿根芳香植物

宿根芳香植物是指地下部器官形态未发生变态成为球状或块状的多年生草本芳香植物。大多数宿根芳香植物的生长需要充足的光照。宿根芳香植物种类不同，其发育阶段所要求的环境条件也不同。

1. 铃兰

铃兰（*Convallaria majalis*）为百合科（Liliaceae）铃兰属植物。原产北半球温带地区，我国主要分布在黑龙江、吉林、辽宁、内蒙古等省区。

（1）形态特征

多年生草本，根状茎白色、匍匐状；叶 2 枚，稀 3，叶片椭圆形或卵状披针形；总状花序，花乳白色，钟形，下垂，有香气；浆果球形，熟后红色；种子椭圆形，扁平。花期 5~6 月，果期 7~9 月。

（2）生长习性

喜冷凉半湿润气候，不耐干旱；对土壤要求不严，但在疏松、肥沃、排水良好的砂壤土上生长繁茂。对光照反应敏感，在郁闭度不超过 0.40 时，花多，座果率高；全光照则叶片变小，花少，座果率低。

（3）繁殖与栽培技术要点

主要用地下根状茎繁殖。早春萌芽前或秋季地上部干枯后，挖出地下根状茎，分成带芽苞的若干小段作种根。按行距 15cm、株距 6~9cm 栽植后，覆土，稍镇压，浇透水。待生根出苗后及时移栽定植。移栽地结合整地适量施基肥，起垄或作畦。秋季育苗的，翌春气温稳定在 10℃ 以上时即可定植；春季育苗的，需生出新根和地上部萌发出新芽时定植。苗期要求郁闭度较大，随植株生长，增加光照。幼苗前期及时除草。适当追施有机肥，促其分株增殖。常见病害有茎腐病、炭疽病、叶斑病、褐斑病等真菌性病害。

（4）主要利用部位

花、全草。

（5）采收加工

以收花为目的的，5 月上中旬，铃兰始花到盛花期，每天上午采收，集中采摘日期为 15~25d。采收的鲜花避免揉搓，置阴凉通风处，待集中后，可用石油醚萃取法提制铃兰浸膏。

（6）精油含量及主要成分

石油醚萃取铃兰花浸膏得率 0.9%~1.0%，主要化学成分为苯乙醇、苯丙醇、香茅醇、香叶醇、蜂花醇、橙花醇等。花含芳香油，主要化学成分为香茅醇、橙花醇、肉桂醇等。

（7）用途

铃兰花浸膏可调制各种花香型香精，用于化妆品及香皂等产品。铃兰全草及根入药，含铃兰苦甙，有强心、利尿作用。铃兰还是较好的赏花、观果、观叶植物。

（8）注意事项

铃兰全草可入药，但本品有毒，勿过量。急性心肌炎、心内膜炎忌用。

2. 荆芥

荆芥（*Nepeta cataria*）为唇形科荆芥属植物。人工栽培主产安徽、江苏、浙江、江西、湖北、河北等地。生于海拔2500m以下灌丛中或村边。

（1）形态特征

多年生草本，被白色短柔毛。叶卵形或三角状心形；聚伞圆锥花序顶生；花萼管状，被白色短柔毛；花冠白色；小坚果三棱状卵球形，灰褐色。花期7~9月，果期9~10月（见彩图9）。

（2）生长习性

喜阳光、温暖湿润的环境。耐高温，也较耐寒，耐贫瘠，成苗耐旱而不耐渍，忌连作。对土壤要求不严，但以疏松、肥沃土壤上生长最好。

（3）繁殖与栽培技术要点

4月下旬~6月均可播种。荆芥种子小，播种时拌细沙或细土均匀播于苗床，覆盖厚约1cm的细土。保持畦面湿润。出苗后及时间苗，苗期要及时浇水，缓苗后及时中耕除草。幼苗2~3片真叶即可移栽。扦插繁殖于6~7月进行。分株繁殖于3~4月进行。荆芥定植行株距为40cm×（20~25）cm。定植后浇足定根水。病虫害也很少发生。

（4）主要利用部位

全草。

（5）采收加工

采收茎叶宜在夏季孕穗而未抽穗时，芥穗宜于秋季种子50%成熟、50%还在开花时采收。选晴天露水干后，用镰刀割下全株，用水蒸气蒸馏法提取精油。

（6）精油含量及主要成分

全草精油得率为0.05%~1.40%，主要化学成分为葛缕酮、柠檬烯、α-石竹烯、α-罗勒烯、β-石竹烯、7-辛烯-4-醇、α-柠檬醛等。

（7）用途

叶片精油含量高，嫩茎叶作凉拌菜，可防暑，增进食欲，与鱼同食可去鱼腥味，并常被用作调味品。干叶及花枝药用，具有镇痛、镇静、祛风作用。

3. 夏枯草

夏枯草（*Prunella vulgaris*）为唇形科夏枯草属植物。因此草夏至后即枯，故有此名。原产我国，广泛分布于中国各地，主要产地为河南、安徽、江苏、湖南等省。

（1）形态特征

多年生草本。茎基部多分枝，紫红色；叶卵状长圆形，上面疏被长柔毛或近无毛，下面近无毛；穗状花序；花冠紫，红紫或白色。小坚果长圆状卵球形，褐色，微具单沟纹。花期 4~6 月，果期 7~10 月。

（2）生长习性

喜温暖湿润和阳光充足环境，略耐阴，对土壤要求不严，以疏松，肥沃和排水良好的沙质壤土为宜。

（3）繁殖与栽培技术要点

夏枯草适应性较强。常用种子和分株繁殖。播种可春播或秋播；分株在冬季或早春。生长期注意中耕除草和浇水，加施磷、钾肥以促花穗多而长，初夏收获。

（4）主要利用部位

果穗、嫩茎叶、全草。

（5）采收加工

果穗入药的，夏季当果穗半枯时摘下，晒干；嫩茎叶作蔬菜食用的，每年 5~7 月采集嫩茎叶。收获全草用水蒸气蒸馏法提取精油。

（6）精油含量及主要成分

全草精油得率为 0.31%，主要化学成分为 1,8-桉叶油素、芳樟醇、β-蒎烯、α-蒎烯、月桂烯、α-水芹烯、乙酸芳樟酯、δ-榄香烯等。

（7）用途

全草、果穗可入药。嫩茎叶营养丰富，焯水后可拌、炝、腌、炒、炖、做汤等。夏枯草植株花穗密集，适作地被植物，也可盆栽观赏。

（8）注意事项

湿气重、脾胃虚弱的人或患风湿者慎用。长期大量服食夏枯草，可能存在副作用，会增加肝、肾的负荷。

4. 香紫苏

香紫苏（*Salvia sclarea*）为唇形科鼠尾草属植物。原产欧洲南部，20 世纪 50 年代初引入我国，现陕西省是国内最大的香紫苏种植基地。

（1）形态特征

二年生或多年生草本，全株有强烈龙涎香气。上部茎为一年生，下部茎木质化，直立。单叶对生，卵圆形或长椭圆形；轮伞花序花冠雪青色。小坚果卵圆形，光滑，灰褐色。花期 6~7 月，果期 7~8 月。

（2）生长习性

喜温暖、光照充足的气候条件；耐寒、耐旱、耐瘠薄，喜湿但怕涝。夏季温度高、光照充足的地区出油率高，但开花期间高温和干风会降低出油率。

（3）繁殖与栽培技术要点

种子繁殖。陕西关中地区一般 8 月下旬播种，第 2 年 7 月初收获；河南种植以秋播为好，8 月底至 9 月初播种；延安南部地区一般在 11 月上旬播种。冬播为 11 月上旬，香紫苏春化要求严格，春播不易抽苔。因此，春播一定要对种子进行层积春化处理后方可播种。播种前深翻整地，并施入有机肥。条播，行距 40～60cm，播深 2cm，播后覆土。幼苗长至 4 片真叶时间苗。出苗后，全年结合灌溉和施肥或雨后进行中耕除草，前期深度 4～5cm，后期一般深度 10cm 左右。第 2 年萌动生长期和抽穗期，可分 2 次追施氮肥。6 月初见到花苞时，结合中耕进行追肥。

（4）主要利用部位

花和花序。

（5）采收加工

河南一带一般在 6 月中下旬至 7 月上旬，当花穗下部最先开放的花朵中的种子接近成熟时最适宜采收。采收应在 15d 内完成。一天中以 13：00～18：00 采收为宜，雨天和有露水的早晨不宜采收。收割时尽量少带枝叶。一般随采收随提取精油，切忌烈日下暴晒。

（6）精油含量及主要成分

全株精油得率为 0.1%～0.15%。花穗含精油最高达 0.18%左右，主要化学成分为乙酸芳樟酯、芳樟醇、α-松油醇等。种子精油主要化学成分为乙酸芳樟酯、芳樟醇、香叶醇、α-松油醇、α-水芹醇、α-松油烯、乙酸橙花叔醇酯、橙花叔醇、香紫苏醇等。

（7）用途

精油广泛用于日用化妆品、食品、配酒、软饮料及在高档香精中调香。此精油是芳香疗法中最为人熟知的、用来减轻压力的精油之一。地上部分、种子和精油均可入药。主要用于治疗胀气和消化不良。种子油脂用于陶器和瓷器生产；花是很好的蜜源。

（8）注意事项

香紫苏可用来冲泡香草茶，但不能大量食用，大量使用会导致头晕、头痛，并使血压增高。不要和酒精一起使用。孕妇或患有胸部囊肿、子宫纤维瘤及与雌激素有关疾病的人忌用。

5. 鼠尾草

鼠尾草（*Salvia japonica*）为唇形科鼠尾草属植物。原产于地中海沿岸及南欧，我国20世纪80年代开始引种鼠尾草，在云南丽江及广西等地，有少量栽培。

(1) 形态特征

多年生草本植物。叶对生，椭圆形。叶柄上密被白色绒毛，触感犹如鹅绒，基部叶片近叶柄端狭窄。花6~7朵，成串轮生于花序上，花冠淡蓝色，白色或桃红色。花期2~5月（见彩图10）。

(2) 生长习性

温暖、干燥及充分日照是鼠尾草最为理想的栽培环境。性喜温暖至高温，适宜温度15~30℃。适合中性至微碱性土壤。耐旱，但不耐涝，在极寒冷地区作1年生栽培。

(3) 繁殖与栽培技术要点

一般在春、秋播种。9月至翌年4月育苗。播种前需用40℃左右的温水浸种24h。直播，株高5~10cm时需间苗，株距20~30cm。扦插繁殖在南方5~6月，北方保护地3月。插后浇水，长出新根后可定植。定植后，保持土壤疏松，田间无杂草。定植后第1年鲜叶产量不高，第2年以后鲜叶产量逐渐增加。每次收割后及时施肥、浇水，以获得高产。除种植时施足基肥外，还需在开花前和冬季分别施用肥料。

(4) 主要利用部位

茎叶。

(5) 采收加工

一般春夏和秋季叶片茂盛且丰满时采收最佳。1年可采割2~3次。采收的茎叶鲜用或阴干后用水蒸气蒸馏法提取精油。

(6) 精油含量及主要成分

叶片精油主要化学成分为侧柏酮、樟脑、1,8-桉叶油素、蒎烯、β-石竹烯、龙脑和β-芹子烯等。

(7) 用途

鼠尾草精油及其衍生物用于日用香精中。鼠尾草还可制成香包。叶片可凉拌食用，叶可作美味佐料食用。茎、叶和花还可泡茶饮用。全草入药，具有清热解毒、活血祛瘀、消肿、止血等功效。鼠尾草可作为景观大面积栽培，亦可作盆栽、花坛用。

(8) 注意事项

不宜大量长期食用（因其含有崔柏酮，长期大量食用会在体内产生毒素）。妇女孕期和哺乳期禁用。

6. 薄荷

薄荷（*Mentha haplocalyx*）为唇形科薄荷属植物。原产中国。我国主产区为江苏、浙江、江西等省，产量居世界首位。

(1) 形态特征

多年宿根草本，全株具浓烈清凉香味。具水平匍匐根状茎。单叶披针形或椭圆形，两面沿叶脉密生微毛或具腺点。轮伞花序腋生；花冠淡紫色。小坚果长圆形，黄褐色。花期6~10月，果期9~11月（见彩图11，彩图12）。

(2) 生长习性

长日照植物；以砂壤土、壤土、腐殖质土最好；不能连作，宿根2~3年后换茬。

(3) 繁殖与栽培技术要点

根茎繁殖于11月至翌年3月进行，按行株距25cm ×18cm 顺沟摆放，覆土浇水。分株繁殖于4~5月进行，苗高12~15cm时进行。扦插繁殖于5~6月进行，插穗按行株距8cm×5cm扦插，注意保湿。大田移栽行株距25cm×15cm。苗高20~35cm时，追肥。分别在第1次收割后，二茬苗高10cm时和第2茬收获后，施有机肥。主要病害有薄荷锈病和斑枯病；主要虫害有小地老虎、银纹夜蛾和斜纹夜蛾。

(4) 主要利用部位

茎、叶及花蕾。

(5) 采收加工

现蕾盛期至初花期的晴天10：00~16：00采收较好。华南地区每年采收3次（6月上旬、7月下旬和10月下旬）；浙江、江苏、湖北、四川等地，每年采收2次（7月和10月）；华北地区每年采收1次；寒冷地区每年收割1次（8月）。收割时尽量平地面。收割的薄荷阴干时要防止雨淋夜露。采用水蒸气蒸馏法提取精油。

(6) 精油含量及主要成分

新鲜茎叶得油率0.8%~1.0%，干茎叶得油率1.3%~2.0%，主要化学成分为薄荷醇（77%~87%）、薄荷酮（8%~12%）。

(7) 用途

薄荷油广泛用于化妆品、食品、医药、香料等工业。茎、叶、花入药，具疏风、散热、辟秽、解毒功效。薄荷幼嫩茎叶可作蔬菜食用。

(8) 注意事项

药品中的使用剂量不能超过规定限量。除药用外，一般每人每日不超过2mg/kg体重。薄荷油可能会刺激皮肤，请使用最低浓度比例。薄荷油孕妇禁用。

7. 欧薄荷

欧薄荷（*Mentha longifolia*）为唇形科薄荷属植物。原产欧洲，我国上海及南京有栽培。

(1) 形态特征

多年生草本，根茎匍匐；茎直立；叶卵圆形至长圆状披针形或披针形；轮伞花序在茎及分枝顶端集合组成穗状花序；花冠淡紫色。花期7~9月。

（2）生长习性

喜温暖湿润气候，抗旱、抗涝能力较强。整个生长期中要求充足的光照，日照对其精油的形成有利。土层深厚、保水保肥的中性偏碱（pH 6~7.5）砂壤土生长良好。

（3）繁殖与栽培技术要点

根茎繁殖或扦插繁殖均可，栽培管理极为容易。在生长期间，最适宜的土壤湿度为水分饱和状态（含水量80%~90%），肥料以氮、磷肥为主，适当补充钾肥，有利于欧薄荷生长。

（4）主要利用部位

茎、叶及花蕾。

（5）采收加工

通常每年采收2次。第1次收割一般在7月中旬前后，第2次收割在10月下旬前后。植株以开花前的叶子含油量最高；精油中薄荷脑含量在开花末期最高，含酯量在花蕾形成时较高，开花时下降，开花后又增高。因此，在正常情况下，以始花期至盛花期收割，产量和质量最佳。欧薄荷微干茎叶（含水不超过55%）或干茎叶，经水蒸气蒸馏，得欧薄荷原油，原油除去部分薄荷脑，得欧薄荷精油。

（6）精油含量及主要成分

花序及叶的出油率为0.23%~1.1%，主要化学成分为胡薄荷醇（约含40%）、薄荷脑及薄荷酮等。纯精油主要化学成分为薄荷脑（29%~48%）、薄荷酮等。

（7）用途

欧薄荷精油对皮肤的疗效：活化柔软肌肤、畅通毛孔、清凉、解痉、抗感染、止痒。欧薄荷作为庭园铺地的匍匐植物或香草盆栽，极具观赏价值。

（8）注意事项

妇女在怀孕期和哺乳期间避免使用欧薄荷精油，因其会阻碍乳汁分泌。晚上不要使用欧薄荷精油，会导致失眠。

8. 薰衣草

薰衣草（*Lavandula angustifolia*）为唇形科薰衣草属植物。原产于地中海沿岸，我国自50年代开始引种，现新疆伊犁地区已经成为我国薰衣草的主要生产基地。

（1）形态特征

多年生草本或常绿灌木，全株具芳香，茎直立。叶对生，线形或披针形。轮伞花序，花淡紫色至深紫色，稀粉红色或白色；坚果扁椭圆形，深褐色。夏季6~7月开花，果期8~9月；秋季9~10月开花，以前者为主（见彩图13，彩图14）。

(2) 生长习性

要求冬季温暖湿润，夏季冷爽干燥的气候条件。喜微潮偏干的土壤环境，在微酸性或微碱性的土壤上都能较好地生长，但排水良好、疏松肥沃的砂质壤土最为适宜。长日照植物，光照对发育和精油的形成有极其重要的作用。

(3) 繁殖与栽培技术要点

薰衣草种子细小，宜育苗移栽。春播时，温暖地区在3~6月，寒冷地区宜4~6月；秋播9~11月。播后保持苗床湿润。苗高10cm左右移栽。扦插繁殖一般在春、秋季进行，扦插深度8~10cm、株距3~4cm、行距5~6cm插入细沙中。分株繁殖在春、秋季均可进行。分株时每株上均需有一定量的根系。一般在春季定植，深翻前施用腐熟有机肥。按行株距100cm×60cm挖定植穴，栽后浇水。在生长期至盛花期，每年浇水4~5次，及时中耕除草。为方便收获，栽培初期的一些小花序全部剪平，新长出的花序高度一致，促使多分枝多开花，修剪时要注意在冷凉季节如春、秋季节进行，且不要剪到木质化部分。在华北、西北地区种植薰衣草，冬前结合植株平茬修剪，需对根部进行培土。冬季培土后上冻前浇灌防冻水。危害薰衣草的病害有立枯病等，要及时防治。

(4) 主要利用部位

新鲜的花序（穗）。

(5) 采收加工

适宜采收期为盛花期至末花期。一天中以8：00~18：00采收为宜，早晨露水未干及雨后不宜采收。采花部位以花穗下面第1对叶腋处为标准（开花顺序由下而上），带枝叶过多会影响精油质量，过短则花梗留在植株上会影响植株抽梢生长。采收后应铺成10cm左右厚度置于阴凉处，随即加工蒸油。

(6) 精油含量及主要成分

全草精油得率为3%，主要化学成分为乙酸芳樟酯、芳樟醇、柠檬烯、1,8-桉叶油素、α-蒎烯、莰烯、β-月桂烯、樟脑、β-石竹烯等。薰衣草花精油得率0.28%~2.67%，主要化学成分为乙酸芳樟酯、芳樟醇、乙酸香叶酯、香乙醇、乙酸橙花酯、橙花醇、乙酸松香酯、龙脑等，还含有薰衣草醇和薰衣草酯，使其薰衣草油具有独特的香气。

(7) 用途

薰衣草花精油是调制化妆品、皂用香精的重要原料。叶可做调料。全草用于泡澡和护肤美容。薰衣草中所含的类黄酮化合物有利于调整血压，对神经中枢系统有镇静作用。薰衣草花丛艳丽，可绿化庭园。薰衣草也是很好的蜜源植物。薰衣草花序可作香包放入衣箱中，防虫增香。薰衣草蒸取精油后的渣料还可提取激素。

(8) 注意事项

过度使用薰衣草精油会导致接触性皮肤炎。

9. 香蜂草

香蜂草（*Melissa officinalis*）又名蜜蜂花，为唇形科蜜蜂花属植物。原产俄罗斯、欧洲南部、地中海及大西洋沿岸。我国主要在新疆、甘肃等地种植，以宿根越冬。

（1）形态特征

多年生草本。具根状茎。茎直立或近直立，单叶对生，卵圆形，揉之有柠檬香味。轮伞花序腋生；花冠乳白色。小坚果卵形，栗褐色，平滑。花期 6~8 月，果期 8~9月（见彩图 15）。

（2）生长习性

喜光，既耐热又耐寒、耐旱、耐轻度盐碱，对土壤要求不严，但疏松肥沃的砂壤土生长良好。怕涝，适生于排水良好的缓坡地带。

（3）繁殖与栽培技术要点

4~5 月或 9~10 月播种。全年均可育苗，以春季较好。待幼苗具 4~6 片真叶时移栽。定植行株距 50cm×35cm。扦插繁殖在早春进行。扦插后需保持湿度，并遮光，约 2~3 周后即可移植。栽植前，施充分腐熟厩肥作基肥，土壤深翻 25cm 左右，整细耙平，起畦。出苗后，及时除草松土。扦插繁殖的，开春时可追施稀薄的、腐熟的人粪尿。出苗或缓苗后，及时追肥，中耕除草、培土。做好疏剪、摘心等工作。采收后要及时追施氮肥。病虫害较少。

（4）主要利用部位

顶花、叶片和茎秆。

（5）采收加工

香蜂草提取精油，一般以初花期质量最好。夏季 4~8 月生长最旺，品质最好，可收割 6~8 次。割取地上部枝叶，趁鲜或晒干，用水蒸气蒸馏法提取精油。

（6）精油含量及主要成分

鲜叶和嫩梢精油得率为 0.3%，主要化学成分为柠檬醛、香茅醛、芳樟醇。全草精油得率 0.8%，主要化学成分为柠檬醛、氧化石竹烯、石竹烯、香茅醛、芳樟醇、乙酸香叶酯等。

（7）用途

精油可用于制造香水、化妆品、洗涤用品等；香蜂草可加工保健香茶、香袋等多种香味产品。新鲜香蜂草泡茶饮用。鲜叶及嫩梢可作凉拌菜生食。可用香蜂草美化环境。

（8）注意事项

妊娠期间禁用香蜂草精油。香蜂草精油会刺激皮肤，少数人会引起皮肤过敏，建议低浓度使用。

10. 广藿香

广藿香（*Pogostemon cablin*）为唇形科刺蕊草属植物。原产于马来西亚、菲律宾、印度尼西亚等国，我国广州石牌、棠下等地曾是广藿香的主要产地。

（1）形态特征

多年生直立分枝草本或亚灌木，揉之有香气。茎直立，叶对生，圆形或宽卵形。穗状花序顶生或腋生；花冠唇形，淡紫红色；小坚果平滑，近球形或椭圆形，稍扁。花期4月（见彩图16）。

（2）生长习性

喜温暖湿润气候，不耐强烈日晒和霜冻，忌干旱。以土层深厚、排水良好、pH4.5~5.5的砂壤土为宜。在海南万宁县和湛江地区适合广藿香的生长。广州市种植广藿香，生长缓慢，从种植到收获的时间长。

（3）繁殖与栽培技术要点

扦插育苗移栽在春季（2~4月）或秋季（7~8月），当气温回升或雨季时扦插。插穗按行距10cm，株距5~6cm进行扦插，插后淋水。一般插后25~30d便可移栽。定植时间依据扦插繁殖育苗的季节来确定，南方多春植，北方秋植。定植可在雨季初期或雨季进行。广州市郊在清明前后，海南万宁则在6~8月间，或在10~12月（多在10月），选择阴天或晴天傍晚，按行株距40cm×30cm挖穴定植后，填土压实，及时淋水盖草，或搭设棚架。大田直插法在4~5月初将插穗按行株距40cm ×30cm规格，成“品”字形直插大田。定植或插后生根前，以浇湿畦面为度。雨季严防积水。未抽梢前，需荫蔽。生长过程中，要对广藿香培土。从种植到收获，需施肥6~7次。需过冬的广藿香，冬初应盖草或搭棚防霜。主要病害有根腐病和角斑病，需及时挖除病株烧毁，不能连作；主要虫害为蚜虫。

（4）主要利用部位

枝叶。

（5）采收加工

海南海宁县的广藿香生长7~8个月就可采收。冬季种植者于次年7~8月收割，秋季（8~9月）种植者次年4~5月收割。广州市在4~5月种植，一般到第2年5~6月才可收割。广藿香用枝叶提取精油，采收应在落叶前进行。采收时需天气晴朗，连根拔起，切除根部，白天曝晒几个小时，待叶片皱缩后，捆成小把分层交错堆叠一夜，进行第1次“发汗”。堆叠时叶部与叶部相叠，使叶色闷黄，次日摊开再晒，晚上要根叶交错堆叠进行第2次“发汗”。这次“发汗”上盖草帘，用石头压紧，堆压1日2夜，待全株“发汗”后，摊开暴晒至全干即可。因广藿香采收后要后熟，经“发汗”处理后，精油含量会增加，且香气也随之变好。贮存过程中要防止受潮、发霉和虫蛀。贮存时间长短与精油质量和得率都有直接关系。贮存时间短，精油得率高，但含碳氢化合物的萜较多，因而质量相对也差些；贮存时间长，精油得率低，但含氧化物的比例相应提高。

（6）精油含量及主要成分

全草精油得率约为 1.5%，主要化学成分为广藿香醇（52%~57%）、α-广藿香烯、α-瘉创木烯等。干品精油得率 2%~2.8%，叶精油得率 4.5%，主要化学成分为广藿香醇约占 52%~57%，另含 α-及 β-广藿香萜等多种倍半萜类成分。

（7）用途

广藿香是植物香料中味道最为浓烈的一种，通常用于东方香水中。广藿香油中独特的辛香和松香会随时间推移而变得更加明显，是已知香料中持久性最好的。广藿香为传统中药材之一，有芳香化湿、祛暑解表、和胃止呕的功效。

（8）注意事项

广藿香精油低剂量时具有明显的安神镇静效果，高用量时则具有兴奋功效。

11. 藿香

藿香（*Agastache rugosus*）为唇形科藿香属植物。原产于亚洲，广泛分布于我国的东北三省、内蒙古、华北、华中、华南及台湾等地。

（1）形态特征

多年生草本，茎直立，叶心状卵形至长圆状披针形，轮伞花序多花，组成顶生的圆筒形穗状花序；花冠淡紫蓝色。成熟小坚果卵状长圆形，褐色。花期 6~9 月；果期 9~11 月（见彩图 17）。

（2）生长习性

喜温暖湿润、阳光充足的环境，怕干旱。苗期喜荫，成株可在全光照下生长。根较耐寒，在北方能越冬；地上部不耐寒，霜降后大量落叶，逐渐枯死。对土壤要求不严，但以土层深厚肥沃而疏松的砂质壤土或壤土为佳。

（3）繁殖与栽培技术要点

北方春季播种在 4 月中下旬育苗。播种前施基肥、整地耙平，作畦。顺畦按行距 25~30cm 开浅沟，沟深 1~1.5cm，浇透水，播种后覆土，稍加镇压。苗高 12~15cm 时按行株距 40m×25cm 定植，浇透定根水。苗高 25~30cm 时培土，结合施肥，一般 6~8 月施 2~3 次，施肥后浇水。宿根移栽（老藿香）极易成活，宿根在第 2 年（5 月）出苗，紧贴地面剪掉冬季枯死的地上残茎，然后浇 1 次稀薄粪水，苗高 9~15cm 时，移栽大田，于雨天或阴天随挖随栽。栽好后立即浇 1 次稀薄的粪水，促进成活。主要病害有褐斑病，发现病株及时拔出，并集中烧毁，发病初期喷施 1∶1∶120 波尔多液防治。主要虫害有银蚊夜蛾、蚜虫、红蜘蛛等为害。

（4）主要利用部位

嫩茎叶、全草。

（5）采收加工

当年收获为新藿香，叶子多，叶片质量好。枝叶茂盛时采割，日晒夜闷，反复至干。用水蒸气蒸馏法提取精油。

（6）精油含量及主要成分

全草精油得率为0.28%，主要化学成分为甲基胡椒酚（80%以上）、柠檬烯、α-蒎烯和β-蒎烯、对伞花烃、芳樟醇等。

（7）用途

多用藿香嫩茎叶及花序作配菜和调菜。藿香全草入药，是知名的芳香健胃、清咳解暑药，有祛风解表、消暑化湿、和中止呕、消肿止痛的功效。

12. 甜牛至

甜牛至（*Origanum majorana*）为唇形科牛至属植物。原产于西伯利亚中部，喜马拉雅山山脉，我国广东、广西、上海等地有引种栽培。

（1）形态特征

多年生草本植物，小叶对生，近圆形；花冠白色至紫红色，花很小，多朵簇生于茎上部，伞房状圆锥花序。种子细小，近圆球形或椭圆形，黑褐色。花期7~9月，果期9~11月（见彩图18）。

（2）生长习性

喜光、喜温暖干爽气候，有一定耐旱力，不耐高温。在肥沃、疏松、排水良好的砂质壤土上生长较好。

（3）繁殖与栽培技术要点

种子繁殖时，播种期一般为3月下旬或4月上旬于露地直播，或保护地育苗移栽。北方冬季生产也可挖起老株分根，移植于保护地栽培；也可用扦插繁殖。栽培方法与牛至接近。梅雨季节注意通风和水分的管理。

（4）主要利用部位

带花序的茎叶。

（5）采收加工

采收开花时的枝叶用水蒸气蒸馏法提取精油。甜牛至枝叶的干燥一般采用低温（40~50℃）烘干，温度过高会降低出油率。

（6）精油含量及主要成分

鲜品的精油得率为0.3%~0.4%；干品的精油得率为0.7%~3.5%。精油的主要化学成分为松油烯、右旋-α-松油醇、松油烯-4-醇等。

（7）用途

一般作调味料，用于菜、肉类的烹饪。茎和叶可作为浴用香草。全草入药，具有防腐、消炎、祛痰等功效。

（8）注意事项

体虚多汗者禁用。心脏病人要注意用量。妊娠期间禁用甜牛至精油。长期使用甜牛至精油会引起困倦。

13. 神香草

神香草（*Hyssopus officinalis*）为唇形科神香草属植物。原产地中海沿岸，我国引进栽培，但未进行大规模商业化种植。

（1）形态特征

多年生草本或半常绿灌木，枝从茎的下方开始分开直立或扩大，叶无柄，线形或披针形，略肉质，两面多数油腺，轮伞花序，花冠浅蓝至紫色，唇形。小坚果距圆状三棱形，平滑。花期 6~9 月。

（2）生长习性

喜光，较耐旱、耐寒，但非常不耐潮湿。对土壤要求不严，有一定的耐盐碱能力，要求排水良好的肥沃土壤，不耐水渍。

（3）繁殖与栽培技术要点

播种、分株、扦插等方式繁殖，均宜春季进行。播种在 4 月进行；扦插在第 2 年春季进行；分株在第 2 年秋季进行。定植后，适当修剪可促多分枝。生长旺盛期需充分浇水。几乎无病虫害。

（4）主要利用部位

植株上部的花序和枝叶。

（5）采收加工

若以摘花为目的，第 1 年只能收获 1 次，从第 2 年开始，分别在 7 月下旬和 8 月下旬可收获 2 次；若以采叶为目的，可随时收获，但 1 次采叶量不得超过整体量的 1/4。栽植成功后，可连续收获 4~5 年。

（6）精油含量及主要成分

鲜神香草枝叶和花序精油得率为 0.07%~0.29%；干神香草枝叶和花序精油得率为 0.3%~0.9%，主要化学成分为甲基丁子香酚、苧烯、β-蒎烯、异松莰酮、1,8-桉叶素等。

（7）用途

神香草是有名的辛香料与芳香植物，可做调味料用于肉制品罐头、酒饮料。叶可制香草茶。神香草入药，具镇静止咳、祛痰抗菌、消炎、止汗的功效；精油有镇定的功能。

（8）注意事项

不同地区或不同品种神香草精油成分差异较大。巴尔干地区产的神香草精油主要成分为丁子香酚和苧烯，而美洲产的神香草精油主要成分为松坎酮类。含酮量高，其毒性、刺激性也高。癫痫症和高血压患者禁用；妊娠期间的妇女禁用。神香草精油药效较强，低剂量使用即可。

14. 香茅

香茅（*Cymbopogon citratus*）为禾本科（Gramineae）香茅属植物。因有柠檬香气，故又称为柠檬草或柠檬香茅。原产西印度群岛，我国广东、广西、福建、台湾、四川、云南、贵州等省区均有栽培。

（1）形态特征

多年生草本植物，具有柠檬香气，植株呈丛生状。叶片宽条形，抱茎生长。顶生总状花序排列成圆锥花序，小花绿色。颖果。花期8~9月（见彩图19）。

（2）生长习性

喜欢阳光充足、温暖的气候条件，对光照要求强烈，长日照和强光对其生长有利；较耐旱，怕积水，但耐寒力较差；适宜在肥沃、疏松、表土深厚、排水良好的偏酸性土壤种植。

（3）繁殖与栽培技术要点

南方扦插繁殖以春植最好。分株繁殖在温暖地区一年四季均可进行；我国北方一般在3~4月进行。选择地势较高、阳光充足的地块作为定植地。将腐熟有机肥结合定植埋入植穴。定植时间一般春植在2~3月，秋植在8~9月。定植行株距一般为80cm×50cm或60cm×60cm，穴深25~30cm，覆土至叶鞘部2~3cm为宜。定植后浇水。在生长期间，及时追施氮、磷、钾肥。因分蘖节逐年上升，应适时培土。一般原地种植时间不宜超过4年。主要病害有香茅叶枯病、香茅大肚病；主要虫害有二化螟、蓟马、蛴螬。

（4）主要利用部位

新鲜或半干的叶。

（5）采收加工

当年定植的植株，经4~5个月即可采收。春季定植，当年可收割2次；夏、秋种植，当年可收割1次。2~4年生香茅，每年可收割4~6次，夏、秋季植株生长快，每隔2个月可收割1次，冬季生长慢，3个月收割1次，但以冬季收割者含油量高。应在晴天收割。干旱季节叶片先端枯黄，叶色由绿变黄，叶长60cm左右即可采割。收割部位应在其叶鞘以上2~3cm处，切忌齐根际处开割。收割后最好当天用水蒸气蒸馏法提取精油。

(6) 精油含量及主要成分

全草精油得率为 0.2%~0.5%，主要化学成分为柠檬醛（70%~80%）及香叶烯（20%）。茎叶精油得率为 1.2%~2.5%，主要化学成分为香叶醇（45%~50%）、香草醛（35%~45%）、香茅醇等。

(7) 用途

香茅茎、叶中提取的精油可用于各种化妆品和用作其他工业上的原料，还可直接用于配制果香食用香精；叶片常用于泰国料理中，可泡茶饮用或用于饮料调味及料理调味中。香茅全草可入药。在我国南方地区，香茅主要用于庭院绿化、花境；北方地区可盆栽。

(8) 注意事项

香茅精油香味浓烈，会刺激敏感性皮肤，使用浓度为 0.5%以下。

15. 岩兰草

岩兰草（*Vetiveria zizanioides*）又名香根草，为禾本科香根属植物。原产印度、斯里兰卡、马来西亚等国，现我国广东、福建、台湾、浙江等地有栽培。在禾本科植物中，岩兰草是唯一用须根提取精油的植物。

(1) 形态特征

多年生草本，须根淡黄色至褐色，发达，能散发出香气——岩兰香，老根颜色较深，具浓郁檀香香味，茎秆坚硬。叶狭长，条形。圆锥花序顶生。秋季为抽穗期。

(2) 生长习性

抗寒能力强、抗旱、耐涝，光照条件要求不高。在降水量 200~6000mm、海拔 260m 以下的地区均可栽培。在我国引种栽培的均不结实。

(3) 繁殖与栽培技术要点

分株繁殖。南方一般在春末夏初，雨季来临后进行种植。选择砂质壤土，施入有机肥，深耕细作，按行株距 30cm×30cm，将掰开的植株直接种植。种植后及时浇水。中耕除草在 4~6 月间进行 2~3 次。叶片长至 1m 左右，无需除草。为提高产量，生长中期（6 月）可追肥 1 次。在冬暖地区种植 1 年半收获，可追肥 3~4 次。种植岩兰草最好不要连作，即使连作也不要超过 3 年，否则病虫害增多，产量下降。虫害主要为白蚁危害根系。

(4) 主要利用部位

干燥的须根。

(5) 采收加工

采收时间以香根草种植 1 年或 1 年半以上为宜。热带地区均在夏季收获。我国一般栽培 8~10 个月就收获，均在 11 月左右进行采收。在爪哇、留尼旺岛栽培的香根草均需经18个月的生长期才收获。香根草精油质量与种植时间长短有较大关系，根龄长，精油质量较好，香气浓郁。而种植3年以上，其根精油含量反而下降。收获时将根挖出，用水将根系上的泥土清洗干净，在通风处阴干，打包贮藏，贮藏时间不宜过长，否则精油得率降低。

（6）精油含量及主要成分

岩兰草干根精油得率为2.0%~4.0%，主要化学成分为α-岩兰草酮、β-岩兰草酮、岩兰草酮、岩兰草酸、岩兰草烯、苯甲酸等。

（7）用途

岩兰草精油常用作定香剂，调和于化妆品及皂用香精中。刈割下来的嫩鲜草可作饲料。岩兰草除用作水土保持外，还可用来稳定地形，加固大坝、渠道、田埂道路，保护河堤等。

（8）注意事项

岩兰草精油气味强烈，1%以下浓度使用。

16. 灵香草

灵香草（*Lysimachia foenum-graecum*）为报春花科（Primulaceae）珍珠菜属植物。在我国主要分布于西南、华南及湖北等省区，主要利用野生资源。近年来广西、广东、云南、贵州等地已开始引种栽培。

（1）形态特征

多年生草本植物，全株平滑无毛，干后有浓烈香气。茎草质，具棱。单叶互生，广卵形至椭圆形。花单出腋生；花冠黄色。蒴果近球形，果皮灰白色；种子细小，多数，黑褐色。花期5月，果期8~9月。

（2）生长习性

要求夏季凉爽，冬无严寒；土壤常年湿润，土壤含水量大于40%。耐阴。在土质肥沃、疏松透气、排水良好、偏酸性（pH 6.8~7.0）土壤上生长良好，产量高且品质好。

（3）繁殖与栽培技术要点

扦插繁殖全年均可进行，在秋季进行扦插成活率高。最好选择连续阴雨天进行扦插。插穗按行株距10cm×8cm栽植。扦插前整地，将林下荫蔽度控制在70%~80%。耕翻土地，深度为5~7cm，作畦，整好待用。定植后郁闭前，应及时除草。灵香草性喜洁净，不耐污染，最忌使用人畜粪尿肥或带有臭味的腐肥；缺肥可用0.5%~1%的氮、磷、钾复合肥进行叶面喷施。主要病害有细菌性软腐病和排草斑枯病；主要虫害有象甲和黄守瓜。

（4）主要利用部位

全草。

（5）采收加工

灵香草植株停止生长之后，约 11 月间进行采收，为保证继续生产，可只采收地上部分，从地上部 10～15cm 处割取，捆成整齐小捆后，用竹竿挂起，置于阴凉干燥、通风良好处。

（6）精油含量及主要成分

全草精油得率为 0.21%，主要化学成分为 β-芹子烯、β-蒎烯、癸烯酸甲酯、癸酸甲酯、香树烯、十一酮-2、丁酸戊酯、反-β-金合欢烯等。

（7）用途

灵香草为名贵的芳香植物，有杀菌、消炎、提神等功效。精油广泛用于高级香烟、酒类、食品、化妆品及日用品的调香。全草可入药。灵香草还可用来香化居室、身体，缝制荷包等。

（8）注意事项

得升麻、细辛善。不宜多服，令人气喘。(《海药本草》)

17. 香堇菜

香堇菜（*Viola odorata*）又名紫罗兰，为堇菜科（Violaceae）堇菜属植物。原产欧洲，我国江苏、浙江、云南、四川、福建等省均有栽培。

（1）形态特征

多年生草本，根状茎肥厚，地上部有匍匐茎。叶近圆形，稀为肾形，或宽卵形。花大，芳香，深青紫色，花瓣 5 片，下垂。蒴果球形，被短绒毛。种子多数。花期 3 月和 10 月，果期 3～5 月。

（2）生长习性

性喜冷凉或温暖气候，耐寒性强。半阴性植物。要求肥沃疏松、湿润的砂质壤土。

（3）繁殖与栽培技术要点

种子嫌光。播种适期为秋至初冬。分株繁殖时，在冬季挖出根茎，剪去须根，将 1 丛分为数丛作为种苗。扦插繁殖在 4～11 月，将地上部匍匐茎剪成枝条扦插于苗床，行株距为 5cm×5cm，扦插后保持土壤湿润。定植前土壤施入适量有机肥，深耕耙平，作畦。种植行株距为 20cm×20cm。分根苗在冬季随挖随种；扦插苗在春、秋两季定植。一般从根、叶开始生长起，每隔 15～20d 追肥 1 次；收割后，应及时追肥。少施氮肥，以免影响开花。种植初期和收割后，浅锄松土。如种植地没有树荫，可在田间种植蓖麻，借以遮阴。主要病害有细菌引起的溃疡病；主要虫害有蚜虫、蓟马、潜叶蝇等。

（4）主要利用部位

花和叶。

（5）采收加工

收花是在3月和10月，以3月花量较多。鲜叶一般在春、秋两季采收，每年收3~4次。鲜叶采收后，除去杂质，适当阴干后加工。加工方法：鲜花和干叶均用溶剂（石油醚，沸点60~70℃）浸提法提取，除去溶剂后获得浸膏。叶浸膏溶解于乙醇中，在冷冻条件下浸提、过滤、浸液浓缩，除去乙醇，得香堇菜叶净油。香堇菜叶浸膏用水蒸气蒸馏，可得香堇菜叶精油。

（6）精油含量及主要成分

花精油得率为0.07%~0.12%，主要化学成分为香堇花酮、丁香酚和苄醇等；叶精油得率为0.09%~0.12%，主要化学成分为堇叶醛和丁香酚；香堇菜花和叶净油的主要化学成分为丁香酚、苄醇、异紫罗兰酮、紫罗兰叶醛、紫罗兰叶醇、紫罗兰酮、乙醇、辛烯醇、庚烯醇等。

（7）用途

香堇菜浸膏可配制花香和青香型香精，用于高级化妆品、香皂、香水等。花是甜点心、甜香酒的调味品。叶和花入药，有杀菌、镇痛、止咳之效。香堇菜可作为庭院花坛、花境栽植。

（8）注意事项

纯的香堇菜净油会造成过敏，要相当注意。

18. 艾蒿

艾蒿（*Artemisia argyi*）的中药名为艾叶，为菊科蒿属植物。我国各地均有分布，全国大部分地区均有栽培。

（1）形态特征

多年生草本，植株有浓烈香气，茎直立，外被灰白色软毛；叶片卵状椭圆形，羽状深裂，正面深绿色，背面灰绿色。头状花序；花色有红色、淡黄色或淡褐色。瘦果长卵形或长圆形。花期7~10月，果期9~11月（见彩图20）。

（2）生长习性

喜温暖、阳光，忌水渍，不耐荫蔽。对土壤条件要求不严，但在阳光充足、土壤肥沃松润及排水良好的砂质壤土及壤土上生长良好。

（3）繁殖与栽培技术要点

分株繁殖为主。秋后进行深翻18~20cm。春季将基肥翻入土中，耙细整平，作畦。3~4月挖取全株，根据分蘖情况分成数株，移栽于大田，定植行株距25cm×25cm。苗期注意除草管理，一般每年3~4次，适时中耕、培土。一般5月中、下旬浇1次透水较好，6月下旬可浇1次水，开花到成熟时再浇1次水。以采收艾叶为目的的，从7月中旬开始，在花序抽出1~2cm时陆续将抽出的花序摘掉，叶片生长旺盛。较少发生病害；主要害虫为蚜虫。

（4）主要利用部位

茎叶。

（5）采收加工

以采收鲜嫩株头及嫩叶为目的的，每年4月下旬采收第1茬，每年可采收4~5茬。以采收艾蒿叶为目的的，于5~7月艾蒿开花前采摘，切段后，立即用水蒸气蒸馏法提取精油。

（6）精油含量及主要成分

水蒸气蒸馏法提取的艾蒿精油得率为0.50%~1.00%，主要化学成分为β-侧柏酮。

（7）用途

艾蒿精油主要用于调配香精、肥皂香精等。艾蒿鲜嫩茎叶可做蔬菜食用。艾蒿叶具暖宫安胎、调经止血、散寒除湿等功效，还具抗菌、抗病毒作用。

（8）注意事项

孕妇禁止使用艾蒿精油。艾蒿精油（香味成分）使用过多，会对神经有抑制作用。

19. 菊花

菊花（*Dendranthema morifolium*）为菊科菊属植物。原产我国，现已遍至全球。

（1）形态特征

多年生草本，地上茎多分枝。单叶互生，卵形，边缘有缺刻。头状花序单生或数个集生于茎枝顶端；花色丰富多彩。花期9~11月。雄蕊、雌蕊和果实多不发育（见彩图21）。

（2）生长习性

喜温暖湿润和阳光充足的环境，耐寒性强，不耐高温和干旱，怕积水和大风，忌强光暴晒。喜地势高燥、土层深厚、富含腐殖质、肥沃而排水良好的砂质壤土，在微酸性到中性的土壤中均能生长，而以pH 6.2~6.7较好。忌连作。短日照植物。

（3）繁殖与栽培技术要点

扦插繁殖在4~5月进行。分株在清明前后进行。播种为春播。春季菊花苗幼小，浇水宜少；夏季菊苗长大，浇水要充足；立秋前要适当控水、控肥；立秋后开花前，要加大浇水量并开始施肥；冬季花枝基本停止生长，严格控制浇水。菊花植株定植时，要施足底肥。以后隔10d施1次氮肥。立秋后自菊花孕蕾到现蕾，每周施1次稍浓肥水；含苞待放时，再施1次浓肥水后，即暂停施肥。主要病害有斑枯病、枯萎病等；主要的害虫有蚜虫类、蓟马类。

（4）主要利用部位

花。

（5）采收加工

花期采收花朵，采收的花朵忌挤压，不要长时间堆放在一起，注意通风。采摘后及时用水蒸气蒸馏法提取精油。

（6）精油含量及主要成分

花中精油得率大多在4%以下。品种、栽培类型、产地不同，其主要化学成分也存在差异。以安徽歙县产的早贡菊花精油为例，主要化学成分为马鞭草烯醇乙酯、α-姜黄烯、β-倍半水芹烯、β-金合欢烯、桉叶素等。

（7）用途

菊花入药，具有明目、清热、解毒之功效。菊花浸膏和精油可用于花香型日用香精，广泛用于食品行业和烟草工业产品的加香。

（8）注意事项

气虚胃寒，食少泄泻者慎用。

20. 罗马洋甘菊

罗马洋甘菊（*Anthemis nobilis*）为菊科春黄菊属植物。原产于地中海沿岸和伊朗，我国亦有少量栽培。

（1）形态特征

多年生草本。叶片矩形，羽状深裂，裂片篦齿状，三角状披针形。头状花序；雌花舌状，银白色，两性花筒状，黄色。瘦果四棱形，稍扁，具条沟。花期5~6月，果期6~7月。

（2）生长习性

喜光、喜温暖干爽气候，既耐寒，又耐热。生长期间要求阳光充足，在短日照及较高温度（32℃）下开花结果。以肥沃、疏松、排水良好的砂质壤土最好，忌积水和连作。

（3）繁殖与栽培技术要点

根茎分株或扦插繁殖。平常要维持通风良好。种子直播，每穴2~3粒，植株间距15~25cm，2~3个月施肥1次，充分浇水，有利生长。

（4）主要利用部位

花蕾和初开的花。

（5）采收加工

舌状花开展时，即可采摘。采摘时，宜在晴天上午露水干后进行。采摘头状花序要轻，不要拉断植株。采收后的花朵，摊开晒干或在 60℃ 以下的低温干燥机中烘干。干花或鲜花均可用水蒸气蒸馏法提取精油。

（6）精油含量及主要成分

干花或鲜花用水蒸气蒸馏法提取精油得率为 0.32%~1%，主要化学成分为当归酸甲代烯丙酯、异戊酸异戊烯酯、异丁酸异戊烯酯、当归酸-2--甲基丁酯、当归酸异戊酯、反-松香芹醇、松香芹酮等。

（7）用途

罗马洋甘菊精油有清热、解毒、镇静的功能。洋甘菊精油是一种温和的精油，非常适合儿童使用。罗马洋甘菊精油可治疗多种皮肤问题，如皮肤过敏、皮肤干燥、脱皮、发痒、红斑等。

（8）注意事项

罗马洋甘菊精油有调节月经的作用，因此妊娠期间禁用。对少数过敏性体质的人会引起哮喘问题，建议 0.5%~1%低浓度使用。伤口红肿应冷敷使用。勿与艾草类精油弄混（色泽相同）。

21. 云木香

云木香（*Saussurea costus*）为菊科风毛菊属植物。原产印度，我国主产云南丽江纳西族自治县、鲁甸县等地。

（1）形态特征

多年生草本，主根圆柱形，具有特异香气。基生叶大型，三角状卵形或长三角形；茎生叶较小，广椭圆形。头状花序；花全为管状花，暗紫色。瘦果线形，上端着生一轮黄色直立的羽状冠毛。花期 5~8 月，果期 9~10 月。

（2）生长习性

种子发芽最适温度为 15℃ 左右。根入土深度一般为 30~50cm。需土层深厚、土质疏松、排水良好的砂质壤土或腐殖质土。土壤 pH 以 6~7 为宜。

（3）繁殖与栽培技术要点

春、秋季均可播种。苗期需间苗 2 次，第 1 次在苗高 5cm 左右进行；第 2 次当苗长出 4 片真叶时，间隔 15cm。定植后，中耕除草。生长 2 年后，7~8 月结合中耕除草，打老叶。播后第 2 年的 5 月左右，部分植株抽薹，应在刚抽薹时割掉。第 1、2 年秋天根部均需培土。主要病害为根腐病，生长期注意排水，可避免发生；主要虫害为介壳虫。

（4）主要利用部位

根。

（5）采收加工

播种后 2~3 年，在 10 月左右，茎叶枯黄后挖根，挖出的根待稍干后，切成短段，晒干。晒时注意防霜冻。用水蒸气蒸馏法提取精油。

（6）精油含量及主要成分

根精油得率为0.3%~3.0%，主要化学成分为木香内酯、二氢木香内酯、α-木香醇、α-木香酸、风毛菊内酯、去氢木香内酯、异去氢木香内酯、异土氢木香内酯等。

（7）用途

云木香精油可作调和香料的原料，用作高级香水与化妆品香精。干、根及油供药用，有健胃、安神、止痛和安胎的功效。

22. 香叶天竺葵

香叶天竺葵（*Pelargonium graveolens*）又名香叶，为牻牛儿苗科（Geraniaceae）天竺葵属植物。原产南非，我国以云南、四川两省栽培面积最大。

（1）形态特征

多年生常绿草本植物，叶具浓厚香味。叶对生，宽心形至近圆形，掌状深裂，深裂片再羽状深裂或浅裂；伞形花序。蒴果，果成熟时5瓣开裂，内含种子1枚。花果期3~6月（见彩图22）。

（2）生长习性

喜温暖气候，怕涝。日照对香叶天竺葵的发育和精油含量起重要作用，年日照1100~1300h地区，基本能满足生长要求，1500h以上，含油量明显增加。

（3）繁殖与栽培技术要点

扦插繁殖为主，以2~3月和9~11月扦插最好。土壤施足基肥后深翻，整细作畦。定植在春季进行。行株距50cm×40cm或60cm×50cm。幼苗长到10~15cm高时，摘心打顶，花谢后及时剪除残花。整个生长过程中，需及时中耕除草。春、秋季浅耕，夏季切忌深耕，越冬时可深翻耕。高温高湿情况下，易发生根腐病；主要虫害为蚜虫和红蜘蛛，但危害不大。

（4）主要利用部位

叶片、嫩茎和花朵。

（5）采收加工

以采收香叶天竺葵嫩枝叶蒸馏精油为目的的，一般地面大部分被植株遮盖，有较浓郁的玫瑰香气时即可采收。以重庆为例，每年可采收4~5次。一般以2~3年的植株生长最为旺盛。用水蒸气蒸馏法提取精油。

（6）精油含量及主要成分

茎叶精油得率为0.10%~0.20%，主要化学成分为香茅醇、甲酸香茅醇、香叶醇、甲酸香叶酯、玫瑰醚、芳樟醇、氧化芳樟醇等。

(7) 用途

茎叶提取的精油主要用于香皂、化妆品等。全草可入药，有祛风除湿、散寒止痛的功效。香叶天竺葵是绿化、美化、香化阳台、窗台、平台的极好盆栽花卉。

(8) 注意事项

怀孕期间禁止使用香叶天竺葵精油。

23. 鸭儿芹

鸭儿芹（*Cryptotaenia japonica*）为伞形科鸭儿芹属植物。朝鲜、中国、日本和北美洲的东部地区都有广泛分布。

(1) 形态特征

多年生草本，全株有香气。茎直立，具叉状分枝。叶互生，三出复叶。花瓣白色，复伞形花序呈圆锥状。双悬果长椭圆形，黑褐色。花期 4~5 月，果期 6~10 月。

(2) 生长习性

喜冷凉气候，不耐高温，较耐低温。对光照强度要求较低。对土壤要求不严，适生于土壤肥沃、有机质丰富、结构疏松、通气良好、环境阴湿、微酸性的砂质壤土。

(3) 繁殖与栽培技术要点

播前需对种子进行催芽处理。宜采用育苗盘育苗。苗高 5~6cm 时，移栽定植，行株距 12cm×10cm。整地作畦，定植后浇足水分，并结合追肥进行中耕除草。夏季高温季节，由于温度高，光照强，应做好遮阳降温工作。鸭儿芹抗病虫害能力较强，一般较少发生病虫危害。高温高湿的梅雨季节，有时会发生腐烂病，此时，一方面要加强开沟排水；另一方面在初发生时，拔除病株，控制蔓延。

(4) 主要利用部位

全草。

(5) 采收加工

春秋季节生长的，当株高 30~35cm 收获为宜，夏季高温下生长的，达 25cm 以上即可收获。

(6) 精油含量及主要成分

干燥鸭儿芹全草精油得率为 3.10%，主要化学成分为鸭芹烯、开加烯、开加醇等。

(7) 用途

采摘嫩苗及嫩茎叶作蔬菜，为餐厅的高级菜肴。鸭儿芹全草具有消炎、解毒、活血、消肿之功效，治肺炎肺肿、风寒感冒、带状泡疹等症。

24. 茴香

茴香（*Foeniculum vulgare*）为伞形科茴香属植物。原产地中海地区，我国主产区为甘肃、内蒙古、山西等省区。

（1）形态特征

多年生草本，全株有强烈香气。叶卵圆形至广三角形，三至四回羽状分裂，末回裂片线形至丝状。复伞形花序；花黄色。双悬果卵状长圆形。花期5~7月，果期7~9月（见彩图23至彩图25）。

（2）生长习性

喜冷凉气候，喜潮湿，忌积水，耐盐碱。喜阳光充足，年降水量1000mm和年平均相对湿度70%~85%的地区生长最好。对光照强度要求不严格，但在长日照条件下易抽薹开花。

（3）繁殖与栽培技术要点

南方春播2~3月，秋播9~10月；北方4月上旬播种。幼苗高15cm左右间苗。苗高20~23cm时，留苗1株定苗。以采收果实为目的的，通常植株生长前期追施氮肥，生长后期宜多施磷、钾肥。多年生栽培地区，种植后第2年春季出苗前追施。每年进行2~4次除草松土。幼苗期宜浅锄，以后可稍深些。主要虫害是凤蝶幼虫和蚜虫。

（4）主要利用部位

果实（籽实）。

（5）采收

7~9月果实成熟时采收，将果实晒干，去杂。果实加工前均需破碎，直接用水蒸气蒸馏法提取精油，或将果实压榨提取脂肪油后，再将饼粕用水蒸气蒸馏法提取精油。

（6）精油含量及主要成分

果实精油得率为3%~8%，主要化学成分为反-茴香脑、柠檬烯。根含精油，主要化学成分为莳萝芹菜脑。

（7）用途

茴香精油可用于食品腌渍、烟、糕点泡菜和配制牙膏、香水及化妆品、酒类、糖果等。鲜茎叶可作蔬菜食用。果实和全草均可入药，具有驱风行气、祛寒、止痛健脾、促进消化、健胃、祛痰、利尿、解毒之功效。种子蒸馏后残杂中含有4%~20%蛋白质和2%~18.3%油脂，是很好的饲料。茴香还是夏季蜜源植物之一。

（8）注意事项

不可让6岁以下儿童使用茴香精油，因其中含有某些微量化学成分（黑色烯素）

会伤害儿童。过敏性肌肤需小心使用茴香精油。癫痫患者不能使用茴香精油。雌激素水平较高者、患有乳腺癌妇女、肾病（包括肾结石）患者以及妊娠妇女禁用茴香精油。绝对不可使用苦茴香萃取的精油，因为苦茴香精油有毒。

25. 芸香

芸香（*Ruta graveolens*）为芸香科（Rutaceae）芸香属植物。原产南欧和地中海沿岸地区，我国主要栽培于长江流域以南各地。

（1）形态特征

多年生草本，全株有浓烈香气。叶互生，2~3 回羽状复叶。花小，排成顶生直立的聚伞花序，黄色至黄绿色。蒴果，种子肾形，种皮有瘤状凸起。花期 5 月，果期 7~8月（见彩图 26）。

（2）生长习性

性喜温暖、光照充足的气候。对土壤要求不严，以水肥条件较好的壤土或砂质黄壤、黄红壤较适宜。

（3）繁殖与栽培技术要点

种子春、秋两季均可播种，以秋播为好。扦插繁殖时，取 2~4 年生健壮枝条，剪成小段，斜插于苗床。春插者当年秋季可出圃，秋插者可于翌年春季出圃。种植地深翻，整地作畦。春播可在当年秋季或第 2 年春季定植，秋播一般在第 2 年春季定植，行株距 50cm ×30cm。苗高 8~12cm 时，浅耕除草，追施苗肥。2~4 年生植株，每年 4、6、10 月，中耕除草和追肥各 1 次，栽培周期一般 3~4 年需翻蔸更新，忌连作。主要病害为根腐病；主要虫害为蚜虫和凤蝶幼虫等。

（4）主要利用部位

枝叶。

（5）采收加工

采收时，用收割机械从根颈以上 10cm 处割取地上部分。采收期一般在 7~8 月，每年收割 1 次。收割后立即将鲜草运至加工地点，及时加工。

（6）精油含量及主要成分

水蒸气蒸馏法提取全草精油得率为 0.06%~0.09%，主要化学成分为 2-壬酮、2-十一酮、2-壬醇、2-十一醇、乙酸酯等。

（7）用途

芸香精油中壬酮含量较高，在香料工业中以其为中间体合成其他香料。芸香叶有清热解毒、散瘀止痛、解痉开窍、通经活络的功效。芸香花朵是插花的好素材。

（8）注意事项

孕妇不宜服食芸香茎。

知识拓展

罗马洋甘菊与德国洋甘菊虽均为菊科植物，但属不同，精油主要化学成分、精油颜色、精油功效等方面均不同（表 10-1）。

表 10-1 罗马洋甘菊与德国洋甘菊的区别

项　目	罗马洋甘菊	德国洋甘菊
科　属	菊科黄春菊属	菊科母菊属
精油主要化学成分	甲基酪胺醚和芷酸甲基丁烯醚占 80% 以上，当归酸异丁酯，松香芹酮，母菊薁	母菊薁，金合欢烯
精油颜色	淡蓝色，久储可变黄绿色	深蓝色
精油功效	德国洋甘菊的消炎止痛及抗过敏功效优于罗马洋甘菊	

小　结

本章介绍了铃兰、荊芥、夏枯草、香紫苏、鼠尾草、薄荷、欧薄荷、薰衣草、香蜂草、广藿香、藿香、甜牛至、神香草、香茅、岩兰草、灵香草、香堇菜、艾蒿、菊花、罗马洋甘菊、云木香、香叶天竺葵、鸭儿芹、茴香、芸香 25 种宿根芳香植物的形态特征、生长习性、繁殖及栽培技术要点、主要利用部位、采收加工、精油含量及主要成分、用途及注意事项。

复习思考题

试列举其他常见的宿根芳香植物。

推荐阅读书目

1. 中国芳香植物．王羽梅．科学出版社，2008.
2. 中国芳香植物精油成分手册（上、中、下册）．王羽梅．华中科技大学出版社，2015.
3. 芳香疗法和芳疗植物．张卫明，袁昌齐，张茹云等．东南大学出版社，2009.
4. 药用植物规范化种植．马微微，霍俊伟．化学工业出版社，2011.

第11章

常见球根芳香植物

球根芳香植物是植株地下部的茎或根发生变态或膨大的一类多年生草本芳香植物。球根芳香植物因变态部位不同分为块根类、球茎类、块茎类、鳞茎类及根茎类。球根花卉种类繁多，原产地涉及温带、亚热带和部分热带地区，因此生长习性各不相同。

1. 风信子

风信子（*Hyacinthus orientalis*）为百合科风信子属植物。原产欧洲、非洲南部和小亚细亚一带。目前，风信子在世界各地广泛栽培。

（1）形态特征

地下鳞茎球形或扁球形，外被皮膜呈紫蓝色或白色。叶带状披针形。总状花序，小花 10~20 余朵密生。花具香味，多色。蒴果，三棱。花期 3~4 月，果熟期 6~7 月。

（2）生长习性

性耐寒，喜凉爽、空气湿润、阳光充足的环境，忌高温，喜肥，要求排水良好的砂质土。

（3）繁殖与栽培技术要点

分栽小鳞茎繁殖为主。风信子不易形成子球，可采用刻伤法促使子球形成。刻伤法是在鳞茎起球后 1 个月，将鳞茎用 0.1%升汞溶液浸泡 20~30min 消毒，再用小刀将鳞茎底部切割成十字形，切口深达球高的 1/2~2/3。在伤口处产生小鳞茎。选择适宜地块于 9~10 月种植。种植深度为 10cm，北方寒冷地区种植深度为 15~20cm。种后灌水。冬季及开花前追施 1~2 次稀薄饼肥水。常见病害有软腐病、菌核病，种植前基质和种球严格消毒。

（4）主要利用部位

花。

（5）采收加工

采花时，为了保证花的质量，花伸出种球外至少 5cm 时才能采收。

（6）精油含量及主要成分

鲜花精油得率 0.15%~0.25%，主要化学成分为卞醇、乙酸卞酯、苯甲酸卞酯苯乙醇、甲基丁子香酚、1,2,4-三甲基苯、苯甲酸苯乙酯等。

（7）用途

风信子浸膏和精油只适用于高档加香制品中。风信子是春季布置花坛、花境及草坪边缘的优良球根花卉，还是切花的良好材料。

2. 蒜

蒜（*Allium sativum*）为百合科葱属植物。原产西亚和欧洲，现在大蒜在世界各地广泛栽培。

（1）形态特征

全株具浓烈蒜臭气味。鳞茎多为扁圆形或扁球形，具肉质蒜瓣 6~10 瓣，全部包藏于膜质鳞被内。叶片扁平线形。伞形花序生于花葶顶端；花灰白或浅绿至浅紫色。花期 5~6 月，果期 6~7 月（见彩图 27）。

（2）生长习性

喜冷凉、喜湿，耐肥，怕旱。在短日照而冷凉的环境下，只适合叶茎生长，鳞芽形成将受到抑制。对土壤要求不严格，但以富含腐殖质而肥沃的壤土为最好。

（3）繁殖与栽培技术要点

秋播大蒜多在 9~10 月进行，第 2 年 5~6 月收获。春播大蒜在 2 月下旬至 4 月上旬进行，6 月下旬至 7 月上中旬收获。忌连作或与其他葱属重茬。播种宁早勿晚，以利于蒜薹发育和鳞茎的形成。大蒜在萌芽期，一般不需要较多水肥，主要是中耕松土，提高地温，促根催苗。幼苗前期要适当控制灌水。

（4）主要利用部位

鳞茎。

（5）采收加工

鳞茎采收后，破碎，以 7 倍水（50~60℃）浸渍，发酵 3h，用水蒸气蒸馏法获得大蒜精油。

（6）精油含量及主要成分

鳞茎精油得率为 0.20%~0.50%，主要化学成分为 3-乙烯基-1,2-二硫杂-5-环己烯、3-乙烯基-1,2-二硫杂-4-环己烯、二烯丙基二硫醚、二烯丙基三硫醚、甲基烯丙基四硫醚、4-乙烯基-1,2,3-二硫杂-5-环己烯等。

（7）用途

大蒜鳞茎可用以佐餐，还能做各种腌渍品、调料和大蒜粉等。蒜油可作调味品和香料。药用方面，蒜油临床应用有抗菌消炎、止痢，防治流感、肠炎、痢疾及病原虫感染性疾病等。

（8）注意事项

婴幼儿或哺乳期的母亲不要服用大蒜油，可能引起婴儿腹痛。有些人，以大蒜油搽拭皮肤可能会造成灼伤或刺激皮肤。

3. 玉簪

玉簪（*Hosta plantaginea*）为百合科玉簪属植物。原产我国及日本，欧美各国园林多有栽培。

（1）形态特征

根状茎粗大。叶卵形至心状卵形，平行脉。总状花序顶生；花白色，管状漏斗形。蒴果三棱状圆柱形。花期6~7月，开花时芳香袭人，花在夜间开放。

（2）生长习性

耐寒冷，喜阴湿，典型阴性植物，生长季节过于干旱或强光均可使叶片枯黄。要求土层深厚、疏松肥沃及排水良好的砂质壤土。

（3）繁殖与栽培技术要点

分株繁殖于春季4~5月或秋季10~11月间进行。播种繁殖时，种子可与2/3的细沙混匀后播于苗床，覆盖细土1~1.5cm，春季将小苗移栽。在春季或开花前施用氮肥及少量磷肥，则叶绿而花茂。夏季应注意防除危害茎、叶的蜗牛和蛞蝓。

（4）主要利用部位

花、全草、根茎。

（5）采收加工

采收的鲜花避免揉搓，摊开，置阴凉通风处，待集中后，提取精油或芳香浸膏。

（6）精油含量及主要成分

鲜花含精油，主要化学成分为2-羟基苯甲酸甲酯、1,8-桉叶油素、苯甲酸甲酯、丁香酚甲醚、壬醛、柠檬烯、苯甲醛、α-蒎烯、癸烷等。

（7）用途

鲜花含精油，用于化妆品香精中。全草及根茎均入药，花有利尿作用；根、叶外用可治乳腺炎、疮痈和中耳炎等症。

4. 土木香

土木香（*Inula helenium*）为菊科旋覆花属植物。原产欧亚大陆，我国新疆有分布，河北、浙江、四川等地有栽培。

（1）形态特征

根茎块状。基生叶大，椭圆状披针形；茎生叶小，无柄。头状花序数个排成伞房状；花黄色，舌状花雌性，管状花两性。瘦果有棱角。花期5~7月，果期7~9月。

（2）生长习性

喜温和干爽的气候环境。对土壤要求不严，喜湿润和排水良好的砂质壤土。

（3）繁殖与栽培技术要点

选向阳、湿润、土壤肥沃的地块栽培。种子繁殖或分株繁殖。种子繁殖在春季播种，分株繁殖在春季或秋季进行。中耕除草时不宜深锄。发现花茎宜立即摘除。易倒伏，有时需设支架。

（4）主要利用部位

肉质根。

（5）采收加工

一般种植 2~3 年后采收，在植株落叶后进行。可连根拔起，切取根部，抖去泥土，洗净，切段，晒干。干燥的根经粉碎处理后，用水蒸气蒸馏 14~15h 提取精油。

（6）精油含量及主要成分

干燥肉质根精油得率为 0.90%~2.10%，主要化学成分为土木香内酯、异土木香内酯、三氢土木香内酯、二氢异土木香内酯等。

（7）用途

根中精油供制调和香精、制酒、饮料的赋香剂。干燥根可直接食用，也可做菜。根入药，有抗菌止咳、增进食欲、健脾和胃、调气解郁等功效。土木香还是美丽的观赏植物。

5. 姜

姜（*Zingiber officinale*）为姜科（Zingiberaceae）姜属植物。原产印度尼西亚、马来西亚、印度和中国等热带多雨地区。姜在我国的栽培颇为广泛，以四川、湖北、湖南、江苏、浙江等省区最为集中。

（1）形态特征

根状茎肥厚，有芳香及辛辣味。叶披针形或线状披针形。穗状花序椭圆形；花冠黄绿色。蒴果长圆形；种子小，具黑色角。花期夏秋季（见彩图 28）。

（2）生长习性

喜温暖湿润，较耐高温，不耐寒冷、怕霜冻。根茎的膨大需黑暗环境。对土壤要求不严，以土层深厚、土质疏松、有机质丰富、通气排水良好、pH 为 5~7 的砂质壤土最为适宜。生姜不宜连作。

（3）繁殖与栽培技术要点

根茎繁殖。栽种前晒种 2~3d 后催芽处理。芽长 1cm 左右即可栽种。出芽后将种姜分成小块，每块有壮芽 1~2 个，供播种用。南方采用高畦栽种；北方多采用沟种。行株距为（35~40）cm×（20~25）cm，深 10~15cm，覆盖细土 8~10cm。幼苗前期要少量浇水，土壤保持湿润即可；幼苗后期适当增加浇水次数；立秋后需保证充足水分，收获前 1 周停止浇水。苗高 15~25cm 时，第 1 次追肥；夏至到立秋前后，要多次追肥。根茎开始膨大时，结合追肥和除草进行第 1 次培土，以后可结合浇水或追肥，进行第 2 次、第 3 次培土。腐烂病是姜最严重的病害；虫害为姜螟。

（4）主要利用部位

地下根茎。

（5）采收加工

姜（根茎）收获时间因使用目的不同而异。上市或加工用的生姜，宜在地上部茎叶枯黄、根茎停止生长时采收。初霜来临之前，必须收获完毕。新鲜块茎清洗后切片，立即进行水蒸气蒸馏，或冷榨再蒸馏提取精油。蒸馏时间约 20h。

（6）精油含量及主要成分

根茎精油得率为 0.16%~8.00%，据报道贵州产生姜，主要化学成分为 β-姜烯、β-侧柏烯、莰烯、龙脑、β-水芹烯、金合欢烯、α-蒎烯等。湖北来凤产生姜，主要化学成分为 α-姜黄烯、α-蒎烯、莰烯、β-水芹烯、β-月桂烯等。

（7）用途

根茎入药，具有发汗祛寒、温肺止咳、温中止吐的功效。姜油可用于加工化妆品、香皂等日用香精的调香剂及医药保健品等。姜的根茎为常用的刺激性调味品，也是制造姜汁、姜油、姜酒、姜糖等的原料。

（8）注意事项

阴虚内热及实热证者禁服。血热妄行者忌服。孕妇慎服。姜精油会引发敏感性皮肤过敏，有轻度的光过敏反应。

6. 姜花

姜花（*Hedychium coronarium*）为姜科姜花属植物。原产于亚洲热带地区，我国分布于云南、四川、广东、广西，特别是珠江三角洲一带。

（1）形态特征

地下根茎横走，味辣如姜。叶矩圆状或披针形。穗状花序，椭圆形或卵形；花白色，极芳香。蒴果卵状三棱形，微黄绿色；种子鲜红色。花期 7~9 月，果期 10 月。

（2）生长习性

性喜温暖、湿润的气候和稍阴环境。不耐寒，忌霜冻。宜土层深厚、疏松肥沃而又排水好的壤土。广州地区极少结实。

（3）繁殖与栽培技术要点

分株法繁殖，3~4 年分株繁殖 1 次。繁殖时，一般在春季萌芽前挖取根茎，将有芽的根茎切成带 2~3 个芽的茎段，切口涂以草木灰或硫黄粉，放置于阴凉处，待其切口收缩即可定植，定植行株距 30cm×30cm。定植前施足底肥、浇足底水。生长期间经常保持土壤湿润，积水时注意排水。春夏间追施 1~2 次腐熟、稀薄氮肥，中耕除草 2~3 次。

(4) 主要利用部位

花序。

(5) 采收加工

待花序充分膨大，花苞外露，顶部有 1~2 朵花刚开时采收，采收时间以 9：00 前为宜，也可在傍晚采收。采收的花序及时用水蒸气蒸馏法提取精油。

(6) 精油含量及主要成分

姜花花序精油得率为 0.416%~0.842%，主要化学成分为 1,8-桉叶油素、芳樟醇、β-罗勒烯、苯甲酸甲酯、β-月桂烯、3-（4,8-二甲基-3,7-壬二烯基）呋喃等。

(7) 用途

姜花精油可作食品添香剂，也可配制成香水、沐浴露、护肤品、洗发水等。花朵晒干后泡茶饮用。园林中可群植、丛植，或于林下孤植观赏。姜花是非常有前途的鲜切花种类。

(8) 注意事项

血虚无气滞血瘀者慎用。孕妇忌用。

7. 小豆蔻

小豆蔻（*Elettaria cardamomum*）为姜科小豆蔻属植物。主产越南、斯里兰卡和印度南部的马拉巴海岸，我国海南有引种。

(1) 形态特征

根茎粗壮，棕红色。叶片狭长披针状。穗状花序，花冠白色。果实长卵圆形。种子团分 3 瓣，每瓣种子 5~9 枚，种子气味芳香而浓烈。

(2) 生长习性

喜欢生长在山坡边阴凉潮湿的地方。

(3) 繁殖与栽培技术要点

小豆蔻只能栽培在排水良好、适当阴凉处，而不能在贫瘠的土地上或有强风的土地上。

(4) 主要利用部位

绿色果实中的精油含量最多。

(5) 采收加工

秋天，当天气干燥时，蒴果成熟之初即开始采收。一般是人工以利刃将果穗割下，收取果实，晒干。果实粉碎后，用水蒸气蒸馏法提取精油。

(6) 精油含量及主要成分

干燥果实精油得率为 3.78%，主要化学成分为 d-龙脑、d-樟脑及桉油素伞花烃。

(7) 用途

小豆蔻是一种烹饪调料，用于肉类、禽类及鱼类食品的调制。小豆蔻还有治晕车、失眠、口臭及减肥功效。

8. 白豆蔻

白豆蔻（*Amomum kravanh*）别名豆蔻，为姜科豆蔻属（砂仁属）植物。原产于柬埔寨、泰国，现我国海南、云南和广西有栽培。

(1) 形态特征

叶片卵状披针形，穗状花序圆柱形，稀为圆锥形。花冠透明黄色。蒴果近球形，白色或淡黄色；种子暗棕色，有芳香气味。花期5月，果期6~8月。

(2) 生长习性

喜湿润，忌干旱，怕涝，喜荫蔽，幼苗需要70%~80%的荫蔽度，定植2~3年后荫蔽度以50%~60%为宜；在土层深厚、疏松、排水良好、肥沃的林下生长良好。

(3) 繁殖与栽培技术要点

8月初至9月随收随播，按行距10~15cm开沟条播，播后覆土。幼苗2~3片叶时，间苗或移床，苗高30cm左右可出圃定植。定植行株距（1.5~2）m ×1m。栽后压实，淋定根水。分株繁殖时，剪取健壮植株的根状茎，随挖随种。出苗时搭设荫棚。定植后封行前，及时拔除杂草。收果后，及时除去枯、弱、病残株。定植初期和初出果后，应重施人粪尿或硫酸铵水溶液。开花结果期应施氮磷钾复合肥。

(4) 主要利用部位

果实。

(5) 采收加工

果实成熟时，割取果穗。从果穗上小心剥取果实，尽量不要破坏果皮。果实晒干或低温烘干后，在密闭容器内干燥保存。果实粉碎后，用水蒸气蒸馏法提取精油。

(6) 精油含量及主要成分

果实精油得率为5.4%~6.8%，主要化学成分为1,8-桉叶油素、β-蒎烯、α-蒎烯、α-松油烯、芳樟醇、乙酸龙脑酯等。

(7) 用途

果实入药，有理气宽中、健胃消食、除寒化湿、驱风行气、化湿止呕和解酒毒的功效。

(8) 注意事项

是一种作用强烈的精油，使用时浓度不宜过高，应少量使用。

9. 晚香玉

晚香玉（*Polianthes tuberosa*）为石蒜科（Amaryllidaceae）晚香玉属植物。原产于墨西哥及南美，我国江苏、浙江、四川、广东、云南等地广泛栽培。

（1）形态特征

地下部块茎呈圆锥状。叶带状披针形。总状花序顶生，花白色，漏斗状，具浓香，夜晚香气更浓。蒴果球形；种子扁锥形，黑色。花期华北 7~9 月，长江流域一带 6~11 月，海南可终年开花。

（2）生长习性

喜温暖湿润、阳光充足的气候条件。喜光，稍耐半阴，耐旱能力较差。对土壤要求不严，但在微碱性的重壤土、壤土上种植效果更好，喜肥沃湿润而不积水的土壤。

（3）繁殖与栽培技术要点

以分球繁殖为主。较大球茎当年可开花；较小而细瘦球茎，次年可开花；根上有硬跬块的，是头年开过花的，当年不能再开花。一般 3~4 月定植。华北地区在 4 月下旬或 5 月上旬种植；南方地区在 3 月下旬或 4 月上旬种植。大球按行株距（25~30）cm×20cm，小球按（10~15）cm×（8~10）cm 挖穴定植。一般栽植大球宜浅，以芽顶稍露出土面为宜，栽植小球和老球宜深，以芽顶低于或与土面齐平为宜。幼苗出土后经常松土，小球长出 3~4 片叶时，给予充足水肥，需进行 2~3 次追肥。地上茎若高过 60cm 设立支柱。生长过程中，注意防治红蜘蛛、蚜虫和线虫危害。

（4）主要利用部位

花蕾。

（5）采收

盛花期每天下午或傍晚，采摘含苞待放的花蕾，待开放时即用溶剂浸提法或吸附法提取精油或浸膏。

（6）精油含量及主要成分

花精油得率为 0.08%~0.14%，主要化学成分为香叶醇及其乙酸酯、橙花醇及其乙酸酯、金合欢醇、苯甲醇、苯甲酸甲酯、苯甲酸苄酯、水杨酸甲酯等。晚香玉浸膏主要化学成分为香叶醇、橙花醇、乙酸橙花酯、苯甲酸甲酯、邻氨基苯甲酸甲酯、苄醇、金合欢醇、丁香酚、晚香玉酮等。

（7）用途

精油可配入各种食品、化妆品中；晚香玉浸膏主要用于配制高级化妆品香精；在欧美国家作为高档食品的加香，常用于饮料、糖果和蛋糕等食用香精。鲜花可供食用。晚香玉是重要的观赏花卉，也是重要的切花材料。叶、花、果可入药。

10. 水仙

水仙（*Narcissus tazetta*）为石蒜科水仙属植物。产地分布中心在欧洲中部、北非及地中海沿岸。在我国，水仙的栽培多分布在东南沿海温暖湿润地区。

（1）形态特征

鳞茎肥大，卵状球形，外被棕褐色薄皮膜。叶带线形或柱形。伞形花序有花 1 至数朵，中央有杯状副冠。花白色，芳香。蒴果，种子空瘪。花期 1~2 月。

（2）生长习性

喜温暖湿润气候。喜水，耐大肥，要求土壤疏松、富含有机质和土壤水分充足的壤土，但亦适当耐干旱和贫瘠土壤。喜阳光充足，亦能耐半阴。

（3）繁殖与栽培技术要点

侧球繁殖为主。大面积栽培有旱地栽培法和灌水栽培法。旱地栽培是每年挖球后，把分离的小侧球立即种植或留待 9~10 月种植。单行种植行株距 25cm×6cm；宽行种植行株距 15cm×6cm，连续种 3~4 行后，留 35~40cm 的行距，再反复连续下去。除施 2~3 次水肥外，不常浇水。灌水栽培是 8 月将耕后土壤放水浸泡，7d 后将水排掉，耙细整平。9 月下旬至 10 月上旬作高畦，并在高畦周围挖灌水沟，开沟种植小侧球，覆土以刚覆盖小侧球为准。将水引入灌水沟后，使水逐渐渗入高畦，至畦面充分湿润，新芽萌发后经常保持沟内有水。水仙常见病害有大褐斑病、叶枯病；主要虫害为线虫。

（4）主要利用部位

鲜花。

（5）采收加工

盛花期采收的鲜花用水蒸气蒸馏法提取精油。

（6）精油含量及主要成分

水仙鲜花精油得率为 0.20%~0.45%，主要化学成分为乙酸苯甲酯、1,8-桉叶油素、芳樟醇、柠檬烯等。

（7）用途

水仙精油可调制香精、香料，可配制香水、香皂及高级化妆品。水仙可作观赏花卉布置园林景观。鳞茎入药，具清热解毒、散结消肿等疗效。

（8）注意事项

全草有毒，鳞茎毒性较大。

11. 缬草

缬草（*Valeriana officinalis*）为败酱科（Valerianaceae）缬草属植物。原产亚洲、欧洲和北美。在我国，缬草自然分布于东北、西北、西南各地。

（1）形态特征

根茎粗短而浓香。叶对生，第 1 对幼叶卵形，成叶羽状全裂。伞房花序；花小，有浓烈香气，淡紫色或白色；花冠筒状。蒴果卵形。花期 6~7 月，果期 7~8 月。

（2）生长习性

喜湿润，抗寒性强。对土壤要求不严，但以中性或微碱性砂质壤土、森林腐殖土为宜。要求充足的光照，在荫蔽条件下的植株茎秆细高，根和根茎含油量较低，香气不浓。

（3）繁殖与栽培技术要点

春播多在 3 月下旬至 4 月上旬进行；秋播于 8 月初开始；冬播通常在 11 月上旬进行。幼苗 5~6 片真叶时定苗，株距 30cm，行距 60~65cm。分株繁殖时，种株可经苗圃育苗或直接植于大田。移栽定植后，及时浇水和除草；在返青期、营养生长盛期及 8 月上旬等关键时期适当追施稀薄有机肥和硫酸铵等肥料。抽薹开花时，如不是留种田，可全部摘去花蕾。主要病害为花叶病、根腐病；主要虫害为蝼蛄、地蚕。

（4）主要利用部位

种子、根茎。

（5）采收加工

根和根茎的采收一般在种植的第 2 年秋末进行。挖取的根和根茎，除去泥土，晒干，切成小块后用水蒸气蒸馏法提取精油。

（6）精油含量及主要成分

我国主产区的缬草根茎和肉质根得油率为 0.6%~2%，主要化学成分为戊酸及其酯类，并含有丁酸酯类等，其中戊酸酯类以异戊酸龙脑酯为主。

（7）用途

缬草精油可用于调配化妆品、食品、烟、酒、香水、香精等；根有麝香气味，可作调味品及香料。缬草根茎和根入药，有镇静及镇痛作用。缬草为我国传统的观赏植物。

（8）注意事项

药用时，体弱阴虚者慎用。

12. 甘松

甘松（*Nardostachys chinensis*）别名香松，为败酱科甘松香属植物。主要分布于云南、四川、甘肃及西藏等地。

（1）形态特征

全株有强烈松脂样香气。具粗短圆柱状根茎。基生叶线状披针叶，柄长与叶片近相等；茎生叶披针形。聚伞花序多呈圆头状；花淡紫红色；花冠筒状。瘦果倒卵形。花期8月。

（2）生长习性

我国有3种甘松香属植物，甘松和其他两种均分布在青藏高原的高山地区，大多生长在海拔2300~4500m的山地草坡、河边等地。气候寒冷，年平均气温在0~10℃，年降水量600~1000mm。该地区土壤一般较薄，有石砾土、栗砾土、高山草原土。

（3）繁殖与栽培技术要点

根茎或种子繁殖，主要为野生，印度和中国偶有栽培。当种子成熟后播种在防寒大棚里，需充足的光照萌发；幼苗长大后移栽到温室越冬；翌年春末夏初移栽室外。根茎切断也可用于繁殖，且快于种子繁殖，一般选用秋季成熟的根茎切断后繁殖，夏季采收的则易腐烂。

（4）主要利用部位

根和根茎。

（5）采收加工

在秋末冬初甘松茎叶枯萎时，将其根和根茎挖起，抖净泥沙，除去须根，阴干或晒干。将干燥根和根茎切成小段（约1cm），水蒸气蒸馏法提取精油。2~3年生甘松比翌年生者产量高，适宜采收期为10~12月，采收根茎粗壮成熟者而保留幼根茎繁殖。

（6）精油含量及主要成分

根和根茎精油得率为1%~2.5%，主要化学成分为β-马榄烯、1（10）-马兜铃烯、9-马兜铃烯、1,2,9,10-四脱氢马兜铃烷、甘松醇等。

（7）用途

根和根茎入药，可行气止痛，开郁醒脾。甘松精油可作配香之用。

（8）注意事项

气虚血热者忌服甘松。孕妇慎用甘松精油。

13. 香根鸢尾

香根鸢尾（*Iris pallida*）为鸢尾科（Iridaceae）鸢尾属植物。原产欧洲，我国引种后仅在浙江、云南、河北等省栽培，以云南生长较好。

（1）形态特征

有地下根茎。叶面有白粉，剑形。花茎直立，单朵顶生或排成总状花序；花淡紫色或淡蓝色，具有香气。蒴果革质，青莲色。花期 4 月，果期 5~6 月。

（2）生长习性

喜光，较耐寒。不耐盛夏高温，适于春秋气温生长。耐旱，不耐涝。对土壤要求不严，以中性和微碱性、排水良好的砂质壤土为好。

（3）繁殖与栽培技术要点

根茎繁殖。在畦面按行株距 35cm×35cm 栽种根茎种苗。根茎种苗种植时绿叶部分应露出地面。出苗后，除草松土，夏季应培土，以防倒伏。每年春天开沟追肥 1 次。除定植时要适当浇水外，成苗后少浇水或不浇水。雨季要注意排水。经 3 年种植，收获香根鸢尾后的土地，应轮作倒茬。主要病害为锈病；主要虫害为蛴螬。

（4）主要利用部位

根茎。

（5）采收加工

香根鸢尾种植 3 年后可收获，一般以 7~8 月收获为宜，采挖时去掉叶和须根腐物，并留下繁殖用的小根茎以利再收获。用 40℃左右的温水洗去泥土，切成片状晒干，打包贮存于干燥通风处，贮存 2~3 年后加工。

（6）精油含量及主要成分

香根鸢尾浸膏得率为 0.5%~0.8%（干根茎），主要化学成分为鸢尾酮、苯甲酸、十四酸甲酯等。

（7）用途

鸢尾浸膏可用于化妆品、香皂、香水、食品香精。香根鸢尾也是园林观赏植物。

14. 香雪兰

香雪兰（*Fressia refracta*）别名为小苍兰，为鸢尾科香雪兰属植物。原产于非洲南部，现广为栽培。

（1）形态特征

地下球茎鳞茎状，有鳞皮，卵圆或圆锥形。叶线状剑形排列。顶生穗状花序，花多数偏生在花序轴的上侧或倾斜；花狭漏斗形，具芳香，花色丰富。蒴果。花期 2~5 月，果熟期 6~7 月。

（2）生长习性

喜温暖湿润、阳光充足的环境，宜于在疏松、肥沃的砂壤土中生长，不可积水或过于干燥。短日照有利香雪兰的花芽分化，长日照可提早开花。

（3）繁殖与栽培技术要点

播种期为 8 月中旬至 10 月上旬，以 9 月中旬为宜。球茎繁殖时，应选健壮大球，播后天气如还较热，应遮阴，保持土壤湿润。出苗后，应尽量多接受阳光，并经常松土、除草、追肥。主要病害为花叶病、球腐病等；主要虫害为蚜虫。

（4）主要利用部位

花。

（5）采收加工

花期采摘花朵提取精油。

（6）精油含量及主要成分

白花香雪兰精油的主要化学成分为芳樟醇、γ-萜品烯、α-萜品醇、β-紫罗兰酮、桉树脑等。红花香雪兰精油的主要化学成分为芳樟醇、α-萜品醇、α-蒎烯、桧烯、月桂烯、柠檬烯、桉树脑等。

（7）用途

香雪兰香味有镇定神经、消除疲劳、促进睡眠的作用。在香料、化妆品产业方面有广泛用途，是生产香水、香皂等化妆品的原料之一。

15. 千年健

千年健（*Homalomena occulta*）是天南星科（Araceae）千年健属植物。分布于广东、海南、广西、云南等地。

（1）形态特征

具肉质根及匍匐根茎。叶片箭状心形至心形；佛焰苞绿白色；肉穗花序，下部为雌花花序，上部为雄花序。浆果；种子褐色，长圆形。花期5~6月，果期8~10月。

（2）生长习性

喜温暖、湿润、荫蔽环境。生长适宜温度为24~27℃，生长要求荫蔽度70%~80%。对土壤要求不严，但以富含腐殖质的肥沃壤土生长较佳。

（3）繁殖与栽培技术要点

将根茎或茎段以行距15cm、株距2cm横放入沟内，覆土后浇水保湿。苗高10~15cm时移植。育苗时间春、夏、秋季均可。春、夏季以行株距25cm×20cm开穴种植，一般穴深8~10cm，每穴1株，覆土压实，浇定根水。每年锄草3~4次，在幼苗成活生长后，结合锄草追肥2~3次。

（4）主要利用部位

干燥根茎。

（5）采收加工

春、秋季采挖，洗净，除去外皮，晒干，粉碎后可用水蒸气蒸馏法提取精油。

（6）精油含量及主要成分

根茎精油得率为0.36%，主要化学成分为α-蒎烯、β-蒎烯、橙花醛、香叶醇、橙花醇、香叶醛、芳樟醇、β-松油醇、松油醇-4、广藿香醇等。

(7) 用途

根茎入药，根茎具有通经活络、祛风逐痹等功效。根茎精油具有显著的抑制布氏杆菌的活性，为治疗布氏杆菌病的药物。

知识拓展

姜随产地的不同香味变化很大。中国干姜的芳香气较弱，有些辛辣的姜特征性的辛香气，为刺激性辣味；其他国家产的姜如印度姜有较明显的柠檬味；非洲姜的辛辣味更明显。姜精油的辣味要小一些，姜油树脂（生姜流浸膏，100g 姜油树脂中约含姜精油 28mL，1g 姜油树脂约等于 25g 干姜）与原物一样辣而又有甜味。

小　结

本章介绍了风信子、蒜、玉簪、土木香、姜、姜花、小豆蔻、白豆蔻、晚香玉、水仙、缬草、甘松、香根鸢尾、香雪兰、千年健 15 种球根芳香植物的形态特征、生长习性、繁殖及栽培技术要点、主要利用部位、采收加工、精油含量及主要成分、用途及注意事项。

复习思考题

试列举其他常见的球根芳香植物。

推荐阅读书目

1. 中国芳香植物 . 王羽梅 . 科学出版社，2008.
2. 中国芳香植物精油成分手册（上、中、下册）. 王羽梅 . 华中科技大学出版社，2015.
3. 芳香疗法和芳疗植物 . 张卫明，袁昌齐，张茹云等 . 东南大学出版社，2009.
4. 南方中药材标准化栽培技术 . 农业部农民科技教育培训中心，中央农业广播电视学校组 . 中国农业大学出版社，2008.
5. 药用植物规范化种植 . 马微微，霍俊伟 . 化学工业出版社，2011.

第12章

常见水生芳香植物

水生芳香植物泛指生长于水中或沼泽地的多年生草本芳香植物，与其他芳香植物相比，其对水分的依赖性远远大于其他各类芳香植物。水生芳香植物耐旱性差，生长期间需要经常有大量水分存在。绝大多数水生芳香植物喜欢光照充足、通风良好的环境，但也有耐半阴者。

1. 菖蒲

菖蒲（*Acorus calamus*）为天南星科菖蒲属植物。我国各省区均产。

（1）形态特征

根茎横走，外皮黄褐色，芳香，肉质根具毛发状须根。叶片剑状线形。叶状佛焰苞剑状线形；肉穗花序狭锥状圆柱形；花黄绿色。浆果长圆形，红色。花期 2~9 月。

（2）生长习性

喜温暖湿润气候，喜阳光，耐严寒，忌干旱。宜选择潮湿并富含腐殖质的黑土栽培。在沼泽和浅水中生长。

（3）繁殖与栽培技术要点

早春挖出根茎，选有芽的根茎作种，切成长 10~15cm 的小段，每段有芽 2~3 个。在低洼湿地或浅水地，按照行株距 20cm×15cm 栽种，栽植深度约 5cm。栽种出苗后经常清除杂草，注意灌水，使土壤保持足够的水分。

（4）主要利用部位

根茎。

（5）采收加工

栽后 3~4 年收获。早春或冬末挖出根茎，剪去叶片和须根，洗净晒干，去毛须后用水蒸气蒸馏法提取精油。

（6）精油含量及主要成分

根茎可提取精油，平均得率为 2%~3%，主要化学成分为白菖蒲烯、细辛醚、莰烯、桉叶素、白菖蒲醇、樟脑、丁香酚、甲基丁香酚等。

（7）用途

菖蒲全株是一种食用香料植物，可作香辛调料。根茎提取的精油供医药和化妆品用。根茎入药，有化痰、开窍、健脾、利湿等功效。

2. 金钱蒲

金钱蒲（*Acorus gramineus*）为天南星科菖蒲属植物。原产中国和日本，分布于黄河流域以南各地。

（1）形态特征

横走根茎，具芳香。叶片质地较厚，线形。叶状佛焰苞短；肉穗花序黄绿色，圆柱形。果黄绿色。花期 2~4 月，果熟期 3~7 月。

（2）生长习性

喜温暖湿润气候，具有一定耐寒性，生长适温 18~23℃。性喜强光，阴湿环境也生长良好。对水质要求不严。

（3）繁殖与栽培技术要点

一般在 3~4 月，将地栽或盆栽的金钱蒲连根挖起，去掉部分泥土，用快刀切割老株基部周围新株，或分割成若干小株，并保护好嫩叶和新生根，进行栽种。栽培管理可粗放，整个生长期地面或盆土应保持湿润，做好除草和追肥。2~3 年，地下根茎要分栽 1 次。

（4）主要利用部位

根茎。

（5）采收加工

栽后 3~4 年收获。早春或冬末挖出根茎，剪去叶片和须根，洗净晒干，去毛须即可。用水蒸气蒸馏法提取精油。

（6）精油含量及主要成分

根茎精油得率为 0.30%~2.28%，主要化学成分为 β-细辛醚、α-细辛醚、γ-细辛醚、反-甲基丁香酚、顺-甲基丁香酚等。

（7）用途

根茎入药，有温胃除风、辟秽宣气、豁痰开窍的功效。根和花还可提取精油，可供化妆品工业用。金钱蒲还可作花坛、花境的镶边材料。

3. 荷花

荷花（*Nelumbo nucifera*）别名莲花、莲，为睡莲科（Nymphaeaceae）莲属植物。原产于亚洲热带及大洋洲，分布较广，我国南北各地均有。

（1）形态特征

根状茎肥厚，有节。叶大部高出水面，圆形盾状。花芳香，淡红、深红或白色，花瓣多数。坚果椭圆形或卵形。花期 6~7 月，果期 9~10 月。

（2）生长习性

性喜阳光充足、通风良好、水质清洁的静水环境，栽培于含腐殖质丰富的黏质壤土。生长期内一般水深 10~60cm 均可正常生长。耐寒力较强。

（3）繁殖与栽培技术要点

根茎繁殖，每段 2~3 节，需带顶芽。华北地区清明前后用肥沃的壤土栽植于盆中或池塘。播种繁殖一般在 5 月进行，播种时先将莲子凹进的一端剪破，注意不要伤及莲心，置于 25~30℃的温水中浸种 24h 后再播种，长出 1~2 片小叶后进行移栽。

（4）主要利用部位

根茎、种子、鲜花。

（5）采收加工

花期采收鲜花，用树脂吸附法收集头香。

（6）精油含量及主要成分

鲜花含精油，主要化学成分为十五炔、十七炔、1,4-二甲氧基苯、1-十五烯、1-十七烯、β-石竹烯、十七烯异构体 、十七烷等。

（7）用途

根茎、种子、嫩叶均可供食用。民间以茎、叶入药，有消暑、退热、止腹泻等功效。莲为水面绿化的主要植物种类，也可作切花材料。

4. 睡莲

睡莲（*Nelumbo tetragona*）为睡莲科睡莲属植物。我国从东北至云南，西至新疆皆有分布；朝鲜、日本、印度、苏联、北美也有。

（1）形态特征

根状茎短粗，形似芋头。叶心脏状卵形或卵状椭圆形。花瓣 8~15，白色、蓝色、黄色或粉红色，多轮。浆果球形；种子多数，椭圆形。5~8 月陆续开花（见彩图 29）。

（2）生长习性

喜强光，通风良好，喜肥，喜高温。喜富含有机质的壤土。生于池沼中。

（3）繁殖与栽培技术要点

3 月上旬取带有芽眼的地下根茎进行移栽。栽插入土时，微露顶芽。池栽睡莲雨季要注意排水。睡莲需较多肥料，盆栽的可用尿素、磷酸二氢钾等作追肥。池塘栽植可用饼肥、农家肥、尿素等作追肥。危害睡莲的主要为螺类。

（4）主要利用部位

鲜花。

（5）采收加工

花期采收鲜花。

（6）精油含量及主要成分

睡莲花盛开初期，萃取睡莲花的挥发性有机化合物，经气相层析质谱仪，能鉴别出 33 种化合物，主要化学成分为 6,9-十七碳二烯、乙酸苄酯、正十五烷及 8-十七碳烯。

（7）用途

可作为观赏植物；根茎食用或酿酒，也可入药，能治小儿慢惊风；全草可作绿肥；还有净化水质的作用。

知识拓展

睡莲与莲的区别：两者均属睡莲科植物，莲为秋清晨开花，花色少，有莲子、莲蓬，根茎为莲藕，叶柄有刺，初生叶浮在水面称“浮叶”，长了3、4片后，再长出的叶片称为“立叶”，叶大而圆，色浅绿，与花朵同挺立于水面；睡莲为除严寒的气候外，几乎全年开花，花色多、花朵较小，而开花时间则因品种而异，无莲子和莲蓬，根茎形状似芋头，叶柄无刺，长而柔软，叶片心脏形，色浓绿，一般贴在水面，或因拥挤而稍浮水面。

小　结

本章介绍了菖蒲、金钱蒲、莲、睡莲4种水生芳香植物的形态特征、生长习性、繁殖及栽培技术要点、主要利用部位、采收加工、精油含量及主要成分、用途及注意事项。

复习思考题

试列举其他常见的水生芳香植物。

推荐阅读书目

1. 中国芳香植物 . 王羽梅 . 科学出版社，2008.
2. 中国芳香植物精油成分手册（上、中、下册）. 王羽梅 . 华中科技大学出版社，2015.

第13章

常见乔木芳香植物

树身高大，具有明显主干者称为乔木。乔木分布广泛，已知的地方基本都有乔木生长，包括戈壁滩、沙漠等环境恶劣的地方。分布最多的还是环境温暖湿润的大陆。

1. 金合欢

金合欢（*Acacia farnesiana*）为豆科（Leguminosae）金合欢属植物。原产热带美洲，在我国福建、广东、海南、云南、贵州、四川、广西、浙江和台湾等地有栽培。福建漳州是生产金合欢香料的主要基地。

（1）形态特性

常绿小乔木，树皮灰绿色。叶为二回羽状复叶，条形，银灰绿色。头状花序球形，金黄色，极芳香。荚果圆筒形，肿胀，直或弯曲。花期 3~6 月，果期 7~11 月（见彩图 30）。

（2）生长习性

极喜阳光，喜温热气候，耐瘠薄，在砂质土及黏质土壤中均能生长，喜酸性土壤，在钙质土上生长不良。耐干旱又耐短期水淹。

（3）繁殖与栽培技术要点

春播 3~4 月，用地膜覆盖或小拱棚播种；秋播于 9 月下旬至 10 月中旬在大棚内播种。点播、撒播或条播。苗高 3~5cm 时施稀薄腐熟人粪尿或化肥 1 次；苗高 10~15cm 时移苗，按行株距 30cm×10cm 栽植到畦中。移植以春季为宜，随挖随栽。定植后浇透水，到秋末时施足基肥。金合欢生长量大，应多施磷、钾肥，立秋之前要停止施肥，最好第 1 年幼苗期不施肥，使其安全越冬。主要病害为猝倒病。

（4）采收加工

春夏开花时，采集鲜花即可。用挥发性溶剂萃取鲜花，可得浸膏。浸膏再制可得净油。

（5）主要利用部位

花。

（6）精油含量及主要成分

石油醚萃取法提取的鲜花浸膏得率为 0.6%。金合欢净油的主要化学成分为金合欢醇、水杨酸甲酯、丁香酚、苄醇、芳樟醇、香叶醇、大茴香醛、苯甲醛、癸醛、莳萝醛、丁香酚甲醚、对甲酚、松油醇、橙花叔醇等。

（7）用途

金合欢浸膏和净油均可作食品添加剂，用作高档糖果、糕点等的加香，也是调配其他花香精的香料。根、树皮和叶入药。树皮可提取栲胶、单宁胶。金合欢还是一种水土保持树种。

2. 银合欢

银合欢（*Acacia dealbata*）别名为银荆，为豆科金合欢属植物。原产澳大利亚，我国云南、广西、福建、广东等地有引种栽培。

（1）形态特征

常绿乔木，树皮灰绿或灰色。二回偶数羽状复叶，小叶线形。头状花序，花淡黄色或橙黄色，有香气。荚果长带形，果皮暗褐色，密被绒毛；种子卵圆形，黑色。花期 3~4 月，果期 7~8 月。

（2）生长特性

喜温暖湿润气候，喜光。能在贫瘠、干旱土壤上生长，但土层深厚、潮湿、肥沃壤土上生长更好。

（3）繁殖与栽培技术要点

5 月下旬，当荚果由淡紫色开始转为褐色时采下，开裂后取出种子，催芽后播种。整地作畦时，先深翻施基肥，作床开沟条播，条距 25cm，播种后覆土 0.5cm，春、夏、秋季播种均可。田间造林行株距为 2m×1m 或 1.5m×1.5m，栽植后的前 3 年，每年需松土除草施肥 2 次。

（4）主要利用部位

花和花序。

（5）采收加工

春夏开花时，采集鲜花，用挥发性溶剂萃取鲜花，可得浸膏。浸膏再制得净油。

（6）精油含量及主要成分

银合欢浸膏得率 0.7%~1.06%，浸膏再制得净油，得率为 20%~25%，净油主要化学成分为大茴香醛、棕榈醛、醋酸酯、庚醛、乙酸、大茴香酸及其酯、棕榈酸酯等。

（7）用途

银合欢净油的主要医疗功效为收敛和杀菌。银合欢可用于土壤改良和绿化观赏。

（8）注意事项

过敏性体质的人使用银合欢净油可能会引起皮肤炎。

3. 肉豆蔻

肉豆蔻（*Myristica fragrans*）为肉豆蔻科（Myristicaceae）肉豆蔻属植物。原产马

鲁古群岛，我国海南岛、台湾、云南有引种。

（1）形态特征

常绿乔木，叶椭圆形或长圆状披针形，两面无毛，揉之有香气。雌雄异株，聚伞花序，雄花序有花3~20朵，花芳香，淡黄色，钟状；雌花序有花1~3朵。核果肉质，梨形；种子阔卵形。

（2）生长习性

喜热带和亚热带气候。抗寒性弱，忌积水；幼龄树喜阴，成龄树喜光。以土层深厚、松软、肥沃和排水良好的壤土栽培为宜。

（3）繁殖与栽培技术要点

种子宜随采随播，穴播，种脐向下，保持荫蔽湿润，真叶将展出时间苗，苗高20~30cm时定植。春季3~4月或秋季8~10月选阴雨天种植，行株距5m×4m。种植后浇水。每年施肥3~4次，以有机肥为主，配合化肥。主要病害有斑点病、疫病；主要虫害有蛴螬、地老虎、金针虫等。

（4）主要利用部位

种子。

（5）采收加工

种植后约7年开始结果，每年4~6月及11~12月两次采收成熟果实，割开果皮，再击破壳状假种皮，将种仁放入石灰乳中浸1d，然后低温烘干，或不浸石灰乳而直接烘干。

（6）精油含量及主要成分

种仁精油得率为5.00%~15.00%，主要化学成分为莰烯、肉豆蔻醚。花含精油，主要化学成分为桧烯、α-蒎烯、β-蒎烯、桧烯、肉豆蔻醚等。

（7）用途

肉豆蔻种子和假种皮是著名的香料和调味品，用作糕点、饮料及风味菜之调料。种仁入药，具有驱风、防止呕吐、兴奋、缓和筋肉痉挛等作用。

4. 依兰

依兰（*Cananga odorata*）为番荔枝科（Annonaceae）依兰属（夷兰属）植物。原产缅甸、印度尼西亚、爪哇、菲律宾、马来西亚等地。目前，我国云南西双版纳地区、福建、广东、广西等地有引种栽培。

（1）形态特征

常绿大乔木，叶大，卵状长圆形或长椭圆形。花大，倒垂，芳香，花初开时黄绿色，盛开时淡黄色，末期黄色。浆果橄榄形至椭圆形；种子灰黑色，大如绿豆。花期4~8月，果期12月至翌年3月（见彩图31）。

(2) 生长习性

依兰成龄植株需强光照、高温、高湿和土壤肥沃疏松的环境。不耐寒冷和干旱。要求土层深厚、肥沃、疏松，偏酸性含有大量矿物质的风化火山质壤土最为适宜。

(3) 繁殖与栽培技术要点

扦插繁殖多在每年春、夏季进行。播种繁殖时，宜随采随播。播种育苗，宜催芽后播种。播后保持土壤湿润。幼苗不耐强光，需遮阴。6 个月的苗木，平均高度 37cm、根径 7mm 即可出圃造林。按行株距 6m×5m 挖穴，穴口宽 1m，深 50cm，底宽 80cm。穴内可施入农家肥和钙镁磷肥作基肥。栽植后第 1 年应加强管理，中耕除草，追施水肥 2~3 次，以后每年可施肥 1 次。

(4) 主要利用部位

花朵。

(5) 采收加工

我国栽培条件下，大量集中开花期在 5~6 月和 8~10 月。盛开初期的花朵，得油率最高。以早晨 7：00~8：00 采花得油率最高，为 2. 45%。盛花期可每隔 5d 采花 1 次。

(6) 精油含量及主要成分

花精油得率为 1%~2. 5%，主要化学成分为芳樟醇、乙酸苯甲酯、苯甲酸苯甲酯、乙酸香叶酯等。

(7) 用途

依兰花精油广泛用于调配各种化妆品香精。依兰花和精油有镇静、防腐的作用。依兰还是观赏植物。

(8) 注意事项

使用高浓度的依兰精油可能会导致头痛或恶心、皮肤过敏。

5. 没药

没药（*Commiphora myrrha*）为橄榄科（Burseraceae）没药属植物。产于非洲东北部索马里、埃塞俄比亚以及阿拉伯半岛南部。

(1) 形态特征

低矮灌木或乔木，树干具多数不规则尖刺状粗枝。叶散生或丛生，单叶或三出复叶，小叶倒长卵形或倒披针形，中央一片叶片较两侧叶片大。花瓣 4 片，白色。核果卵形，棕色，具种子 1~3 枚，仅 1 枚成熟。花期 5~7 月。

(2) 生长习性

性喜温暖、干燥气候。主要产地大部分属热带干旱地区，月平均气温在 10℃ 以上，年降水量很小，大多在 300mm 以下。

(3) 主要利用部位

树干切口处分泌的含有精油的树脂。

(4) 采收加工

11月至翌年2月或6~7月采收。树脂多由树皮裂缝处自然渗出；或将树皮割破，使树脂从伤口渗出。树脂初呈黄白色液体，接触空气后逐渐凝固而成红棕色硬块。采后置干燥通风处保存。树脂用水蒸气蒸馏法提取精油，得率为3%~8%。

(5) 精油含量及主要成分

没药精油暴露在空气中易树脂化，主要化学成分为丁香酚、间甲基酚、枯茗醛、桂皮醛、甲酸酯、乙酸酯、没药酸酯、罕没药烯等。

(6) 利用

树脂为常用中药，有活血止痛、消肿生肌、兴奋、祛痰、防腐、抗菌消炎、收敛、祛风及抗痉挛的功能。

(7) 注意事项

孕妇禁用没药精油。甲状腺功能亢进者禁用。

6. 八角茴香

八角茴香（*Illicium verum*）又名八角，为木兰科（Magnoliaceae）八角属植物。原产我国广西南部和西部，在广西龙州、凭祥、德保、宁明、那坡等县以及玉林、苍梧等地的栽培历史较久，面积较大。

(1) 形态特征

常绿乔木，叶互生，椭圆形至椭圆披针形。花粉红色至深红色。聚合果，八角形，放射状排列于中轴上，鲜绿色，干时红褐色；种子阔椭圆形，红棕色或黄棕色。花期2~3月和8~9月，果期8~9月和次年2~3月（见彩图32）。

(2) 生长习性

土层深厚、肥沃湿润、微酸性壤土或砂壤土上生长良好。幼树喜阴，成年树喜光。

(3) 繁殖与栽培技术要点

霜降后（10月中旬）采收种子，宜随采随播。南方11~12月或1~2月播种。播后覆土压实，浇水。经常中耕、除草、浇水和追肥。移栽一般在春季新芽未萌动前的2月进行。果用林用2年生苗木，行株距5m×5m左右；叶用林用3年生苗木，株行距1.3~1.5m。进入初果期、盛产期，每年施2次氮磷钾复合肥。主要病害有炭疽病；主要虫害有金花虫和角尺蠖。

(4) 主要利用部位

果实、树枝和树叶。

(5) 采收加工

一般在定植 4~5 年后即可采叶蒸油，6~8 年即可采收果实。以生产精油为目的的叶用林，主要采收老叶。果实每年采收 2 次，第 1 次在 8~9 月果实成熟时采收，此时为主要收获期；第 2 次在 3~4 月，此时产量低。采收时钩枝取果，采摘下集中晒干或烘干。

(6) 精油含量及主要成分

鲜叶出油率为 0.3%~0.5%，其主要化学成分为反-大茴香醚、芳樟醇、黑椒酚甲醚、茴香醛等。鲜果出油率为 2%~3%，干果出油率为 8%~12%，主要化学成分为反-大茴香醚、柠檬烯等。

(7) 用途

八角茴香是我国人们喜爱的调味料。精油广泛用于牙膏、牙粉、香皂和化妆品以及食品中。果实有温中理气、健胃止呕的功能。八角茴香还是良好的绿化观赏树种。

(8) 注意事项

八角茴香精油对皮肤和黏膜具有强烈的刺激性，不能直接使用在皮肤上，可作为熏香剂。

7. 白兰

白兰（*Michelia alba*）为木兰科含笑属植物。原产于印度尼西亚、菲律宾、缅甸和我国南部，我国福建、广东、广西、云南等省区栽培极盛。

(1) 形态特征

常绿乔木，树皮灰褐色。叶长椭圆形或披针椭圆形。花白色或略带黄色，肥厚，具芳香。聚合果（见彩图 33，彩图 34）。

(2) 生长习性

喜阳光充足、温暖湿润和通风良好环境，不耐阴，也不耐酷热，不耐寒。喜富含腐殖质、疏松肥沃的微酸性砂质土壤，忌烟气和积水。

(3) 繁殖与栽培技术要点

高枝压条在 6~7 月进行。嫁接繁殖在 5~8 月进行。嫁接用木兰或黄兰的 2~3 年生实生苗作砧木，以白兰枝条作接穗。定植时行株距 6m×5m，夏秋季定植。定植后浇水。白兰树虽喜肥，但施肥不能过浓和过量。肥料以有机肥为主，适当配施化肥。每年施肥 5~6 次。如干旱可适当浇水，梅雨季节防止土壤积水。白兰易发缺绿病，注意增加土壤酸度，减少阳光直射，施肥不宜过浓。常受炭疽病危害；主要虫害有蚜虫。

(4) 主要利用部位

花朵、叶片。

(5) 采收加工

白兰花期，第1季在5~6月，产花量占全年的60%~70%；第2季在8~9月，产花量为全年的25%~30%；第3季（南方温暖地区，如海南）在11月间，产花量为5%~10%。一般在早晨6：00~9：00采收微开花朵，采摘时花柄宜短。花朵一经采收，需薄层放置，一般放置厚度不超过3朵花重叠的厚度。采叶应在植株生长旺季进行。

(6) 精油含量及主要成分

春季叶片含油量较低，秋季叶片含油量较高。白兰叶油得率为2.00%~2.80%，主要化学成分为芳樟醇、α-橙花叔醇、月桂烯、石竹烯、1,8-桉叶油素、丁香酚等。白兰花精油得率为2.20%~2.60%，主要化学成分为月桂烯、柠檬烯、芳樟醇、桉叶油素、松油醇、丁香酚甲醚、异丁酸甲酯、异戊酸乙酯等。

(7) 用途

花、花蕊、叶均可提制浸膏、精油，精油用于配制香皂、化妆品等；白兰花还可熏制茶叶。白兰叶、花、根均可入药。华南地区多用作行道树、园景树。

8. 桂花

桂花（*Osmanthus fragrans*）为木犀科（Oleaceae）木犀属植物。桂花原产我国西南部，现广泛栽培于长江流域及以南地区，而以苏州、杭州、桂林、扬州、成都、武汉等地最为集中。

(1) 形态特征

常绿乔木或灌木，叶椭圆形、长椭圆形或椭圆状披针形。聚伞花序，花极芳香；花冠黄白色、淡黄色、黄色或橘红色。核果歪斜，椭圆形，紫黑色。花期9~10月上旬，果期翌年3月（见彩图35）。

(2) 生长习性

喜光照、温暖、湿润。耐高温，不耐严寒和干旱。适宜生长在土层深厚、排水良好、富含腐殖质的偏酸性砂质壤土，忌碱地和积水。桂花在幼苗期要求有一定的遮阴。成年后要求有相对充足的光照。对空气湿度有一定要求，开花前夕要有一定的雨湿天气。

(3) 繁殖与栽培技术要点

果实采收后需层积处理，当年10~11月秋播或翌年2~3月春播。扦插繁殖每年可进行2次，一是春梢萌发前；二是6~8月，用当年生枝条作插条。生根前需遮阴。嫁接繁殖在气温15~20℃的雨水季节前进行，多用女贞、小叶女贞、小蜡、水蜡、流苏和白蜡等作砧木，一般靠接或切接。压条繁殖在春季发芽前进行。分株繁殖最佳时间是秋季开花后。一般在3月中旬至4月下旬或秋季花期后移栽。定植后10年内精细管理，成树后可适当粗放管理。根据桂花长势，一般每月追肥1次，只要能正常生长，不需经常浇水。主要病害有枯斑病、褐斑病、炭疽病；主要虫害为介壳虫。

（4）主要利用部位

花朵。

（5）采收加工

盛花期采收，于早晨露水未干时，在树下地面铺一层塑料布，摇动树干及枝条，桂花落于塑料布上，去除叶和枯枝等，收集桂花。鲜花采集后应尽快加工，存放不宜超 10h。一般在采后 6h，香气显著变淡。

（6）精油含量及主要成分

桂花浸膏或精油得率为 0.13%~5.00%，从浸膏中提取净油的得油率为 62.70%~83.60%，桂花净油主要化学成分为芳樟醇、α-紫罗兰酮、β-紫罗兰酮等 26 种成分。

（7）用途

桂花净油中许多香气成分是调香中常用的重要香料。桂花浸膏广泛用于食品、化妆品、香皂、香精。桂花的花、果实、根、叶可药用。在南方，广泛种植于公园、风景区、居住小区和广场周围。桂花木是雕刻良材。桂花种子可榨油，供食用。

9. 暴马丁香

暴马丁香（*Syringa reticulata* var. *amurensis*）为木犀科丁香属植物。主要分布在小兴安岭以南各山区，大兴安岭也有分布。

（1）形态特征

落叶大灌木或小乔木，树皮紫灰色或紫灰黑色，小枝灰褐色。单叶对生，多卵形或广卵形。圆锥花序大型，常侧生。花白色，较小。蒴果长圆形，外具疣状突起；种子长圆形。花期 6~8 月，果期 8~9 月（见彩图 36）。

（2）生长习性

在 pH 6~7、排水良好、湿润、富含腐殖质的林下腐叶土、壤土或砂壤土上均能生长良好。耐寒喜光，抗旱性强。种子有休眠特性，播种时需进行低温处理。

（3）繁殖与栽培技术要点

9 月中旬后即可采种，秋播。春季直播 4 月中下旬开始。于夏季采集当年抽生的绿枝作插条进行扦插繁殖；春季扦插，需在前一年秋末采集一年生枝条，沙藏越冬。出土后的幼苗比较弱，喷洒化学药剂预防立枯病，6~8 月及时除草、松土、浇水等。幼苗期应保持湿润，并视苗情适当追肥。实生苗在苗床地培育 2 年，扦插苗培育 1 年即可定植。定植行株距 2m×2m，穴深 0.5m，苗木栽入后覆土、踩实、灌透水。成龄植株适当除草，每年抚育 1 次即可。主要病害为褐斑病、煤污病等。

（4）主要利用部位

花蕾。

(5) 采收加工

7~8 月间，当花蕾长至最大尚未开放前采收，阴干或立即加工提取芳香油浸膏。春季萌芽前和秋季落叶后在伐木清林时，采收树皮、树枝，截成小段晾干，置于阴凉干燥处待用。

(6) 精油含量及主要成分

树干、树皮以及花中含有挥发油。花浸膏得率为 0.24%~0.6%，主要化学成分为丁香醇、己醇、叶醇、芳樟醇、苄醇、苯乙醇、肉桂醛、丁香酚、大茴香醛和吲哚等。

(7) 用途

树皮、树干及枝条均可药用，具清肺祛痰、消炎利尿功效。其嫩叶、嫩枝、花可调制保健茶叶。木材可供建筑、器具、家具及细木工用材。暴马丁香还是优美的绿化观赏树种。

10. 马尾松

马尾松（*Pinus massoniana*）为松科（Pinaceae）松属植物。产于江苏、安徽、河南西部以及陕西汉水流域以南，长江中下游各省区。

(1) 形态特征

乔木，有树脂，枝条每年生长 1 轮，但在广东南部常生长 2 轮。针叶常两针一束，树脂道边生。球果卵圆形或圆锥状卵圆形；种子长卵圆形。花期 4 月，果次年 10~12 月成熟。

(2) 生长习性

喜光和温暖湿润气候，能耐干旱，瘠薄的红壤、石砾土及砂质均可生长，但以肥沃、湿润、深厚的砂壤土生长良好。

(3) 繁殖与栽培技术要点

种子繁殖。当年种子发芽率可达 80%~90%，次年降至 50%~60%，第 3 年仅为 20%。春播前浸种一昼夜，并用 0.5%硫酸铜溶液浸泡消毒。当年苗可达 15cm，第 2 年可达 30cm，幼苗期应注意预防立枯病。

(4) 主要利用部位

松脂。

(5) 采收加工

采集松脂提取精油。松针含有 0.2%~0.5%的精油，可提取松针油。

(6) 精油含量及主要成分

松脂精油得率 19%~25%，主要化学成分为 α-蒎烯、长叶烯、β-蒎烯、β-石竹烯、莰烯、月桂烯、柠檬烯等。叶精油得率为 0.20%，主要化学成分为 α-松油醇、乙酸龙脑酯、β-石竹烯、α-蒎烯、β-蒎烯、柠檬烯等。

（7）利用

花粉可入药或供婴儿襁褓中防湿疹保护皮肤用。松节油是合成香料的重要原料，松针油和松果油可用于配制日用、皂用、化妆品香精。马尾松还是绿化荒山的先锋树种。

11. 檀香

檀香（*Santalum album*）为檀香科（Santalaceae）檀香属植物。原产印度，我国于 1962 年首次引入檀香，在海南栽培已获得成功。

（1）形态特征

半寄生性常绿小乔木，根具吸盘，附着在寄生根上。单叶对生，椭圆形至卵状披针。圆锥花序；花瓣极小或无，4~5 片，初为淡黄绿色，后变为淡红色，逐渐呈紫红色；橙黄色，后转为紫红色。核果肉质球形，熟时深紫红至黑色。花期 5~6 月，盛果期 9~11 月。

（2）生长习性

适宜生长在炎热、潮湿、强光照环境。目前我国檀香以长春花、洋金凤、凤凰树、红豆、相思树等植物作寄主。以土层深厚，排水良好，疏松透气，富含铁、磷、钾等营养元素，pH 在 5~6 之间的红色壤土，地势向阳、有一定坡度的山地为佳。根系最忌积水。

（3）繁殖与栽培技术要点

种子在 10~11 月间随采随播。种子具休眠性。播后需保持荫蔽度 50%~60%，保持土壤湿润。种子出苗后，将寄主幼苗植入檀香植株旁。移苗成活率与温度、湿度、土壤、遮阴度均有关。一般幼苗长出 2 片真叶时移植成活率高。出苗或移苗 1~2 个月后，可第 1 次追肥，以后每隔 2~3 个月施肥 1 次。定植行株距 4m×4m、4m×3m 或 3m×3m，穴规格为 60cm×60cm×50cm。在两穴之间定植乔木寄主植物。定植后，每年除草浅松土、施肥各 2~3 次。分枝能力较强，生长期间，应适当修剪侧枝。主要病害为幼苗立枯病和根腐病；主要虫害为象鼻虫等，可人工捕杀。

（4）主要利用部位

根和树干木质部。

（5）采收加工

香料用的檀香，要求树龄必须在 30 年以上，方可砍伐利用，砍伐后的檀香木需经一段时间的自然干燥过程，然后将木材切成薄片或粉碎，或用制作工艺品的碎料或锯屑作为提取檀香精油的原料。用水蒸气蒸馏法提取精油。

（6）精油含量及主要成分

檀香树干、枝和根的心材精油得率为 2.50%~6.50%，主要化学成分为 α,β-檀香醇（90.00%以上）。根部心材产油率最高可达10%，茎部心材次之。

（7）用途

檀香精油用于调配各种高级化妆品、香水、皂用香精；檀香还是一种有香木材，可直接燃烧或做成香来燃烧。檀香油在医药上有广泛用途，具有清凉、收敛、强心、滋补等功效，还是非常理想的镇静剂。

（8）注意事项

避免在精神沮丧时使用檀香精油。

12. 丁子香

丁子香（*Syzygium aromaticum*）是桃金娘科（Myrtaceae）蒲桃属植物。原产马来群岛和非洲，我国华南地区有栽培。

（1）形态特征

常绿乔木，单叶对生，卵状长圆形至倒卵状长圆形。聚伞花序顶生；花芳香，白色稍带淡紫；花冠短管状。浆果长圆状椭圆形，红棕色；种子小，多数，椭圆形。花期5~7月，果期7~8月（见彩图37）。

（2）生长习性

喜高温高湿气候，不耐低温和干旱。幼苗期喜阴，成龄树需充足阳光。适宜栽培于pH 5~7，土层深厚、肥沃、疏松、排水良好的砂质壤土中。

（3）繁殖与栽培技术要点

播种在4月上旬进行，催芽后播种。分株于3月或11月进行。将母株根部丛生出的茎枝分离，另行移栽即可。丁子香宜地栽，也可盆栽。移栽时，根部尽量多带土，容易成活。主要病害为褐斑病；主要虫害为介壳虫。

（4）主要利用部位

花蕾、根、茎、叶都可提取精油。

（5）采收加工

一般在花蕾含苞待放，由白转绿，并带有红色，花瓣尚未开放时采收，手工逐朵采摘。采摘后将花蕾和花柄分开，日晒4~5d，直至花蕾呈浅紫褐色、脆、干而不皱缩，此产品称为公丁香；晒干的幼果称为母丁香。

（6）精油含量及主要成分

花蕾精油得率为15.30%，主要化学成分为丁香酚、β-石竹烯。

（7）用途

丁子香油为重要芳香药物，有抗菌、驱虫、健胃功效。丁香花蕾用在食品调料上。

(8) 注意事项

丁子香精油对皮肤和黏膜刺激性强，因此，不要直接涂抹在皮肤上，且避免直接吸入其蒸汽，但可使用扩香器作为熏蒸杀虫剂或室内空气净化剂。

13. 众香

众香（*Pimenta officinalis*）是桃金娘科众香属植物。原产西印度群岛及中美洲，我国云南、广东、海南等地有引种栽培。

(1) 形态特征

常绿小乔木，树皮光滑，灰色。单叶对生，长椭圆形。花小，白色，聚伞花序。果近圆形，红褐色；种子肾，红褐色。花果期 1~6 月，有时全年。

(2) 生长习性

阳光充足的地方，枝多叶茂果大，精油含量高。喜湿润环境，在年降水量1700~2500mm的地区生长茂盛，精油含量高。喜肥，以土层深厚、肥沃疏松、排水良好、腐殖质多的砂质壤土生长最好。

(3) 繁殖与栽培技术要点

短期内大量繁殖用种子繁殖方法。一般 8 月采摘成熟果实，取出种子凉干。扦插繁殖一般在春、秋季节进行。定植在春季和秋季进行。以采叶蒸油为目的的，行株距 2m×1.5m，在整形修剪上注意控制高度，定植 1 年后应摘心打顶，控制在 4m 以下，以促进多分枝多长叶；以采果为目的的，行株距以 3m×2m 为宜，不宜摘心，让其生长高大，以利结出更多果实。

(4) 主要利用部位

果实。

(5) 采收加工

半成熟的果实经干燥、粉碎后，水蒸气蒸馏法提取精油。树叶也可用水蒸气蒸馏法提取精油。

(6) 精油含量及主要成分

果实和叶片均含精油，果实精油得率为 3.3%~4.3%，鲜叶出油率为 1.0%~2.5%，主要化学成分为甲基丁香酚、爱草脑、月桂烯、丁香酚、柠檬烯等。

(7) 用途

浆果入肴调味。众香精油是香料工业的重要原料，主要用于肥皂、洗涤剂、化妆品、香水等，精油还有抗菌作用，可作高效防腐剂。

(8) 注意事项

众香精油会刺激黏膜，因此，使用时需远离口腔、鼻子等；对局部皮肤作用良好，但因药力强大，使用时需掌握好浓度。

14. 柠檬桉

柠檬桉（*Eucalyptus citriodora*）为桃金娘科桉属植物。原产澳大利亚东部及东北部沿海地区，我国福建南部、广东南部、广西中部有栽培，以百色和柳州地区栽培最多。

（1）形态特征

常绿大乔木，树皮灰白色或淡红灰色，片状剥落。幼枝叶卵状披针形，长成叶狭状披针形或卵状披针形，镰状互生，具浓厚柠檬香气。花较小，3~5 朵组成小伞形花序，再集生成复伞形花序。蒴果卵状壶形或坛状。花期 3~4 月和 10~12 月，果熟期 9~11 月和次年 6~7 月（见彩图 38）。

（2）生长习性

喜高温多湿气候，不耐严寒。对土壤要求不严，喜湿润，土层深厚疏松的酸性（pH 4.5~6.0）红壤、砖红壤、黄壤和冲积土上均生长良好。较耐干旱、瘠薄。喜光，抗风。

（3）繁殖与栽培技术要点

果实外表由嫩绿转为暗绿色至灰褐色即可采收种子，可随时播种。苗木高达 15~25cm 时，即可上山造林。一般种植时间在 3~5 月。应在连续雨天或土壤湿润情况下，选择高度为 10~15cm 的粗壮幼苗栽植。行株距一般为 3m×1m、2.5m×1.2m、2m×1m等。定植后，连续 2 年进行松土除草，每年 1~2 次。当林木开始郁闭并逐步进入完全郁闭状态时，应进行抚育间伐。主要病害有溃疡病、苗茎腐病；主要虫害有白蚁、红脚绿金龟子。

（4）主要利用部位

夏季采集的幼嫩枝叶。

（5）采收加工

植株为 2 年生时，一般不主张采叶，以免影响植株长势。如果长势特别好，可试采少量叶片。定植后第 3 年开始采叶，采叶最佳时间为 8~9 月，最迟不能超过 11 月底。如果超过 11 月底采叶，采叶时要保留树冠顶端 70~80cm 的叶片。

（6）精油含量及主要成分

叶精油得率为 0.5%~2.0%，主要化学成分为香茅醛、香茅醇、乙酸香茅酯、1,8-桉叶油素、芳樟醇等。

（7）用途

柠檬桉精油是香料工业中重要的原料之一，主要是作为单离和半合成香料应用，可用于香皂、香水、化妆品香精。柠檬桉叶有消肿散毒功效，还可预防流感、流脑、麻疹。柠檬按为良好的庭园风景树和行道树，还可作多种用材；树皮可提制栲胶和阿拉伯胶。

（8）注意事项

柠檬桉精油儿童慎用，必要时应在医生指导下使用。

15. 蓝桉

蓝桉（*Eucalyptus globulus*）别名尤加利，为桃金娘科桉属植物。原产澳大利亚，我国广西、云南、四川等地有栽培。

（1）形态特征

大乔木，树皮光滑，长条状剥落。幼苗及萌枝叶片卵形，基部心形，被白粉；大树叶片披针形、镰形。伞形花序，花大。蒴果杯状或半球形；种子细小，多数。花期 9~10 月，果熟期 2~5 月。

（2）生长习性

喜温凉气候，不耐湿热。喜光，喜肥沃湿润酸性土壤，不耐钙质土。

（3）繁殖与栽培技术要点

11~12 月采种，次年春播，也可 7~8 月采种，当年播种。苗高 30~40cm 时，选阴雨天移栽。在滇中地区于 6 月上旬至 7 月上旬移栽最佳。定植密度 300 株/667m^2，栽后浇透水。成活后的幼树林应禁止放牧，及时铲锄树杂草。树苗长至2~3年后，每年修枝 1 次。幼苗易发生立枯病；易受黄蚂蚁危害。

（4）主要利用部位

叶和枝梢。

（5）采收加工

枝叶全年可采，但以夏季生长旺盛时精油含量较高。新鲜叶和枝梢采收后用水蒸气蒸馏法提取精油。

（6）精油含量及主要成分

叶精油得率为 0.70%~0.90%，主要化学成分为 1,8-桉叶油素、α-蒎烯、α-乙酸松油酯等。果实含有精油，主要化学成分为别香树烯、1,8-桉叶油素、α-水芹烯、α-蒎烯、δ-愈创木烯、β-水芹烯、α-愈创木烯、反-石竹烯等。

（7）用途

蓝桉精油是提取 1,8-桉叶油素的重要原料，精油可用于调配香皂、化妆品、洗涤剂香精。桉叶油为祛痰杀菌剂，具有消毒、防腐、祛痰、镇静的作用。

（8）注意事项

12 岁以下儿童一般不要使用蓝桉精油，必要时，应在医生指导下使用。

16. 白千层

白千层（*Melaleuca leucadendra*）为桃金娘科白千层属植物。原产澳大利亚，我国广西、广东、福建、台湾均有栽培。

（1）形态特征

常绿乔木，树皮灰白色，薄层状剥落。叶互生，披针形至狭长圆形，多油腺点，芳香。穗状花序，花白色，花瓣5。蒴果近球形。花期每年多次，果熟期9月下旬至翌年3月（见彩图39）。

（2）生长习性

喜温暖潮湿环境，要求阳光充足，能耐干旱、高温及瘠瘦土壤，也可耐轻霜及短期0℃左右低温。对土壤要求不严。

（3）繁殖与栽培技术要点

种子随采随播，也可晒干袋藏备用。2月中、下旬播种育苗。苗高6~8cm，叶片接近硬革质时，可换床育苗。换床育苗时要施足基肥，以后每月追施1~3次。苗高1.2m时栽植。栽植穴长、宽、深各为40cm。一次栽培，当年见效，年年收枝叶，每年可采2次。

（4）主要利用部位

叶和小枝。

（5）采收加工

叶和小枝全年可采，枝叶趁鲜用水蒸气蒸馏法提取精油。

（6）精油含量及主要成分

枝叶精油得率为1.0%~1.5%，主要化学成分为1,8-桉叶油素、α-松油醇、α-蒎烯、喇叭茶醇异构体、喇叭茶醇、β-石竹烯、β-桉叶醇等。

（7）用途

白千层精油有镇痛、杀菌、消毒、驱虫及防腐等功效，是治疗感冒及其他呼吸系统感染的良好药剂之一。

（8）注意事项

白千层精油对皮肤和黏膜有一定的刺激性，但使用分馏萃取的白千层精油可降低其对皮肤的刺激性。白千层精油是一种效力强烈的精油，应在1%以下浓度少量使用。

17. 互叶白千层

互叶白千层（*Melaleuca alternifolia*），其精油即为茶树精油，为桃金娘科白千层属植物。原产于澳大利亚，近年来，我国广东、广西等地开始种植。

（1）形态特征

常绿小乔木，树皮灰白色。叶互生，呈披针形，密布油腺点。花小，多花，密集成穗状花序，形似试管刷；花瓣 5。白色。蒴果卵圆形，成熟果实为紫黑色。

（2）生长习性

喜高温高湿气候，不耐低温干旱。喜光，在肥沃而湿润的土壤上生长最好。

（3）繁殖与栽培技术要点

种子繁殖。播种后，7~10d 发芽，冬天 20d 左右发芽，整个过程应保持畦面湿润。速生，萌芽力强，定植后可多次收获。

（4）主要利用部位

叶和小枝。

（5）采收加工

叶和小枝全年可采，枝叶趁鲜或阴干后用水蒸气蒸馏法提取精油。

（6）精油含量及主要成分

枝叶精油得率为 0.7%~1.8%，主要化学成分为 α-松油烯、对伞花烃、柠檬烯、1,8-桉叶油素、γ-松油烯、异松油烯、松油醇-4、α-松油醇等。

（7）用途

精油具强烈的杀菌作用，可广泛用于医药、食品、化妆品等行业。

（8）注意事项

对一般皮肤均无刺激，但如果皮肤上使用药物、过度使用化妆品与清洁剂导致皮肤脆弱，这时若使用 100%纯度的茶树精油，可能会造成皮肤敏感。茶树精油虽无毒性，但其效果也仅限于外用而非内用。

18. 葡萄柚

葡萄柚（*Citrus paradisi*）为芸香科柑橘属植物。主产地为西印度群岛、南非、巴西、美国的佛罗里达和加利福尼亚等地，我国四川、广东、浙江等地也有栽培。

（1）形态特征

常绿乔木，叶片卵形，叶柄上具叶翼，倒卵形或倒披针形。总状花序；花瓣白色。果球形或梨形，黄色，皮中等厚；瓤囊甚薄，白色，汁胞柔软多汁；种子白色，多胚。花期 3~4 月，果期 10 月。

（2）生长习性

喜温暖湿润气候，对温度要求较严。喜光，对土壤适应范围较广，具较强耐瘠薄能力，可种于低山丘陵，以土层深厚、疏松、富含有机质的土壤为宜。

(3) 繁殖与栽培技术要点

苗木定植前需土壤改良。葡萄柚栽种要求苗木高度1m以上，并有1~3级分枝。葡萄柚砧木用酸橙、酸柚、粗柠檬、枳壳及‘本地早’等。栽种后要逐年用堆肥扩穴，使其根系迅速扩大。葡萄柚需肥量大，供水量充足。进入盛果期前，如管理不善，容易形成旺长树，需采取促花处理。谢花后10d左右环割结果母枝，花期喷施硼肥，幼果期喷施激动素或赤霉素等进行人工辅助授粉；疏花疏果宜早不宜迟。

(4) 主要利用部位

果皮。

(5) 采收加工

葡萄柚鲜果生产精油，可用冷榨法和水蒸气蒸馏法。蒸馏方法获得的精油，其质量明显低于压榨法获得的精油。

(6) 精油含量及主要成分

新鲜成熟果皮经冷榨精油得率约0.6%，主要化学成分为柠檬烯、月桂烯、蒎烯等。

(7) 用途

西方多用作早餐果品或制作果汁及罐头。葡萄柚精油能滋养组织细胞，增加体力，舒缓支气管炎，利尿，改善肥胖、水肿及淋巴腺系统等疾病。

(8) 注意事项

葡萄柚精油保质期短，在6个月保质期内使用完毕。一旦开始氧化，可能会刺激皮肤，造成过敏。虽属于柑橘类精油，但并不会引致光毒反应。使用剂量过高可能引起皮肤不适。

19. 柠檬

柠檬（*Citrus limon*）为芸香科柑橘属植物。本种可能原产东南亚，我国四川、广东、广西、云南和台湾一带均有栽培，以四川栽培的‘尤力克’品种为最好。

(1) 形态特征

常绿小乔木，幼叶带红色，以后灰绿色，长卵形，叶柄有窄翼或仅具痕迹。花蕾带红色，花瓣上部白色，下部带紫色。果广椭圆形，两端尖，成熟时黄色；果皮厚，密布腺点；种子小，卵球形（见彩图40，彩图41）。

(2) 生长习性

要求温暖湿润的气候。抗旱力弱，在pH 6.5~7.5的紫色土、黄土、冲积土中均宜生长。

(3) 繁殖与栽培技术要点

嫁接繁殖为主。定植时期各地略有差别，多在2~3月春雨来临前栽植。密度为

32～56 株/667m^2。根据柠檬每年可抽 3 次新梢，每年开花 3～4 次的特性，施肥要在抽梢或开花时进行。柠檬树宜扩大树冠，幼年树修剪时，强树以疏、短、截强枝为主，弱树以疏弱枝为主；成年树以轻剪为主，采用疏剪、短截相结合。病虫害注意流胶病和红蜘蛛、黄蜘蛛的危害。

（4）主要利用部位

果皮或果实、枝叶。

（5）采收加工

柠檬鲜果成熟后采收。鲜果实或鲜果皮经冷磨后，直接压榨或加助剂冷榨得到冷榨精油。提取精油后的碎皮和混合液也可用水蒸气蒸馏法获取精油。柠檬叶采收后用水蒸气蒸馏法提取精油。

（6）精油含量及主要成分

果皮精油得率为 0.13%～2.15%，叶精油得率为 0.11%～0.33%。果皮精油主要化学成分为柠檬烯、β-乙酸松油酯、柠檬醛等。

（7）用途

柠檬是市场鲜销果品之一。果汁可制浓缩柠檬汁、果酒等饮料；果肉可做柠檬酱、蜜饯等；果皮精油可作为香精用于多种食品。柠檬的根、叶、果实均可入药。

（8）注意事项

冷榨提取的柠檬精油会产生光过敏反应，请勿在阳光暴晒之前使用，否则可能会导致皮肤黑色素沉淀。柠檬精油保质期较短，需在 6 个月的保质期内使用完。另外，使用柠檬精油有可能使血压升高。

20. 甜橙

甜橙（*Citrus sinensis*）为芸香科柑橘属植物。原产我国南方及亚洲的中南半岛，主产于我国四川、广东、台湾、广西、福建、湖南、江西、湖北等。

（1）形态特征

常绿小乔木，小枝无毛，枝刺短或无。叶椭圆形至卵形，全缘或有不显著钝齿；叶柄具狭翼。花白色。果近球形，橙黄色。花期 5 月，果 11 月至次年 2 月成熟。

（2）生长习性

喜温暖湿润气候。年日照 1000～1400h 能满足其要求。在肥沃、疏松、富含有机质的微酸性或中性砂质壤土生长良好。

（3）繁殖与栽培技术要点

多用嫁接繁殖。砧木主要用酸橘、红橘，中亚热带地区主要用红橘和朱橘，北亚热带地区主要用枳、枳橙和宜昌橙，沿海盐碱地区主要用枸头橙。主要病害为炭疽病、溃疡病和黄龙病等；主要虫害为红蜘蛛、锈螨、潜叶蛾、介壳虫等。

（4）主要利用部位

果皮。

（5）采收加工

甜橙精油的加工，一般与加工橙汁同时进行。用橙类剥皮压榨机，将果皮与瓤分离，同时将瓤挤压出汁，果皮单独分离用压榨法或水蒸气蒸馏法提取精油。

（6）精油含量及主要成分

压榨法的果皮精油得率为0.3%~0.5%，主要化学成分是柠檬烯、芳樟醇、乙酸芳樟酯、癸醛。

（7）用途

果皮入药，用于咳嗽多痰和胸闷；果肉入药，有清热生津、行气化痰功效；精油具有抗抑郁、抗痉挛、健胃等功能。

（8）注意事项

在外出阳光暴晒之前，请勿在裸露的皮肤上使用甜橙精油，并且在6个月的保质期内使用完毕。

21. 柑橘

柑橘（*Citrus reticulata*）为芸香科柑橘属植物。原产中国，广布于长江以南各地，栽培于丘陵、低山地带、江河湖泊沿岸或平原。

（1）形态特征

绿小乔木或灌木，叶互生，叶片披针形或椭圆形，具半透明油点。花白色或带淡红色；花瓣5，长椭圆形。柑果近圆形或扁圆形，红色，朱红色，黄色或橙黄色；种子卵圆形，白色。花期3~4月，果期10~12月。

（2）生长习性

喜温暖湿润气候，对温度要求较严，但也具较强的耐寒性。较喜光，对土壤适应范围广。

（3）繁殖与栽培技术要点

播种和嫁接法繁殖。一般春季2月下旬至3月中旬春梢萌动前栽植。柑橘栽培常见间距为4m×6m。幼树定植后1个月，可施稀粪水。幼苗移栽后留30~40cm定干修剪，柑橘幼苗发梢后要培养主枝和副主枝，每次新梢抽发前和生长期均要施1~2次速效肥，在易受冻害地区，8~10月应停止施肥。定植后第2年，应逐渐加大施肥量；2~3年生树施肥，要抓住各次梢生长期间连续追肥。成龄树进行适当夏剪和冬剪。主要病害为柑橘黄龙病、溃疡病、疮痂病；主要虫害为红蜘蛛。

（4）主要利用部位

果皮。

（5）采收加工

柑橘鲜果皮可采用冷榨法和水蒸气蒸馏法提取精油。其花和叶采收后，可采用蒸馏法提取精油。

（6）精油含量及主要成分

果皮精油得率为 0.08%~12.50%，主要化学成分为柠檬烯、α-蒎烯、β-蒎烯、β-水芹烯、α-松油醇、对伞花烃、月桂烯、松油醇、芳香醇等。

（7）用途

柑橘果实为我国著名果品之一。糖橘饼有宽中下气、止咳化痰之功效；精油对病后或压抑引起的食欲不振有效。

（8）注意事项

在外出阳光暴晒之前，请勿在裸露的皮肤上使用甜橙精油，并且在 6 个月的保质期内使用完毕。

22. 佛手柑

佛手柑（*Citrus bergamia*）是芸香科柑橘属植物。原产热带和亚热带地区，我国云南西双版纳和重庆等地有引种栽培，但数量很少。

（1）形态特征

常绿小乔木，单叶互生，叶长圆状或尖，叶柄具倒卵形的翅。花大，花瓣 5，白色，极香。柑果梨形，表面凹凸不平，柠檬黄色；果肉黄色；种子倒卵形。花期 4~5 月，果熟期 12 月至翌年 2 月。

（2）生长习性

要求温暖湿润、阳光充足的环境，不耐严寒，怕冰霜及干旱，耐阴、耐瘠、耐涝。宜在土层深厚、疏松肥沃、富含腐殖质、排水良好的酸性壤土、砂壤土或黏壤土中生长。

（3）繁殖与栽培技术要点

扦插繁殖在春季 2~3 月及秋季 8~9 月均可进行，以秋季扦插最好。嫁接繁殖在春、秋两季进行。用香橼或柠檬作砧木较好。靠接法于 8~9 月上旬进行；切腹接于 3 月上中旬进行。一般前 3 年在 3~8 月每月宜施 1 次速效有机肥；在未进入结果期应施好攻梢肥；种植后的第 2 年就可进入结果期，每年应施肥 4 次，分别为花前肥、开花盛期、壮果肥、采果肥。主要病害为炭疽病；主要虫害为潜叶蛾、锈壁虱、介壳虫、红蜘蛛等。

（4）主要利用部位

成熟果的果皮。

（5）采收加工

在12月至翌年1月采其成熟的果皮，用冷磨或冷榨萃取方式提取精油，质量较好。未成熟的落果果皮蒸馏提取精油，精油质量较差。

（6）精油含量及主要成分

新鲜成熟果的果皮精油得率为0.3%~0.5%，主要化学成分为柠檬烯、乙酸芳樟酯、芳樟醇、香叶醇、γ-松油烯等。

（7）用途

佛手柑的根、茎、叶、花、果均可入药。佛手柑精油有治疗尿路感染、治疗忧郁和焦虑、保护皮肤的功效。佛手柑还可供观赏。

（8）注意事项

冷压式萃取的佛手柑精油因含有呋喃香豆素而具有光过敏反应。如需要在阳光下使用可将其稀释到2%以下，因其中的呋喃香豆素含量较少，对光线没有敏感性。

23. 樟树

樟树（*Cinnamomum camphora*）为樟科（Lauraceae）樟属植物。我国长江流域及其以南各地较多。

（1）形态特征

常绿乔木，树皮幼时绿色平滑，老时渐变为黄褐色或灰褐色。单叶互生，卵形或椭圆状卵形。花黄绿色，圆锥花序，小而多。核果球形，成熟后黑紫色；种子球形，黑色。花期4~6月，果期9~11月（见彩图42，彩图43）。

（2）生长习性

幼树喜适当庇荫，成年树需阳光。喜温暖湿润气候，幼树耐寒性不强，在土壤酸性至中性、土层深厚肥沃的砂质壤土或轻砂壤土的黄壤、红黄壤、红壤及冲击土壤生长良好。较耐水湿，但不耐干旱、瘠薄和盐碱土。

（3）繁殖与栽培技术要点

每年10~12月采集黑色果实用湿沙层积贮藏。3月初播种。幼苗长出数片真叶开始间苗，苗高10cm左右定苗，株距为4~6cm。7月以后加强肥水管理，松土除草。秋末停止追肥、灌溉。追肥一般2~3次。樟树1年生苗高达50cm以上，地径达0.7cm以上，即可出圃造林。造林时间以早春3月雨季来临之前为宜，栽植行株距为2.0m×1.8m。造林后，每年2~3次中耕除草和深翻扩穴，至幼林郁闭为止。常见病害有白粉病和黑斑病；主要虫害有樟叶蜂、樟梢卷叶娥、樟天牛等，需及时防治。

(4) 主要利用部位

叶、枝及木材。

(5) 采收加工

树叶全年均可采收，一般夏秋季采收为宜。采下的嫩枝和叶，在室温下摊开薄层，阴干3~5d，保持叶片自然绿色。用水蒸气蒸馏法提取精油。

(6) 精油含量及主要成分

鲜叶出油率为1.2%~2.0%，叶精油主要化学成分可分为樟脑型（樟脑含量达80%）、柠檬醛型（含醛量达70%）、1,8-桉叶油素型（含量为37%~56%）。1,8-桉叶油素型的鲜叶出油率为1.2%~1.75%，主要化学成分为1,8-桉叶油素、α-蒎烯、香桧烯、蒎烯、月桂烯等。

(7) 用途

樟树精油可作香精原料。樟脑有强心解热、杀虫功效；树皮有抑菌作用；叶还可治疗皮肤瘙痒及熏烟灭蚊。樟树木材可供建筑、造船、家具、雕刻等。樟树可作绿化行道树。

(8) 注意事项

樟树精油有一定的刺激性，过量使用会引起抽搐和呕吐。孕妇禁用樟树精油。

24. 肉桂

肉桂（*Cinnamomum cassia*）为樟科樟属植物。原产越南清化县，广东、广西是我国肉桂的最大产区，产量占全国95%以上。

(1) 形态特征

常绿乔木，主干外皮灰褐色或棕色，芳香。叶互生或近对生，叶片长椭圆形至披针形；圆锥花序，花小，两性，黄绿色。浆果卵圆形，熟时黑紫色；种子卵圆形，黄褐色。花期6~7月，果期10月至次年2~3月。

(2) 生长习性

喜温暖湿润气候，耐热而又怕旱。幼树要求60%~70%荫蔽度；成株喜阳光充足。喜土层深厚、排水良好、肥沃的砂质壤土或灰钙土或酸性（pH 4.5~5.5）的红色砂壤土。

(3) 繁殖与栽培技术要点

2月下旬至4月种子成熟，宜随采随播。幼苗出土及时中耕除草。幼苗长出3~5片真叶时，每15d追肥1次。苗高5~6cm时定苗。1年后苗高30cm以上时，即可出圃定植。定植以3月中旬至4月上旬较为适宜。选阴天或小雨天气，在备好的地块上按行株距（1.2~1.5）m×（1~1.2）m（矮林作业）或（5~6）m×（4~5）m（乔木林作业）开穴，每穴栽苗1株。定植后，每年冬末春初中耕除草

1~2 次，施肥 2~3 次。幼林期把靠近地面的侧枝、多余的萌蘖剪去。成龄树剪除病虫枝、弱枝和过密侧枝。成年桂树砍伐剥皮后，应及时选留正直粗壮的新枝 1 株继续培育成材，其余的除去。主要病害为褐斑病、炭疽病、白粉病等；主要虫害为蛀心虫、卷叶虫、桂蚕等。

（4）主要利用部位

树皮、树枝和树叶。

（5）采收加工

桂叶（包括小枝）精油的生产随原料采集期不同，可分为春油和秋油。每年 3~6 月采收桂皮的同时，将叶和小枝收集晒干，水蒸气蒸馏出的油称春油；8~12 月采摘的叶和小枝蒸馏出的油称秋油。春叶含油量低（0. 25%~0. 26%），但油中含桂醛高（85%~90%），秋叶含油量高（0. 33%~0. 37%），但油中含醛量低（80%~86%）。夏、冬两季采集的叶不论是含油量还是含醛量均较低。一般来说，桂叶先晾干再用水蒸气蒸馏法提取精油。

（6）精油含量及主要成分

肉桂树皮精油得率为 1. 98%~2. 06%，主要化学成分为桂皮醛、醋酸桂皮酯、桂皮酸等。肉桂树根中精油的主要化学成分为苯甲酸、苯甲酯。

（7）用途

肉桂有强烈的肉桂醛香气，其精油用作软饮料、糖果、罐头食品、焙烤食品、酒类和烟类等及皂用香料。肉桂是传统中药之一，具抗抑郁作用。

（8）注意事项

肉桂精油对皮肤和黏膜具有强烈的刺激性，请勿直接使用在皮肤上或直接吸入肉桂油蒸汽。肉桂精油可作为熏香剂使用。

25. 月桂

月桂（*Laurus nobilis*）为樟科月桂属植物。原产地中海沿岸各国，我国浙江的杭州、温州，江苏的南京、苏州、宜兴，福建的福州、厦门，台湾的南投，重庆以及云南的西双版纳均有引种栽培。

（1）形态特征

常绿小乔木，叶互生，矩圆形、长圆形或长圆状披针形。伞形花序；雌雄异株，雄花花小，黄绿色，雌花通常有退化雌蕊 4，与花被片互生。果椭圆状球形，熟时暗紫色。花期 3~5 月，果期 6~9 月。

（2）生长特性

喜温暖湿润气候。喜光，稍耐阴。不耐盐碱。怕涝。排水良好的壤土、砂壤土、夹砂黄壤土对其生长发育有利。

（3）繁殖与栽培技术要点

扦插繁殖为主。硬枝扦插在春季 3 月进行；嫩枝扦插在 6~7 月，插后遮阴保湿，第 2 年分栽。主要病害为褐斑病、枯斑病、炭疽病等；主要虫害为红蜡蚧、大蓑蛾等。

（4）主要利用部位

叶和嫩枝。

（5）采收加工

一般在夏、秋季节，早晨手工采收树叶，在室温下阴干，保持叶子自然绿色。枝叶用水蒸气蒸馏法提取精油。

（6）精油含量及主要成分

叶和果含精油，叶精油得率为 0.3%~0.5%，但亦有高达 1%~3%，果精油得率约 1%，月桂叶精油主要化学成分为 1,8-桉叶油素、乙酸松油酯、香桧烯、α-蒎烯、β-蒎烯、α-松油醇等。

（7）用途

花、果、根可药用。月桂叶精油用于食品及皂用香精，有杀菌消毒作用；叶片可作调味香料或作罐头矫味剂。月桂适于在庭院、建筑物前栽植。

（8）注意事项

月桂精油刺激皮肤，甚至可能波及黏膜组织，使用前应稀释，按摩用的稀释比例应在 1%以下，泡澡时也需稀释后使用。

26. 阴香

阴香（*Cinnamomum burmannii*）为樟科樟属植物。分布于我国广东、广西、云南及福建，印度、缅甸、越南、印尼和菲律宾亦有分布。

（1）形态特征

常绿乔木，枝叶、树皮芳香。叶互生或近对生，稀对生，卵圆形、长圆形至披针形。圆锥花序，密被灰白微柔毛，花绿白色。核果卵球形，成熟时紫黑色或黑色。花期 3~4 月，果熟期 10~11 月（见彩图 44，彩图 45）。

（2）生长习性

喜阳光、温暖湿润气候及肥沃湿润、排水良好的砂质土壤。适应范围广，中亚热带以南地区均能生长良好。

（3）繁殖与栽培技术要点

种子采后即播或沙藏，沙藏最好不超过 20d。幼苗期间适当遮阴。造林后的当年春末夏初抚育 1 次，进行松土、培蔸、正苗、补蔸，保证幼林全苗。秋天再抚育 1 次，以后每年至少抚育 2 次，连续抚育 3~4 年，直到闭郁成林。主要病害为阴香粉实病、阴香叶斑病。

（4）主要利用部位

树皮、叶和根。

（5）采收加工

树皮作肉桂皮代用品。其皮、叶、根均可用水蒸气蒸馏法提取精油。

（6）精油含量及主要成分

从树皮提取的精油称广桂油，得率为0.4%~0.6%，从枝叶提取的精油称广桂叶油，得率为0.2%~0.3%。不同产地叶精油具有不同的化学型。云南产芳樟醇型的精油主要化学成分为芳樟醇、c-桂醛、β-丁香烯、白千层醇、乙酸桂酯、橙花叔醇等；云南文山产柠檬醛型的精油主要化学成分为柠檬醛、橙花醛、香草醛等。

（7）用途

香料与药用本种精油可用于医药、香料及日化的调配原料。广桂油用于食用香精，亦用于皂用香精或化妆品，广桂叶油则用于化妆品香精。阴香在园林中作绿化树、行道树。

27. 土沉香

土沉香（*Aquilaria sinensis*）别名沉香，为瑞香科（Thymelaeaceae）沉香属植物。分布于广东、广西、福建、台湾。白木香树干及根部受伤后分泌的树脂称为“土沉香”。

（1）形态特征

常绿乔木，叶互生，卵形、倒卵形或椭圆形。伞形花序顶生或腋生；花黄绿色，芳香。蒴果被灰黄色短柔毛。花期4~5月，果期7~8月（见彩图46，彩图47）。

（2）生长习性

喜温暖湿润气候，耐短期霜冻，耐旱。幼龄树耐阴，成龄树喜光。在富含腐殖质、土层深厚的壤土上生长较快，但结香不多；在瘠薄的土壤上生长缓慢，长势差，但利于结香。

（3）繁殖与栽培技术要点

播种繁殖。幼苗长出2~3对真叶时，于阴雨天或晴天下午将苗移至营养袋中。气温稳定回升时移苗定植。栽后每年分别在5~6月伏旱前和8~9月秋末冬初进行中耕除草。每年至少施肥1次，以2~3月间春梢萌动前为宜。为促进主干生长，利于结香，一定要进行适时修剪。主要病害为幼苗枯萎病、炭疽病；主要虫害为卷叶虫、天牛、金龟子。

（4）主要利用部位

树脂。

（5）采收加工

全年均可采收，以种植 10 年、胸径 15cm 以上者取香质量较好。当沉香树表面或内部形成伤口时，由于真菌侵入，使其薄壁组织细胞内的淀粉产生一系列的化学变化，最后形成香脂，凝结于木材内。当累积的树脂浓度达到一定程度时，便可将其取下，便为可使用的土沉香。

（6）精油含量及主要成分

木材精油得率为 0.30%~9.70%，主要化学成分为沉香螺醇、白木香酸和白木香醛。

（7）用途

土沉香可作中药或香料，花也可供制香料。精油具行气止痛、温中止呕、纳气平喘的功效。树皮纤维柔韧，色白而细致，可做高级纸原料及人造棉。

28. 柏木

柏木（*Cupressus funebris*）为柏科（Cupressaceae）柏木属植物。广布于我国华东、华中、华南和西南等省区，以四川、湖北西部和贵州栽培最多。

（1）形态特征

常绿乔木，小枝细长下垂，生鳞叶的小枝扁，排成一平面。鳞叶二型，先端锐尖，中央之叶背有条状腺点，两侧之叶对折，背部具脊。球果圆球形；种子边缘具窄翅。花期 3~5 月，种子翌年 5~6 月成熟。

（2）生长习性

喜温暖湿润气候。对土壤适应性广。耐干旱瘠薄，也稍耐水湿。需有充分光照方能良好生长，但能耐侧方庇荫。

（3）繁殖与栽培技术要点

将采集的种子置通风干燥处贮藏。3 月上旬到中旬播种。幼苗出土后 40d 内应保持苗床湿润。7~9 月可每月施化肥 1~2 次。造林宜在“立春”到“雨水”为好，山区在“惊蛰”亦可。主要用 1 年生苗栽植造林。造林密度 300~375 株/667m^2。栽植当年抚育 2 次，第 1 次松土除草在 5~6 月除草；第 2 次应在 8~9 月进行。第 2 年抚育 2 次，第 3 年如尚未郁闭，继续抚育 1 次。一般柏木在 30~40 年采伐为宜。主要病害为赤枯病；主要虫害为柏毛虫。

（4）主要利用部位

树干和树枝的木质部、叶片。

（5）采收加工

树干或粗树枝的木部削成薄片或木屑，水蒸气蒸馏法提取精油。

（6）精油含量及主要成分

树根和树干精油得率为2%~5%，主要化学成分为雪松脑，其余尚含β-雪松烯、α-雪松烯、松油醇、松油烯等。叶精油得率为0.2%~1.0%，主要化学成分为侧柏酮、松油烯、莰烯等。

（7）用途

柏木精油是天然香料的一种重要原料，其中的主要成分雪松脑（或称柏木脑）是合成名贵香料柏木醚的主要原料，也是良好的定香剂。

29. 杉木

杉木（*Cunninghamia lanceolata*）为杉科（Taxodiaceae）杉木属植物。为中国长江流域、秦岭以南地区栽培最广、生长快、经济价值高的用材树种。

（1）形态特征

常绿乔木，树皮褐色。叶线状披针形，螺旋状散生，叶缘有细锯齿。球果卵球形；种子卵形或长圆形，扁平，两侧有窄翅。花期4月，球果10月熟（见彩图48，彩图49）。

（2）生长习性

阳性树种，喜温暖湿润气候。喜肥沃、深厚、排水良好的土壤，忌积水和盐性土，土壤瘠薄和干旱生长不良。

（3）繁殖与栽培技术要点

种子采后干藏，次春播种。园林应用通常移植培育3~5年后再定植。也可在大树砍伐后的萌枝上剪取壮实枝条扦插。幼林抚育的主要工作为除草、松土、除萌、培土扶正。根据本地种植情况，栽植当年要进行2次抚育，4~6月间进行块状松土除草，8~9月间进行全面除草松土。第2年以后每年进行1~2次抚育，直至幼树郁闭成林。栽植后8~10年间进行第1次间伐；13~15年间进行第2次伐。20年左右可进行全面采伐更新。主要病害有幼苗猝倒病；虫害有杉梢小卷蛾。

（4）主要利用部位

木材。

（5）采收加工

杉木木材为原料，用水蒸气蒸馏法提取精油。

（6）精油含量及主要成分

木材含精油，主要化学成分为α-松油醇、雪松脑、α-雪松烯、β-榄香烯、柠檬烯、β-石竹烯等。

（7）用途

是我国南方主要建筑用材，因其木材含精油，故抗蚀能力强。杉木精油具有强有力的木香、麝香、龙涎香香气，主要用于爽身粉、粉饼、胭脂等脂粉类化妆品和皂类，还可适用于配入幻想型香精中。木材沥出的油脂（杉木油）用于尿闭。

30. 越南安息香

越南安息香（*Styrax tonkinensis*）为安息香科（Styracaceae）安息香属植物。产于爪哇、苏门答腊、泰国。我国广东、广西、云南等地有野生和栽培。

（1）形态特征

乔木，树皮暗褐色，有灰白斑点，微纵裂。单叶互生，卵形、卵状椭圆形至卵状圆形，全缘或上部稍有细齿。蒴果卵形；种子卵形，棕褐色。花期 4~5 月，果期 6~9 月。

（2）生长习性

喜温暖、阳光充足环境，耐短期霜冻。在土层深厚、排水良好的砂质壤土生长较好。喜湿润，但不耐水渍。

（3）繁殖与栽培技术要点

丘陵地区种子成熟为 9 月中下旬，山地为 10 月上旬。随采随播最好。适合小苗上山造林，造林最适宜季节为 3~4 月。定植后至郁闭前，每年春夏季和秋冬季各除草松土 1 次。

（4）主要利用部位

树干被割开后会流出具有芳香气味的树脂。

（5）采收加工

夏、秋季节割裂树干，收集流出的树脂，阴干。

（6）精油含量及主要成分

树脂可提取精油，主要化学成分为安息香酸、肉桂酸及其相应的酯类等。

（7）用途

树脂称“安息香”，含有较多香脂酸，是医药上贵重药材，对治疗呼吸系统疾病很有帮助，可改善支气管炎、气喘、感冒及喉咙痛等；精油是经常使用的祛痰剂；还可制造高级香料。

31. 乳香

乳香（*Boswellia carteri*）为橄榄科乳香属植物。生于热带沿海山地。主产于红海沿岸的索马里和埃塞俄比亚，我国有少量引种。

（1）形态特征

小乔木，奇数羽状复叶互生，小叶对生，长卵形。花小，花瓣 5，淡黄色；花盘大，肥厚，圆盘形，玫瑰红色。果实倒卵形，果皮光滑，肉质肥厚；每室具种子 1 枚。花期 4 月。

（2）生长习性

原产地大部分属热带干旱气候，月平均气温在 10℃以上，年降水量很少，大多在 300mm 以下。

（3）繁殖与栽培技术要点

野生。

（4）主要利用部位

树干的切口处分泌出的含有精油的树脂。

（5）采收加工

除 5~8 月外，全年均可采收。以春季为盛产期。采收时，于树干的皮部由下向上顺序切伤，并开一狭沟，使树脂从伤口渗出，流入沟中，数天后凝成干硬的固体，即可采取。收集的树脂用水蒸气蒸馏法提取精油，采用溶剂浸提法制备浸膏和净油。

（6）精油含量及主要成分

乳香树脂精油得率为 3%~8%，主要化学成分为乙酸辛酯、异丁酸橙花叔酯、辛醇等。

（7）用途

乳香树脂为常用中药。乳香精油可治疗痛经和缓解经前期综合症、肌肉酸痛、产后忧郁，活化老化皮肤，促进结疤，放缓呼吸，有助于冥想。

（8）注意事项

孕妇不宜服用。乳香精油具有调经作用，建议孕妇不要使用。

32. 垂枝桦

垂枝桦（*Betula pendula*）为桦木科（Betulaceae）桦木属植物。国内产于新疆北部至阿尔泰山区。

（1）形态特征

乔木，树皮灰色或黄白色，成层剥裂；枝条细长，通常下垂。叶厚三角状卵形或菱状卵形，边缘具重锯齿，下面密生腺点。果序矩圆形至矩圆状圆柱形，小坚果长倒卵形。

（2）生长习性

喜湿润环境，抗寒性强，耐盐碱性较差。对土壤要求不严，在较肥沃的灰色森林土上生长良好。

（3）繁殖与栽培技术要点

播种前将种子用温水浸泡，拌沙晒晾后播种，覆土 0.3～0.5cm，浇透水，保持畦面湿润，出苗后每半个月除草 1 次。大树移栽最适合的起挖时间为新叶长出后，且伤流现象完全停止。对水分需求相对其他绿化树种要大很多。

（4）主要利用部位

树皮。

（5）采收加工

通常在桦木生长季节割取树皮，先用冷水浸泡，使精油释放出来，再进行水蒸气蒸馏。

（6）精油含量及主要成分

桦木树皮精油得率为 0.2% ～0.5%，主要化学成分为水杨酸甲酯（97%以上）。

（7）用途

桦木精油具有提神、杀菌能力。本种木质坚实，可做细工、家具等用材。

（8）注意事项

桦木精油是一种很强烈的精油，会刺激敏感的肌肤。大量使用可能会导致中毒，应低浓度使用。因桦木精油闻起来的味道像糖果，应贮藏在儿童不能触及的地方，以免误食。

33. 鸡蛋花

鸡蛋花（*Plumeria rubra* var. *acutifolia*）为夹竹桃科（Apocynaceae）鸡蛋花属植物。原产美洲热带地区、西印度诸岛。我国南部各地有栽培，现广植于亚洲热带及亚热带地区。

（1）形态特征

落叶小乔木，全株有乳汁，枝条稍带肉质。叶互生，长圆状倒披针形。聚伞花序；花冠漏斗状，花冠外面白色，内面黄色。蓇葖果双生，长圆形或线状披针形；种子长圆形，扁平。花期 5～10 月，果期 7～12 月（见彩图 50）。

（2）生长习性

性喜高温、湿润和阳光充足的环境，耐干旱，忌涝渍，耐寒性差。栽植以深厚肥沃、通透良好、富含有机质的酸性砂壤土为佳。

（3）繁殖与栽培技术要点

扦插繁殖一般在 5 月中下旬，因剪口处有白色乳汁流出，需放阴凉通风处，伤口结一层保护膜再扦插。夏、秋季是鸡蛋花生长、开花时期，以见干见湿的原则进行浇水。6～11 月每隔 10d 左右施 1 次腐熟液肥。南方鸡蛋花在露地种植，冬季落叶，翌年春再生新叶。北方盆栽宜在 10 月中下旬移入室内南窗处，室温宜在 10℃以上，注意通风见光。

（4）主要利用部位

花朵。

（5）采收加工

采摘鲜花用水蒸气蒸馏法提取精油。

（6）精油含量及主要成分

干燥花中精油得率为0.15%，主要化学成分为1,1-二乙氧基乙烷、苯甲醇、6-甲基-5-庚烯醇-2-三环（3,2,1,0,1,5）辛烷、苯甲酸甲酯、芳樟醇、萘、香叶醇、柠檬醛等。

（7）用途

鸡蛋花的花、叶、树皮可作药用，有清热、止痢、解毒、润肺、止咳定喘的功效。花精油作调制化妆品及高级皂用香精原料。

34. 菩提花

菩提花（*Tilia cordata*）别名心叶椴，为椴树科（Tiliaceae）椴树属植物。原产欧洲中部，我国南京、苏州、上海等地有引种。

（1）形态特征

落叶乔木，单叶互生，宽卵形或近圆形，先端急尖，基部心形，边缘有细锯齿。聚伞花序；花小，黄白色，芳香，花瓣5。果近球形，有褐色绒毛和瘤状突起。花果期6~7月。

（2）生长习性

喜温凉湿润气候，喜光，稍耐旱，喜排水良好、疏松肥沃的土壤，耐寒。

（3）繁殖与栽培技术要点

扦插育苗，硬枝11~12月采条冬藏，翌春3月下旬扦插，嫩枝7月中旬采条随插。扦插前用一定浓度NAA处理插条。硬枝扦插后保温保湿，嫩枝扦插后喷雾遮阴。生根期较长，当年扦插苗不宜移栽，需留苗床生长一年，待苗高生长到1.5~2cm时才能移栽到大田，移栽后不需遮阴。

（4）主要利用部位

花。

（5）采收加工

仲夏是菩提花的盛花时节，采收鲜花，并及时用吸香法处理鲜花，将吸有花香成分的混合物进行溶剂萃取精油，用挥发性溶剂萃取浸膏。

（6）精油含量及主要成分

鲜花精油得率为0.05%，鲜花浸膏得率为0.33%，鲜花浸膏的净油得率为32%，干花浸膏得率为19%。如将鲜花净油用水蒸气蒸馏得精油为5.7%。菩提花净油主要化学成分为金合欢醇。

（7）用途

菩提花净油最重要的功效是让人放松、促进睡眠，对因劳累、忧郁、压力引起的头痛、失眠患者很有帮助。

（8）注意事项

菩提花净油的香气可能会使某些人引起头痛症状或产生皮肤过敏。应稀释到 1% 浓度以下使用。

知识拓展

商品乳香树脂通常分为索马里乳香和埃塞俄比亚乳香。索马里乳香呈长卵形乳滴状、类圆形颗粒或粘连呈不规则的块状；表面乳白色至淡黄色，半透明，被有白色粉霜，久储色泽加深；具特异香气，味微苦。而埃塞俄比亚乳香表面不平或有细小颗粒，呈淡黄白色或淡黄绿色，久储变黄色，破碎面有蜡样光泽；具柠檬样香气，味微苦，嚼之粘牙。

小　结

本章介绍了金合欢、银合欢、肉豆蔻、依兰、没药、八角茴香、白兰、桂花、暴马丁香、马尾松、檀香、丁子香、众香、柠檬桉、蓝桉、葡萄柚、柠檬、甜橙、柑橘、佛手柑、樟树、肉桂、月桂、阴香、土沉香、白千层、互叶白千层 、柏木、杉木、越南安息香、乳香、垂枝桦、鸡蛋花、菩提花 34 种乔木芳香植物的形态特征、生长习性、繁殖及栽培技术要点、主要利用部位、采收加工、精油含量及主要成分、用途及注意事项。

复习思考题

其他常见的乔木芳香植物有哪些？试举例。

推荐阅读书目

1. 芳香疗法和芳疗植物．张卫明，袁昌齐，张茹云等．东南大学出版社，2009.

2. 南方中药材标准化栽培技术．农业部农民科技教育培训中心，中央农业广播电视学校组．中国农业大学出版社，2008.

3. 药用植物规范化种植．马微微，霍俊伟．化学工业出版社，2011.

4. 中国芳香植物精油成分手册（上、中、下册）．王羽梅．华中科技大学出版社，2015.

第14章

常见灌木芳香植物

灌木指没有明显主干、矮小而丛生的多年生木本植物。一般可分为观花、观果、观枝干等几类。如果越冬时地面部分枯死，但根部仍然存活，第 2 年继续萌生新枝，则称为半灌木。

1. 杜松

杜松（*Juniperus rigida*）为柏科刺柏属植物。原产欧洲、中亚，我国华北至长江流域有引种栽培。

（1）形态特征

常绿灌木或小乔木，叶三叶轮生，线状刺形，上面凹入成深槽，槽内有 1 条窄白粉带，无绿色中脉，下面有明显纵脊。果实圆球形，熟时淡黑褐色或蓝黑色，常被白粉。花期 5 月。

（2）生长习性

耐干旱、耐寒冷气候，过于潮湿地区不利于生长。喜阳光充足，略耐半阴。

（3）繁殖与栽培技术要点

3 月下旬即可播种。大多数种子出齐后，需要间苗；大部分幼苗长出 3 片以上叶片后即可移栽。小苗移栽时，先挖好种植穴，在底部放上基肥，厚度 4~6cm，覆上一层土后再放入苗木，回填土壤，踩实，浇透水。春、夏两季根据干旱情况，施用 2~4 次肥水。主要病害为赤枯病。

（4）主要利用部位

成熟的球果。

（5）采收加工

球果成熟时采收，晒干、压碎后，用水蒸气蒸馏法提取精油。

（6）精油含量及主要成分

球果中精油得率为 0.8%~1.6%，称为杜松子精油，主要化学成分为 α-蒎烯、月桂烯、柠檬烯、β-榄香烯、3-蒈烯、对-伞花烃等。枝叶精油的主要化学成分与球果精油相似。

（7）用途

杜松精油热敷能抒解腿部痉挛的疼痛和筋骨扭伤，能放松运动后僵硬的肌肉。杜松枝叶浓密，姿态优美挺拔，非常适合种植在庭院、道路两旁。杜松木质较坚硬，耐腐蚀，纹理细密，可作为工艺品、家具、农具、雕刻品等原材料。

（8）注意事项

患有肾脏疾病的人勿使用杜松子精油；妇女怀孕期间禁止使用杜松子精油。高等级的杜松子精油一般不会对皮肤有刺激性，但如掺杂了其他精油，或混合了其枝叶精油，或掺杂了松节油均可能会对皮肤有刺激性。

2. 岩蔷薇

岩蔷薇（*Cistus ladaniferus*）别名赖百当，为半日花科（Cistaceae）岩蔷薇属植物。原产于地中海沿岸。我国20世纪50年代引入栽培，在江苏、浙江等地表现较好。

（1）形态特征

多年生直立亚灌木，全体具胶黏腺体。单叶对生，披针形至线状披针形。花瓣5，白色而基部有黄斑点，先端有不规则凹陷。蒴果扁球形或近椭圆形，灰褐色；种子褐色，多菱形。花期5~6月，果期6~8月。

（2）生长习性

喜温暖湿润气候。幼苗不耐低温和干旱。喜光，要求肥沃疏松的酸性或中性的砂质壤土。

（3）繁殖与栽培技术要点

播种后苗床保持土壤湿润。幼苗高10~15cm，有4~6对分枝时即可选择傍晚或阴天进行移栽。我国长江中、下游地区移栽时间可在3月下旬或8月中、下旬。行株距为70cm×60cm。定植后立即浇水。生长期间应多次进行中耕除草，生长期追施肥料2~3次。5~9月是植株生长季节，一般要浇水2~3次。遇雨季，应及时排出积水。

（4）主要利用部位

香树脂分泌物。

（5）采收加工

在杭州、南京种植，每年有2个生长期，从4月中旬至7月中旬为夏季生长期；8月中旬至10月下旬为秋季生长期。香树脂分泌物以夏季较多。采收时以剪刀剪取枝叶，扎捆阴干，随时用于加工。

（6）精油含量及主要成分

岩蔷薇浸膏得油率为1.73%~10.50%，主要化学成分为α-蒎烯（约45%）、苯甲醛、苯乙酮、双乙酰、糠醛、冰片、1,8-桉叶油素、岩蔷薇醇等。枝叶精油得率为0.80%，主要化学成分为邻苯二甲酸二乙酯。

（7）用途

岩蔷薇浸膏广泛用于古龙型、东方型及紫罗兰、薰衣草、素心兰、檀香、柑橘、防臭木、松针、苔香等花香型和非花香香精中。香树脂常用作定香剂、增甜剂和调和剂，在香水和香皂中使用。树脂净油常用于化妆品中。岩蔷薇常栽培于庭园中供观赏。

3. 百里香

百里香（*Thymus mongolicus*）别名麝香草，为唇形科百里香属植物。原产地中海沿岸及小亚细亚，现我国新疆已经引种百里香，并已经商业化栽培。

(1) 形态特征

多年生常绿小灌木，茎多数，匍匐至上升。具 2~4 对叶，叶卵形，全缘或疏生细齿，被腺点。花序头状；花冠紫红，紫或粉红色。小坚果近球形或卵球形，稍扁。花期 7~8 月（见彩图 51，彩图 52）。

(2) 生长习性

喜温暖干爽，不耐高温多雨气候。喜光，耐寒，耐旱，怕涝；对土壤适应性强，但酸性土壤上生长不良。

(3) 繁殖与栽培技术要点

4 月或 9 月播种，育苗定植或直播。第 1 年生长速度比较缓慢，第 2 年生长加快，并于 5~7 月开花。分株繁殖在 3~4 月，扦插繁殖在 6 月定植。注意种植不要过密，土壤不要过于湿润，否则会降低精油含量。因生长旺盛，定植前施足基肥，高温栽培困难，高湿则易产生腐烂。7 月开始采收。植株过于茂盛时可稍加修剪枝叶。

(4) 主要利用部位

地上枝叶和花序。

(5) 采收加工

一般在百里香盛花期收割上部枝叶和花序，鲜品或晾干后用水蒸气蒸馏法提取精油。百里香第 1 次收割后，如栽培管理较好，还可于秋末进行第 2 次收割。

(6) 精油含量及主要成分

百里香鲜花序得油率为 4%，第 1 次收割的鲜枝叶、花序精油得率为 0.4%，第 2 次鲜枝叶精油得率为 0.22%，主要化学成分为香荆芥酚（30%~60%）、百里香酚等。

(7) 用途

百里香有杀菌、防腐、促进消化、恢复体力的功效。叶片可做菜。百里香茶能帮助消化，消除肠胃胀气并解酒，还可舒缓因酒醉引起的头疼。泡澡时加些枝叶在水中，有舒缓神经、提神醒脑的作用。百里香精油有杀菌作用，亦可制作香皂和漱口水。

(8) 注意事项

怀孕妇女禁用百里香精油。

4. 迷迭香

迷迭香（*Rosmarinus officinalis*）为唇形科迷迭香属植物。原产地中海沿岸，主产法国、西班牙、突尼斯、摩洛哥、意大利等，我国各地均有栽培。

(1) 形态特征

常绿小灌木，茎木质，树皮不规则纵裂，块状剥落。幼枝密被白色星状微绒毛。

叶针状，暗绿色。花冠蓝紫色。小坚果球形，卵圆形或倒卵形；种子细小，黄褐色，平滑。花果期6~7月（见彩图53，彩图54）。

（2）生长习性

耐干旱，忌高温高湿，雨季生长不良。喜阳光充足和良好通风条件。

（3）繁殖与栽培技术要点

扦插繁殖在华南地区以3~5月或10~11月为宜。春、秋季栽植最佳。种植成活后3个月可修枝，修剪时不要超过枝条长度的1/2。大田种植2~3年后，可翻耕重新种植，最好轮作。夏季可疏枝修剪，以减轻病害。主要病害有灰霉病及根腐病；主要虫害有蛴螬、小象甲、蚜虫等。

（4）主要利用部位

植株上部的花序和枝叶。

（5）采收加工

开花或茎叶生长茂盛时采收枝叶。一般每年采收2次。黔南地区11月下旬采收。新梢停止生长，叶片变厚，颜色呈深绿，即可采收。枝叶和花序用水蒸气蒸馏法提取精油。

（6）精油含量及主要成分

嫩叶和花序精油得率为0.68%~0.76%，主要化学成分为1,8-桉叶油素、龙脑、樟脑、乙酸龙脑酯、ρ-伞花烃、芳樟醇等。一般来说，法国产的迷迭香有香气，质量最好，其主要香气成分为1,8-桉叶油素和龙脑。

（7）用途

迷迭香的花和嫩枝可提取精油，迷迭香精油有滋补、收敛、镇静、消炎作用，促进血液循环，增强记忆力，缓解头痛和周期性偏头痛。茎、叶和花可用于烹调；叶能制作香草茶。迷迭香可地栽或盆栽观赏。

（8）注意事项

妇女怀孕期间避免使用迷迭香精油。微量的迷迭香精油可治疗癫痫病，过量使用则引发癫痫病发作。迷迭香精油对某些敏感性肌肤具刺激作用，宜中低浓度使用。使用迷迭香增加记忆时，不要使用过多，否则容易导致药物中毒。

5. 丁香罗勒

丁香罗勒（*Ocimum gratissimum*）为唇形科罗勒属植物。原产热带，我国广东、福建、江苏、上海、浙江、广西等地均有栽培。

（1）形态特征

直立灌木，全株芳香。茎、枝被长柔毛。叶对生，叶片卵形或卵状矩形，边缘具圆齿，两面密被柔毛状绒毛及腺点。轮伞花序密集成总状花序；花冠黄白或白色。小坚果近圆球形，褐色。花期 10 月，果期 11 月。

（2）生长习性

喜温暖、潮湿的气候，不耐寒，不耐干旱。宜选择地势平坦、肥沃疏松的土壤或砂壤土。

（3）繁殖与栽培技术要点

种子繁殖或分根繁殖。当苗高 8~10cm，叶片 5~8 对即可定植。行株距 50cm×50cm 或 65cm×50cm。幼苗期保持地面湿润，尤其 6~8 月高温季节，如雨水少，需浇水；定植 15~22d 第 1 次追肥，每次收割后施速效肥。从定植到生长旺盛期至少中耕 2~3 次，每隔 10~15d 1 次为宜。虫害注意蚜虫、黄蚁、金龟子的防治。

（4）主要利用部位

枝叶和花序。

（5）采收加工

在我国广东、福建南部，一般在定植后 60~75d 花序出齐后即可进行第 1 次收割，7~8 月进行第 2 次收割，10 月中旬进行第 3 次收割。海南在 11 月还可进行第 4 次收割。第 1 次和第 2 次收割须离地面 20~25cm 处割下，以利于植株的再生长。丁香罗勒应在晴天的 14：00~16：00 进行收割，此时茎叶和花序精油含量最高。不宜带露水采收，收割后应放阴凉通风处，水蒸气蒸馏法提取精油时从开始到结束均需旺火，冷凝水温度控制在 40℃以下。

（6）精油含量及主要成分

丁香罗勒花穗中精油含量最高，占全株的 50%~60%，叶次之，茎枝更次之，仅占全株的 0.3%~0.7%。全草精油主要化学成分为丁香酚、大根香叶酮 D、（*E*）-*β*-罗勒烯、新别罗勒烯、乙酸苯甲酯、石竹烯、邻苯二甲酸乙酯等。

（7）用途

鲜叶和精油主要用于调味汁、调味品、肉制品及焙烤食品的调味配料。在药理上，具有疏风行气、化湿消食、活血解毒的功效。精油可用于调配化妆品、香皂、牙膏、烟草等香精。

（8）注意事项

丁香罗勒精油对皮肤和黏膜具有较强的刺激性，因此不要直接涂抹于皮肤上，并避免直接吸入其蒸汽，但可使用扩香气作为空气净化剂使用。

6. 木香薷

木香薷（*Elsholtzia stauntoni*）为唇形科香薷属植物。产于河北、山西、河南、陕西、甘肃。

（1）形态特征

直立半灌木，叶披针形至椭圆状披针形，上面绿色，下面白绿色。穗状花序，花萼管状钟形，花冠玫瑰红紫色；小坚果椭圆形，光滑。花果期7~10月（见彩图55）。

（2）生长习性

喜温暖阳光充足，耐寒性强。苗期要求土壤湿润，成株较耐旱。对土壤要求不严，以通风良好的砂质壤土或土质深厚的壤土为好。

（3）繁殖与栽培技术要点

春播在4月上、中旬，夏播在5月下旬至6月上旬。扦插繁殖时，采集当年生枝条，次年4月初扦插，行株距为10cm×10cm，插后浇透水，并遮阴。苗高4~6cm时间苗，株距3~5cm。及时中耕除草、灌水、施肥。幼苗长至15cm时，进行分栽，行株距30cm×30cm。并去掉顶芽，促进分枝。主要病害有香薷锈病；7~8月大袋蛾危害叶片。

（4）主要利用部位

植株地上部分。

（5）采收加工

采集植株地上部枝叶，用水蒸气蒸馏法提取精油。

（6）精油含量及主要成分

枝叶含精油，精油主要化学成分为反-石竹烯、1,8-桉叶油素、冰片烯、莰醌、香茅醇、γ-荜橙茄烯、α-松油醇、长叶薄荷酮、2-（2′,3′-环氧-3′-甲基丁基）-3-甲基呋喃等。

（7）用途

为常见解表药，具发汗解表、祛暑化湿、利尿消肿功能。全株具香气，可作调料植物或可用于凉拌或烹调。种子可榨油，用于调制干性油、油漆及工业。木香薷精油对一些仓储成虫具有致死作用，可应用于仓储工业中。木香薷在园林绿化与应用中具有很大的潜力。

（8）注意事项

常用量5~15g。但应注意其发汗力较强，表虚有汗者忌用。

7. 米兰

米兰（*Aglaia odorata*）为楝科（Meliaceae）米仔兰属植物。原产亚洲南部，中国、越南、印度、泰国、马来西亚等均有分布。我国华南地区及四川、福建、台湾、云南等省区都有自然分布。

（1）形态特征

常绿灌木或小乔木，奇数羽状复叶互生，小叶倒卵形至矩圆形。花杂性异株，圆锥花序；花瓣5枚，矩圆形至近圆形；花黄色，形似小米，芳香。浆果卵形或近球形；种子有肉质假种皮。花期5~12月或四季开花，果期7月至翌年3月（见彩图56）。

(2) 生长习性

喜温暖湿润，忌严寒。喜光，但忌强阳光直射，在南方湿润的条件下则喜充足阳光。宜在肥沃、富含腐殖质、排水良好、疏松、略呈酸性的壤土或砂壤土上种植。忌盐碱，不耐旱。

(3) 繁殖与栽培技术要点

高空压条繁殖在 4~8 月高温雨季进行。扦插繁殖在 4 月下旬至 6 月中旬进行。苗木需带完好的根系和土团才能栽活。上盆后先放荫棚下，待新梢开始发生后再移至阳光下养护。新上盆幼苗于立秋前后可施稀薄有机肥，从第 2 年萌发新芽开始，每隔 10~14d 施氮肥为主的液肥 1 次。盆土保持湿润。幼苗上盆后，待长到 20~25cm 高时，即可摘心整形。盆栽米兰需每年换盆 1 次。主要病害为茎腐病、炭疽病；主要虫害为褐软蚧、红蜘蛛、蚜虫等。

(4) 主要利用部位

花。

(5) 采收加工

米兰在产区开花时间较长，一般在花粒肥大，色泽金黄时将整个花穗剪下，水蒸气蒸馏法提取精油。对采摘时间要求不严，如果数量少，可随时采集，随时蒸油。如数量较大，一般将其晾干后待用。

(6) 精油含量及主要成分

花精油得率为 0.23%~1.10%，主要化学成分为蛇麻烯、α-石竹烯、β-石竹烯、古巴烯、芳樟醇、壬醇、杜松醇、水芹烯、β-榄香烯、蛇麻烯醇等。

(7) 用途

米兰花油可广泛用于高档化妆品及香皂香精中；也可用于高档汤料、甜酒、饮料及熏肉制品中；也是重要的烟用香料之一；还可用于熏制花茶。米兰在华南温暖地区可作庭院树种栽植。米兰枝叶有活血散瘀、消肿止痛的功能。米兰木质细致，是雕刻的上好材料。

8. 含笑

含笑（*Michelia figo*）为木兰科含笑属植物。原产我国广东、福建一带，现分布于华南及长江流域。

(1) 形态特征

常绿灌木，树皮灰褐色。叶椭圆状倒卵形至长椭圆形。花瓣淡黄色，边缘带紫晕，具浓烈的香蕉香气。蓇葖果卵圆形，光滑无毛，顶端有短喙。花期 4~5 月，果期 8~9 月（见彩图 57，彩图 58）。

(2) 生长习性

性喜温暖多湿气候。喜光照，又耐半阴，忌强光暴晒。不耐涝，也不耐干旱。不耐瘠薄和寒冷，不耐盐碱。适生于深厚、肥沃、疏松、排水良好的酸性土壤或中性土壤。

（3）繁殖与栽培技术要点

扦插繁殖一般在春、秋两季或花后5~6月进行。嫁接繁殖多以木兰、黄兰作砧木，于2月（南方）或3月进行枝接。在北方地区多采用分株繁殖。播种繁殖时，采收的种子在11月沙藏至翌年3月上旬，待30%种子裂口后播种。3月中旬至4月中旬的花后带土移栽。生长期间每隔20~30d追施腐熟液肥1次，同时多施磷、钾肥。施肥宜淡不宜浓。不需经常修剪，成株在早春萌芽前作适当疏枝。花后及时剪去果实。浇水宜见干浇透。夏季要遮阴，叶面经常喷水。主要病害为煤烟病；主要虫害为介壳虫，可用小刷刷除。

（4）主要利用部位

花蕾。

（5）采收加工

夏季开花期间采摘或鲜用。一般在清晨太阳未出来时采集欲开的花蕾，隔水蒸一下，上气即取出（不可久蒸），晒干后备用。采摘后晾干或低温烘干备用。用水蒸气蒸馏法提取精油。

（6）精油含量及主要成分

鲜花精油得率为0.08%~1.58%，主要化学成分为乙酸丁酯、己酸乙酯、丁酸乙酯、乙酸-2-甲基丁酯、2-甲基苯酸乙酯、1,3-丁二醇、2-甲基丁酸乙酯、2-甲基丙酸丁酯等。

（7）用途

成熟花蕾可熏茶作香料，也可提取精油。花浸膏、净油和叶精油可用来配制各类高级化妆品香精。花蕾入药。含笑适合庭院种植或大型盆栽观赏。

9. 茉莉花

茉莉花（*Jasminum sambac*）为木犀科素馨属（茉莉花属）植物。原产印度，现在世界各地均有栽培。

（1）形态特征

直立或攀缘灌木，叶对生，圆形、椭圆形、卵状椭圆形或倒卵形。聚伞花序顶生，花序梗被短柔毛；花极芳香，花冠白色。果球形，紫黑色。花期5~11月，盛花期6~7月，果期7~9月（见彩图59，彩图60）。

（2）生长习性

喜光，以日照率60%~70%为佳；喜炎热、潮湿气候。土壤含水量60%~80%有利于生长发育，喜微酸性土壤，以pH 6~6.5为宜，忌碱土和熟化差的底土。

（3）繁殖与栽培技术要点

扦插繁殖在4~10月均可进行。分株繁殖在3~4月进行。幼苗通常3月移栽。苗成活后，每年中耕除草，一般在生长期内应施追肥3~4次，肥料以人畜粪尿为主，花期同时辅以磷、钾肥。夏季可搭荫棚，并经常浇水。盆栽时，春暖应搬到室外，秋后应移到室内温暖、阳光充足的地方。茉莉花在盆栽条件下容易老化。3年以上的植株应及时更新。花期禁止使用农药。

（4）主要利用部位

含苞待放的花蕾。

（5）采收加工

6~9月分批用人工采摘含苞待放的茉莉花蕾（当晚能开放的洁白饱满的花蕾）。采摘花蕾的花柄宜短。采花时间为上午10：00后进行采摘为好。采摘下的花蕾不要压实。用水蒸气蒸馏法提取精油。用石油醚或丁烷浸提花朵，蒸去溶剂得茉莉花浸膏，再用溶剂萃取，除去杂质，挥去溶剂，得茉莉净油。

（6）精油含量及主要成分

水蒸气蒸馏法提取茉莉花精油得率为0.022%，茉莉花浸膏得率为0.215%~32.0%。茉莉花鲜花精油中主要化学成分为芳樟醇、苯甲基乙酸酯、二丙烯基乙酸酯、α-金合欢烯、苯乙醇、吲哚、1,7-二甲基-4-异丙基-2,7-羟基环癸二烯、水杨酸甲酯、2-氨基苯甲酸甲酯、*N*,*N*-二丙基苯甲酰氨等。茉莉花净油的主要化学成分为乙酸苄酯（70%~80%）。

（7）用途

茉莉花浸膏或净油是香料工业调制茉莉花香型高级化妆品及皂用香精的重要原料。茉莉花根入药，用于跌打损伤、扭筋骨、头顶痛、失眠；叶有理气开郁的功能。茉莉花可盆栽观赏。

（8）注意事项

妊娠期间禁用茉莉精油，分娩中使用可助产。茉莉精油剂量使用过大会干扰内分泌系统。

10. 结香

结香（*Edgeworthia chrysantha*）为瑞香科结香属植物。北自河南、陕西，南至长江流域以南各省区均有分布（见彩图61）。

（1）形态特征

灌木，小枝粗壮，褐色，通常三杈状分枝，柔枝可打结。叶互生，长椭圆形。花黄色，浓香，早春先叶开放，假头状花序，生于枝顶或近顶部，下垂。核果卵形，状如蜂窝。花期3~4月，果期春夏间。

（2）生长习性

喜半阴，也耐日晒。喜温暖半湿润环境，耐寒性略差。忌积水，宜排水良好的肥沃土壤。

（3）繁殖与栽培技术要点

分株繁殖在早春萌芽前进行。扦插繁殖在 2~3 月或 6~7 月进行。移植宜在冬、春季进行。可裸根移植。栽培中保持土壤潮湿，干旱易引起落叶，影响开花。成年结香应修剪老枝。常见病虫害有缩叶病、白绢病和褐刺蛾等，应及时防治。

（4）主要利用部位

花蕾。

（5）采收加工

采摘鲜花用水蒸气蒸馏法提取精油。

（6）精油含量及主要成分

鲜花中含精油主要化学成分为 γ-萜品烯、乙酸苄酯、β-苯乙基乙酸酯、3,7-二甲基-2,6-辛二烯-1-醇乙酯、水杨酸甲酯、苯甲酸甲酯、反式罗勒烯、苯甲醛和 3-甲基-3-癸烯-2-酮等。

（7）用途

结香根有舒筋活络，消肿止痛的功效；花可祛风明目。结香宜栽在庭园或盆栽观赏。

11. 栀子

栀子（*Gardenia jasminoides*）为茜草科（Rubiaceae）茜草属植物。原产我国，主产浙江、江西、湖南、福建。

（1）形态特征

常绿灌木，叶对生或 3 叶轮生，革质，稀为纸质，叶片为长圆状披针形、倒卵形或椭圆形。花芳香，单生枝顶；花冠较大，常 6 裂，白色。浆果椭圆形，金黄色或橙红色；种子多数，扁圆形。花期 6~8 月，果期 9~11 月（见彩图 62）。

（2）生长习性

喜光，也耐阴。喜温暖湿润，生长最适宜温度为 20~30℃，相对湿度在 70%以上、通风良好、有稀疏遮阴的环境生长良好。宜疏松、肥沃、湿润、排水良好、pH 5~6 的酸性土。不耐干旱瘠薄，忌积涝。不耐寒。

（3）繁殖与栽培技术要点

扦插繁殖在 10~11 月或 4~5 月进行。成活后，加强肥水管理，1 年后夏秋雨季移栽定植。压条繁殖多在 4 月上旬进行。生长期浇水适量。平时以酸性肥料为主，并保持空气湿润。花期和盛夏要多浇水，开花前增施磷、钾肥 1 次。盆栽以 2~3 年换盆 1 次为好，在春季新芽萌动前换盆。栀子很少进行修剪，一般只需及时剪除老枝、弱枝和病虫枝。在夏季高温和早春通风不良时易发生介壳虫、红蜘蛛、煤烟病等。

（4）主要利用部位

花。

（5）采收

夏季花盛开时采集，并趁鲜以溶剂提取浸膏，或用水蒸气蒸馏法提取精油。

（6）精油含量及主要成分

栀子花精油得率为 0.04%~2.13%，主要化学成分为 α-金合欢烯、芳樟醇、惕各酸、顺-3-已烯酯、茉莉内酯、棕榈酸、苯甲酸、顺-3-已烯酯、5-羟基顺-7-癸烯酸乙酯、反-罗勒烯、惕各酸已酯、苯甲酸甲酯、顺-3-已烯醇等。栀子花浸膏主要化学成分为 α-金合欢烯、芳樟醇、惕各酸叶酯、顺式茉莉内酯、苯甲酸叶酯、β-罗勒烯、叶醇、苯甲酸甲酯、惕各酸已酯等。

（7）用途

栀子花精油可用于多种香型化妆品、香皂、香精以及高级香水香精。果实、根、花、叶药用。栀子花具有很好的观赏价值。栀子果实是黄色的食品染色剂，可用于提制栀子黄色素。

12. 瑞香

瑞香（*Daphne odora*）为瑞香科瑞香属植物。原产我国，长江流域以南各省区均有分布。

（1）形态特征

常绿小灌木，枝带紫色。叶互生，长椭圆形至倒披针形。花白色或淡红紫色，芳香，头状花序，花蕾心脏形，花端 4 裂。核果肉质，圆球形，红色。花期 2~4 月。

（2）生长习性

喜温暖、湿润、凉爽气候条件，耐阴性强，忌阳光暴晒。喜腐殖质多、排水良好的酸性土壤，忌积水。不耐寒，在长江流域不能露地越冬，故以盆栽为主。

（3）繁殖与栽培技术要点

扦插繁殖（以江西大余为例）在 6~7 月（芒种）或 9 月（秋分）进行；压条一般在春季 3~4 月进行。上盆在花后进行。当年的扦插小苗在枝叶长到 5~8cm 时进行第 1 次摘心，10d 又发新芽，一个分枝选留 2~3 个壮芽，过多的弱芽应抹掉，待第 2 次枝叶长到 8cm 时进行第 2 次摘心，可摘心 3~4 次。1~2 年翻盆 1 次。夏季放置通风良好的阴凉处。冬季温室温度要求白天不低于 16℃，夜晚不低于 10℃。3 年以上的盆花，夏季休眠后要控水、控肥，盆土不干不浇。瑞香偶有蚜虫和红蜘蛛危害。

（4）主要利用部位

花。

(5) 采收加工

采集鲜花，水蒸气蒸馏法提取精油。

(6) 精油含量及主要成分

花精油中主要化学成分为罗勒烯、丁香烯、α-葎草烯、α,β-金合欢烯、大牻牛儿烯-D、金合欢酸乙酸酯等145种。

(7) 用途

瑞香花精油可广泛用于医药、日化、精细化工，可作为高档化工产品的香料，用于牙膏、香皂和化妆品中。根或根皮、叶亦供药用。瑞香可作庭院观赏花木。

13. 香桃木

香桃木（*Myrtus communis*）为桃金娘科桃金娘属。原产北非，现在地中海沿岸各国的花园很常见。我国福建、广东等地曾有引种，但生长不良。

(1) 形态特征

常绿灌木，小枝灰褐色，嫩时有锈色毛。单叶对生，卵状椭圆形至披针形，叶片搓揉后有浓烈香味。花白色，或略带紫红色，芳香，聚伞花序。浆果扁球形，紫褐色。花期5月，果熟期10月。

(2) 生长习性

喜冬暖湿润、夏热干燥的气候。喜光，也耐半阴，不耐寒。对土壤要求不严，但以土层深厚、疏松肥沃、排水良好的砂质壤土生长最好。

(3) 繁殖与栽培技术要点

种子催芽后播种。当幼苗具3片以上叶片即可移栽。扦插繁殖时，春末至早秋植株生长旺盛时，选用当年生粗壮香桃木枝条作为插条。硬枝扦插时，在早春气温回升后，选取健壮枝条做插条。2~3月移栽，移栽当天浇透定根水，移栽后保持土壤湿润。移栽后15d开始，每隔10d左右施1次尿素，4~9月施尿素或复合肥。12月施1次腐熟的有机肥。移栽后1个月内及8月要架设遮阳网，遮光度50%。其他月份要全光照管理。

(4) 主要利用部位

新鲜嫩叶。

(5) 采收加工

新嫩叶用水蒸气蒸馏法提取精油。

(6) 精油含量及主要成分

叶精油得率为0.2%~0.5%，主要化学成分为1,8-桉叶油素、乙酸桃金娘烯醇酯、苧烯、α-蒎烯、α-松油醇、乙酸香叶酯、甲基丁子香酚等。

(7) 用途

香桃木精油可用于抗菌、收敛、杀菌、祛肠胃胀气、化痰、杀寄生虫。香桃木广泛用于城乡绿化，尤其适于庭园种植。

(8) 注意事项

香桃木精油若长期使用会刺激黏膜，可与其他精油交替使用。

14. 玳玳花（橙花）

玳玳（*Citrus aurantium* var. *amura*）别名回青橙，为芸香科柑橘属植物。原产我国浙江，现我国长江流域各省均有栽培。

(1) 形态特征

常绿灌木或小乔木，枝具刺。叶互生，卵状椭圆形至卵状长圆形，含透明油细胞，翼叶大，呈耳状。花白色，芳香，通常 5 瓣。果实扁圆形，皮厚，橙红色，表面具瘤状突起；种子椭圆形。花期 5 月，果期 10 月。

(2) 生长习性

性喜温暖湿润环境，喜肥，稍耐寒。比较耐阴，但光照有利于精油的合成。对土壤要求不严，但以土层深厚、肥沃、疏松、湿度适中而排水良好的土壤最适宜栽培。

(3) 繁殖与栽培技术要点

扦插繁殖在南方通常于梅雨时节扦插。嫁接繁殖在 4 月下旬至 5 月上旬或 8 月中旬进行劈接；芽接在 8 月下旬至 9 月上旬进行。四川地区 9~10 月定植成活率较高，浙江地区春季 2~3 月雨水多，是定植的最好时期。2 月春季发芽、现蕾开花前，5 月上旬采花后，夏梢抽发前，8 月上旬秋梢抽发前各施肥 1 次，以速效肥为主，并施入适量的磷、钾肥。11 月中旬施冬肥，以人畜粪肥为主，加适量的饼肥和过磷酸钙。定植 3~5 年幼树，一般只疏掉将来扰乱树形的枝条和病虫枝、瘦弱枝。结果树的更新修剪在树叶采收时一起进行。主要虫害为红蜘蛛和潜叶蛾，用药必须在采花前 15~20d 完成。

(4) 主要利用部位

鲜花、叶片。

(5) 采收加工

一般在 4 月中下旬至 5 月上旬开花。待开放的花蕾最适宜采收。鲜花采摘应在晴天上午进行。鲜花采收后，应及时提取精油，如不能及时提取，要摊放在宽敞通风处；叶片在生长旺季采收；果实则在成熟时采摘。

(6) 精油含量及主要成分

鲜橙花用水蒸气蒸馏法提取精油得率为 0.2%~0.25%，精油主要化学成分为芳樟醇、柠檬烯、顺-罗勒烯、β-蒎烯、反-罗勒烯、乙酸芳樟酯、α-松油醇、橙花叔醇、金合欢醇、乙酸香叶酯等。叶精油的主要化学成分为乙酸芳樟酯和芳樟醇，还含乙酸香叶酯、乙酸橙花酯、α-松油醇、香叶醇、月桂烯和石竹烯等。果皮精油得率为0.6%~0.8%，主要化学成分为柠檬烯、月桂烯等。

（7）用途

玳玳花精油是调配高级香水、化妆品和香皂用香精，特别是花香型香精的重要原料。果皮油可用于饮料、糕点、糖果、面包等的加香。果皮可做蜜饯。玳玳花还是香料美容茶。果、花、叶可入药。也可作为庭院绿化和盆景果树进行观赏。

（8）注意事项

使用橙花精油会出现接触性皮炎及光过敏反应，建议稀释后低剂量使用。

15. 九里香

九里香（*Murraya exotica*）为芸香科九里香属植物。分布于中国的南部和西南部湖南、广东、海南、广西、贵州和云南等省区山野间有野生，中南半岛和马来半岛也有。

（1）形态特征

常绿灌木或小乔木，奇数羽状复叶，小叶片卵形至倒卵形至菱形。伞房状聚伞花序，花白色，极芳香，花瓣5，有透明腺点。果肉质，红色，卵形或球形果。花期4~8月，果期9~12月（见彩图63）。

（2）生长特性

喜温暖，不耐寒。阳性树种，但生长期间忌阳光直射。对土壤要求不严，宜选用含腐殖质丰富、疏松、肥沃的砂质土壤。

（3）繁殖与栽培技术要点

春播为3~4月，5月亦可；秋播以9~10月上旬为宜。2~3片真叶时间苗，株距10~15cm，苗高15~20cm时定植。压条繁殖在5~6月进行。嫁接繁殖时，九里香实生苗作砧木，在生长期中用腹接、切接、芽接均可。春季定植。在生长期，每月要施1次腐熟有机液肥。浇水掌握“不干不浇，浇则浇透”原则，一般夏季高温期要早晚各浇1次水。主要病害为白粉病；主要虫害为红蜘蛛、枝梢天牛、金龟子、蚜虫等。

（4）主要利用部位

花、叶。

（5）采收加工

采收的花和叶片用水蒸气蒸馏法提取精油。

（6）精油含量及主要成分

叶和花精油得率为1.4%~1.6%，主要化学成分是反-石竹烯、α-姜黄烯、蛇麻烯、α-杜松烯、γ-柏木烯、δ-杜松烯、反-β-金合欢烯等。

（7）用途

九里香全株可入药，有行气止痛、活血散瘀之功效。精油可用于化妆品香精、食品香精。花、果、树均具有较高观赏价值。

16. 金粟兰

金粟兰（*Chloranthus spicatus*）为金粟兰科（Chloranthaceae）金粟兰属植物。产于云南、四川、贵州、广东、福建。

（1）形态特征

半灌木，叶对生，椭圆形或倒卵状椭圆形。穗状花序排成圆锥状；小花黄绿色或淡黄色，极香，成串着生，很像鱼子排列。核果椭圆形，内含 1 粒种子。花期各地不一，有的在 5~6 月，有的在 8~10 月。

（2）生长特性

喜温暖，潮湿和通风的环境。喜阴，忌烈日。要求疏松肥沃、腐殖质丰富、排水良好的酸性土壤。

（3）繁殖与栽培技术要点

多年生老株可在脱盆后进行分株，分株多在花后结合翻盆进行；扦插可在春、秋两季；压条除了过热、过冷季节外，全年均可进行。栽培管理较为简单，盆栽时要求盆土排水性良好。从幼苗开始，就要多次摘心，促使多发分枝；老叶也要经常摘除，秋后还要剪除枯枝和病虫枝。一般 2~3 年翻盆 1 次。

（4）主要利用部位

花朵。

（5）采收加工

采集花朵，用水蒸气蒸馏法提取精油。

（6）精油含量及主要成分

花中精油主要化学成分为顺-β-罗勒烯、顺-茉莉酮酸甲酯、香桧烯、α-蒎烯、反-β-罗勒烯、γ-榄香烯等。

（7）用途

金粟兰是一种南方常见的庭院栽培芳香花卉。花与根状茎可提取芳香油，浸膏则可配制皂用，化妆品香精；花极芳香，鲜花可熏茶。金粟兰的叶可治跌打损伤、接骨，根治疔疮。

17. 兴安杜鹃

兴安杜鹃（*Rhododendron dauricum*）为杜鹃花科（Ericaceae）杜鹃花属植物。主

要分布于我国东北、内蒙古等省区，朝鲜、蒙古、俄罗斯和日本也有分布。目前仍处于野生状态。

（1）形态特征

落叶或半常绿灌木，单叶互生，椭圆形至卵状椭圆形。花冠漏斗状，红紫色，先叶开放或同时开放。蒴果圆柱形，灰褐色，成熟时顶端开裂。花期5~6月，果熟期7~8月。

（2）生长习性

喜光，耐半阴，喜冷凉湿润气候，喜酸性土，以pH 4~6为宜。忌高温干旱，耐寒，抗风，忌水涝。阳性树种，但对光照要求不太严格。

（3）繁殖与栽培技术要点

扦插繁殖在5~9月进行，但以7~8月成活率最高。扦插苗通常生长到第3年即可出圃定植。定植一般在秋季落叶后至春季萌芽前进行，可行栽或穴栽，提前1d施足腐熟有机肥，浇透水。按行栽植时行距宜70~80cm，株距20~30cm；按穴栽苗2~3株。缓苗后如叶片发黄，可及时进行营养诊断；花谢后及时剪去残花。对需要更新的植株，可分期进行修剪。

（4）主要利用部位

新鲜叶片或花朵。

（5）采收加工

以提取精油为目的的，采收新鲜叶片或花朵后，立即用水蒸气蒸馏法提取精油。以入药为目的的，叶则秋季采收，晾干或鲜用。

（6）精油含量及主要成分

干燥叶精油得率为0.11%~4.30%，主要化学成分为杜鹃酮、丁香烯、芹子烷、α-松油烯和柠檬烯等。水蒸气蒸馏法提取花精油得率为0.27%~0.40%，主要化学成分为顺，反-α-金合欢烯、α-甜没药烯、(-)-龙脑醋酸酯、β-瘉创木烯、莰烯、长叶烯、α-蒎烯等。

（7）用途

叶可提取精油，调制香精。果实的提取物有抑制中枢和降压的功效；花、根、叶可入药。茎、秆、果含草鞣质，可提制栲胶。兴安杜鹃可片植、孤植形成美丽景观，也是岩石园的上等材料。

18. 蜡梅

蜡梅（*Chimonanthus praecox*）为蜡梅科（Calycanthaceae）蜡梅属植物。原产我国中部地区，以黄河、长江流域两岸地区栽培最多，四川、陕西、湖北、江苏、浙江等地栽培更为普遍。

(1) 形态特征

落叶灌木，幼枝四方形，老枝近圆柱形。叶对生，叶片椭圆形、卵圆形、椭圆状卵形至卵状披针形。花芳香，先花后叶；花梗很短，因而花朵很像紧贴在枝条上。小瘦果椭圆形，栗褐色。花期 11 月至翌年 2 月，果期 4～11 月（见彩图 64，彩图 65）。

(2) 生长习性

喜阳光充足环境，较耐寒。耐半阴，耐旱，怕涝。怕风，栽植在风口的蜡梅，叶子相互摩擦而造成锈斑；以中性或微酸性的砂质壤土最好。

(3) 繁殖与栽培技术要点

嫁接繁殖时，切接最佳时期是叶芽已经萌动并膨大到 3～4mm 时；靠接一般在 5~7月进行。分株繁殖在春季萌芽前进行。盆栽宜在秋季进行。盆栽后在初霜前搬入室内，第 2 年春天再移到露地培养，秋季再移入盆内。北方盆栽每 2～3 年换盆 1 次。夏季需水多，每天早晚各浇 1 次水。7 月蜡梅花芽分化时应保持适宜的土壤水分，开花期间，土壤宜保持适度干旱。一般在 4～11 月每月追施液肥 1 次，6 月下旬可增施追肥 1 次。病虫害很少，偶尔发生蚌干害虫。

(4) 主要利用部位

花朵。

(5) 采收加工

蜡梅花期 12 月至翌年 2 月，采花期 30～35d，收花期短而集中。每天上午采摘含苞待放的花朵。

(6) 精油含量及主要成分

蜡梅浸膏得率为 0. 19%～0. 2%，主要化学成分为芳樟醇、桉油素、龙脑、樟脑、蒎烯及倍半萜醇等。

(7) 用途

蜡梅花可提取浸膏，蜡梅浸膏可用于调配日用化妆品香精。蜡梅花和根可药用；花蕾、花、根可入药。蜡梅是制作插花、盆栽和桩景的好材料。

19. 柠檬马鞭草

柠檬马鞭草（*Lippia citriodora*）为马鞭草科（Verbenaceae）过江藤属植物。原产中南美，我国陕西南部地区有少量引种。

(1) 形态特征

落叶小灌木，茎四方形，木质坚硬，粗糙而具条纹。叶对生或轮生，披针形，具强烈柠檬香气。花小，排列成腋生、圆柱状的穗状花序。果小，干燥。花期 6～8 月（见彩图 66）。

（2）生长习性

喜温暖湿润的热带、亚热带气候，要求土壤深厚、疏松、肥沃的砂质壤土。

（3）繁殖与栽培技术要点

4月下旬至5月上旬播种，按行距25～30cm、沟深15～2cm条播，覆土厚度1～1.5cm，稍加镇压，浇透水。当幼苗5cm时，按株间距10cm左右间苗。生长期间，结合锄草进行松土，并适当进行根际培土。多雨季节要排水。

（4）主要利用部位

新鲜叶片、嫩枝梢及花序。

（5）采收加工

春夏植株生长旺盛时，采收新鲜叶片、嫩枝梢及花序。

（6）精油含量及主要成分

用水蒸气蒸馏法提取新鲜叶片、嫩枝梢及花序精油得率为0.1%～0.7%，主要化学成分为橙花醛、苧烯、香叶醛、香茅醇、香叶醇、橙花醇、1,8-桉叶油素、芳姜黄烯、氧化石竹烯等。

（7）用途

柠檬马鞭草精油具有良好的调顺和温和的镇定作用。

（8）注意事项

使用柠檬马鞭草精油按摩时，尽量不要涂在裸露的皮肤上。

20. 玫瑰

玫瑰（*Rosa rugosa*）为蔷薇科（Rosaceae）玫瑰属植物。原产我国北部和西南部地区，我国各地均有栽培。

（1）形态特征

直立灌木，枝干、叶柄和叶轴生有皮刺、刺毛和绒毛。奇数羽状复叶互生，小叶椭圆形或椭圆状倒卵形。花紫红色至白色，单瓣或重瓣，极芳香。果扁球形，红色。花期5~7月，果期8~9月（北方各地）。

（2）生长习性

喜阳光充足、温暖气候条件。耐寒力和耐旱力均较强，不耐涝。对土壤的适应性较强，但在肥沃、疏松、排水良好、富含腐殖质的砂质壤土或轻黏土上生长最好（见彩图67，彩图68）。

（3）繁殖与栽培技术要点

分株繁殖可在春、秋两季进行。扦插繁殖一般在秋季进行。分株苗于春季萌芽前栽植，扦插苗于6月上旬移栽，将幼苗植入穴中，覆土踏实，浇透定根水。花芽开始萌动时，施 1 次催芽肥；4 月中旬至 5 月下旬施人畜粪尿 1 次，并追施适量速效复合肥，施肥后灌 1 次透水。8 月中旬至 10 月中旬应施有机肥时并深翻。玫瑰修剪可分为冬春修剪和花后修剪。常见病害有白粉病、黑斑病、霜霉病、锈病；主要虫害为金龟子、天牛、红蜘蛛、蚜虫、螨类、蓑蛾等。

（4）主要利用部位

花朵。

（5）采收加工

玫瑰定植后第 3 年可进入采摘期。花半开放状态时采摘，白天上午 5：00~9：00 的含油量最高，以盛花期含油率最高。用手工采摘鲜花，放置箩筐中。

（6）精油含量及主要成分

水蒸气蒸馏法提取鲜花中精油得率为 0.03%~0.05%，主要化学成分为香茅醇、香叶醇、橙花醇、甲基丁子香酚、乙酸香茅酯、芳樟醇、（*E*,*E*）-金合欢醇等。

（7）用途

玫瑰精油是各种高级香水、香皂等化妆品中不可缺少的原料。玫瑰花有理气、活血、调经的功效。玫瑰是我国城市绿化和园林布置中理想的园林观赏花木之一，还可作为切花材料。

（8）注意事项

玫瑰精油和玫瑰净油均不会引起光过敏反应，玫瑰精油比玫瑰净油更为安全。

21. 花椒

花椒（*Zanthoxylum bungeanum*）为芸香科花椒属植物，为北方著名的香料及油料树种。原产我国，主要集中于陕西、河北、河南、山东和四川等省。

（1）形态特征

多年生落叶小乔木或灌木，具香气，枝具宽扁而尖锐的皮刺和瘤状突起。单数羽状复叶互生，小叶对生，卵形至卵状椭圆形，叶缘有细钝锯齿，齿缝处有粗大透明腺点。聚伞状圆锥花序顶生。蓇葖果 2~3 聚合，球形，果实成熟后红色至紫红色；种子圆卵形，黑色。花期 3~5 月，果期 7~10 月。

（2）生长习性

喜温暖气候，较耐旱，不耐严寒，适宜栽植在背风、向阳、温暖的小气候环境中。阳性树种，喜光性较强。对土壤要求不严，但以土层深厚、肥沃、湿润的砂壤土和山地钙土为佳。

（3）繁殖与栽培技术要点

采下的果实摊放在干燥通风处，待果皮晾干自行裂开，筛出种子，催芽。3 月中旬后，种子露胚根后条播。北方多春播，南方秋播或春播均可。幼苗长到 5~7cm 时间苗。整个幼苗生长期，可追肥3~4次。培养1年后，苗高90~100cm时即可出圃移栽。宜在春、秋两季定植。每年进行2~3次中耕除草。果实采摘后应立即施腐熟有机肥。花期、果实膨大期要酌情追肥，结合施肥适当进行灌水。修剪一般在春季萌芽前或秋季采果后进行。主要病害为锈病；主要虫害有蚜虫、花椒天牛、金龟子。

（4）主要利用部位

成熟果实。

（5）采收加工

采收适期为花椒果皮全部变红，皮上的油胞凸起呈半透明状，种子全部发黑、变硬。晴天露水干后用手采摘为宜，不宜用手捏紧椒粒采摘，也不能连同小枝折下来。采收时，还应注意保护枝芽，切不可随意折断枝条。采收的果实，应摊开晾晒，切忌堆放霉变。

（6）精油含量及主要成分

不同方法提取果实、果皮、种子的精油得率为0.20%~26.11%。不同产地花椒其精油成分有较大差别。四川汉源县花椒精油主要化学成分为芳樟醇、枞油烯、柠檬烯等。四川金阳县花椒精油主要化学成分为柠檬烯、莰烯、芳樟醇等。山西榆次产花椒精油主要化学成分为α-蒎烯、枞油烯，还含有胡椒酮、乙酸松油酯等。

（7）用途

花椒是我国有名的麻辣味调味品及油料作物。精油可作调香原料，用于化妆品及皂类加香，并有杀菌作用，可作食品防霉剂。种子、果皮、叶均可药用。种子含脂肪25%~30%，可作工业用油；木材坚实，可制器皿。

22. 山鸡椒

山鸡椒（*Litsea cubeba*）别名山苍子，为樟科木姜子属植物，是我国新发现的极为重要的野生经济植物。原产于我国华南及东南地区，主要分布于长江流域，其中以福建、湖南、湖北、四川等省分布最多。

（1）形态特征

落叶灌木或小乔木，树皮幼时黄绿色、光滑，老时变灰褐色，片状剥落。叶互生，有香气，披针形或倒披针形。花单生或4~6朵簇生，雌雄异株。伞形花序，先叶而出。核果近球形，幼时绿色，熟时黑色；种子球形。花期3~4月，果熟期7~10月（见彩图69至彩图71）。

（2）生长习性

喜温暖湿润环境。中性偏阳树种，幼苗期需要遮阴，成年树具喜光特性。对土壤条件要求不严，但以缓坡、沟谷、丘陵、土层深厚肥沃、排水良好的土壤生长最好；低洼积水处不适合山鸡椒生长。

（3）繁殖与栽培技术要点

种子采收后，翌春即可播种育苗。培育 1~2 年后，苗高 60~70cm 即可出圃定植。扦插繁殖在早春植株萌动前，剪取当年生根茎部的萌芽枝条作插条进行扦插。栽植时间以早春或晚秋落叶后进行，山鸡椒雌雄异株，并适当配置授粉树。从定植至第 3 年幼林期间，应加强抚育管理，尤以 1~2 年为甚。成林后，于每年秋冬季节进行中耕松土，宜浅不宜深。在 1~2 年生幼林期间每年追肥 2~3 次，一般在 4、10 月或 3、5、10 月进行。第 3 年以后，每年在秋冬季节至少追肥 1 次。主要虫害为红蜘蛛、卷叶虫。

（4）主要利用部位

成熟果实。

（5）采收

作香料时，采收期应比采种时间适当提前。东南地区采收期为 5~7 月，在华东、华中一带则为 8 月中旬，湖南、福建等主产区以 8 月采果蒸馏最好。采收时应同果柄一并采下，否则柠檬醛会从柄的孔口挥发。同时，蒸馏时留柄可加大空隙，加快出油。

（6）精油含量及主要成分

叶、花和果皮均含精油。鲜果精油得率为 2.5%~5%，最高可达 7.8%。主要化学成分为柠檬醛、香茅醛、芳樟醇、甲基庚烯酮、α-松油醇、香叶醇、乙酸香叶酯等。

（7）用途

山鸡椒精油可用于化妆品、食品、烟草等香精。山鸡椒果实具温暖脾肾、健胃消食的功效；果核榨取的脂肪油，可用作肥皂，机械润滑油，提炼甘油及月桂酸、正癸酸、十二烯酸等化工原料。山鸡椒常为绿化荒山的优良树种。

知识拓展

玫瑰籽油是玫瑰瘦果在低温下压榨而得的玫瑰脂肪油，完全不同于玫瑰精油。玫瑰籽油价格比较便宜，而玫瑰精油相当昂贵。玫瑰籽油主要脂肪酸成分为 γ-亚麻酸（30%~40%）、亚油酸（40%）、油酸（15%~20%），还有硬脂酸、棕榈酸等，具有较淡的脂肪油清香气，在芳香疗法中主要用于护肤，很适合于治疗湿疹、牛皮癣等皮肤疾病。使用时，可在玫瑰籽油中加入一点精油或加入其他植物油等作为基础油调制按摩油。

小　结

介绍了杜松、岩蔷薇、百里香、迷迭香、丁香罗勒、木香薷、米兰、含笑、茉莉花、结香、栀子、瑞香、香桃木、玳玳花（橙花）、九里香、金粟兰、兴安杜鹃、蜡梅、柠檬马鞭草、玫瑰、花椒、山鸡椒 22 种灌木芳香植物的形态特征、生长习性、繁殖及栽培技术要点、主要利用部位、采收加工、精油含量及主要成分、用途及注意事项。

复习思考题

其他常见的灌木芳香植物有哪些？试举例。

推荐阅读书目

1. 芳香疗法和芳疗植物．张卫明，袁昌齐，张茹云等．东南大学出版社，2009.

2. 中国芳香植物精油成分手册（上、中、下册）．王羽梅．华中科技大学出版社，2015.

3. 精油完全使用手册．屈娴．江西科学技术出版社，2011.

4. 南方中药材标准化栽培技术．农业部农民科技教育培训中心，中央农业广播电视学校组．中国农业大学出版社，2008.

5. 药用植物规范化种植．马微微，霍俊伟．化学工业出版社，2011.

第15章

常见藤本芳香植物

藤本芳香植物是植物体细长，不能直立，只能依附别的植物或支持物，缠绕或攀缘向上生长的植物。

1. 胡椒

胡椒（*Piper nigrum*）为胡椒科（Piperaceae）胡椒属植物。印度是胡椒的原产地，是世界上最大的胡椒生产国和出口国。目前我国海南、广东、广西、云南、福建、台湾等省区有栽培。

（1）形态特征

多年生常绿攀缘藤本植物，单叶互生，椭圆形或卵状椭圆形。雌雄异株；花小，穗状花序。浆果球形，熟时黄绿色、红色。我国胡椒盛花期为3~5月、5~7月、8~11月，花期与雨水、温度及植株营养状况有关（见彩图72，彩图73）。

（2）生长习性

怕冷、怕旱、怕渍、怕风。以土层深厚、土质疏松、排水良好、pH 5.5~7.0、富含有机质的土壤最适宜。高温多雨是胡椒生长发育的重要条件。

（3）繁殖与栽培技术要点

扦插繁殖时，插条20~25d可移到椒园定植。定植全年均可，7~9月为宜。定植初期保持荫蔽度60%~70%，及时浇水施肥。胡椒苗抽新蔓时，及时立支柱、绑蔓以助攀缘。主蔓长到一定长度要打顶、摘花等。定植后期要整形修剪。主要病害为胡椒瘟病、细菌性叶斑病、花叶病等。主要虫害有介壳虫和蚜虫危害。

（4）主要利用部位

干燥果实。

（5）采收加工

春夏季开花，果实成熟在当年10月至次年4月，果实成熟标志为果实变红；采收标准为果实转黄并有3~5粒变红时采收；随熟随收。胡椒精油是用黑胡椒以水蒸气蒸馏法提取。

（6）精油含量及主要成分

胡椒精油得率为1%~3%，主要化学成分为α-蒎烯、β-蒎烯、L-α-水芹烯、β-丁子香烯、橙花叔醇、二氢黄蒿萜醇及胡椒醛等。

（7）用途

胡椒精油可用于香料工业，用途广泛。果实入药，医药上用作健胃剂、调热剂、利尿剂及支气管黏膜刺激剂。胡椒茎叶为健胃祛风药。胡椒根煎水可治癣、疱疮等。

（8）注意事项

一般人群均可食用，消化道溃疡、咳嗽咯血、痔疮、咽喉炎症、眼疾患者慎食。胡椒精油经常过量使用会导致皮肤疼痛、发炎，应按最低浓度比例使用。

2. 香荚兰

香荚兰（*Vanilla planifolia*）为兰科（Orchidaceae）香荚兰属植物，为一种名贵的热带香料植物。原产于墨西哥，我国先后在福建、厦门、海南和云南西双版纳等地栽培，以海南生长最好。

（1）形态特征

多年生攀缘藤本植物，具圆柱形回旋形茎，节上有气根。叶互生，长椭圆形或宽披针形，肥厚多肉。总状花序腋生，花绿色或黄绿色，芳香。蒴果稍呈扁三角状，像豆荚；种子黑色，类圆形。花期 3~6 月。

（2）生长习性

喜温暖湿润、雨量充沛的气候环境。荫蔽度 60%~70%适宜幼苗期生长发育，投产期 50%荫蔽度有利于开花。要求富含腐殖质、疏松、排水良好的微酸性（pH 6.0~6.5）土壤。

（3）繁殖与栽培技术要点

3 月下旬至 4 月上旬扦插育苗为宜。香荚兰必须浅植。幼苗期土壤湿润；成苗后要相对干旱；高温季节应增加浇水量；果荚成熟期可相对干旱。每年可施 3~4 次腐熟有机肥。在开花前以磷、钾和硼肥为主分次根外追肥。种植后及时设立支柱。成苗一般在花期前 8~9 个月修剪。收获后，剪去结果枝，同时修剪下一年的结果枝。云南香荚兰开花期一般在 2 月底至 5 月中旬，需在早晨进行人工授粉。主要病害为炭疽病、根腐病、白绢病；虫害主要为大蜗牛。

（4）主要利用部位

果实。

（5）采收加工

果顶部开始变黄，其他部分由亮绿色变深绿色，并出现黄条纹时即可采摘。经加工，生成香气后，成香荚兰豆或称香子兰豆。加工方法：将采摘下的荚果在 95℃水中处理 20s，取出擦干。分别用毛毯包好，放在 45℃恒温箱内烘 4h，取出，移置干燥房间或放阳光下晒 6~7h（日晒时要翻动毛毯）后，再置于干燥房间内，第 2 天打开毛毯，擦干荚果表面水分，用毛毯包好，如此反复 4~10d，荚果即可变成黑褐色，当挥发香气时，即可去掉毛毯，放置竹帘上，在通风较好的室内晾干、捆束装入密封瓶内，经半年左右荚果表面即可出现香兰素的白色晶体。加工好的香荚兰豆，经粉碎，再用溶剂浸提法制成酊剂或浸膏，并进一步加工成净油。

（6）精油含量及主要成分

果实净油主要化学成分为香兰素（3%~4%）、丙烯醛、香兰酸、3,4-羟基苯甲酸、羟基苯甲醛等。

（7）用途

香荚兰是一种天然食用香料，可广泛用作高级香烟、名酒、茶叶、奶油、咖啡、可可、巧克力等高档食品的调香原料。入药可用作神经兴奋剂，具有治疗癔病、月经不调和热病等功效。香荚兰还是良好的悬挂观赏花卉。

（8）注意事项

香荚兰净油不常用于芳香疗法中，主要因为它的价格非常昂贵，且不是真正的净油或精油。某些人可能会对香荚兰精油产生过敏反应。

3. 木香花

木香花（*Rosa banksiae*）为蔷薇科蔷薇属植物。分布于中国四川、云南，全国各地均有栽培。

（1）形态特征

常绿或半常绿攀缘藤本，小枝绿色，无刺或少量刺，羽状复叶互生。花多朵成伞房花序顶生，花瓣白色或黄色，单瓣或重瓣，有浓郁芳香。蔷薇果近球形。花期4~7月，果期9~10月。

（2）生长习性

喜阳光，宜背风向阳之地。在疏松肥沃、排水良好土壤上生长较好；喜湿润，忌积水。不耐热、不耐寒。

（3）繁殖与栽培技术要点

硬枝扦插12月初进行；嫩枝扦插在黄梅季节进行。压条繁殖在初春至初夏间选健壮枝高空压条。嫁接繁殖选2年生野蔷薇作砧木，12月至翌年1月嫁接，或2~3月露地切接。栽植初期，要促进主蔓生长，并选留主蔓。枝条不宜交错，适当牵引绑扎，使其依附支架。北方多在春季移栽，南方多在秋季移栽。春季萌芽后施1~2次复合肥，入冬后沟施腐熟有机肥，并浇透水。主要病害为锈病。

（4）主要利用部位

花。

（5）采收加工

采摘花朵用水蒸气蒸馏法提取精油。

（6）精油含量及主要成分

花精油主要化学成分为冰片烯、十二烷、辛烷、苯乙醇、顺-马鞭草烷醇、冰片、6-甲基十二烷、榄香素、α-杜松醇等。

（7）用途

花精油供配制化妆品及香精。木香花是理想的棚架及墙面垂直绿化藤本材料；也可盆栽观赏。根皮提制栲胶。根、叶入药，具有收敛功效，可止血止痛。

4. 忍冬

忍冬（*Lonicera japonica*）别名金银花，为忍冬科（Carprifoliaceae）忍冬属植物。原产中国中部地区，分布于全国各地，但以河南、山东两地所产者质量最佳。

（1）形态特征

多年生半常绿木质藤本，茎中空，左缠。单叶对生，叶片卵形或长卵形。花成对腋生，花冠初开时白色，后变黄色。浆果球形，熟时黑色。花期 5~7 月，果期 7~10 月（见彩图 74，彩图 75）。

（2）生长习性

喜温暖气候条件，耐寒，耐涝。喜光，要求年日照时数在 1800~1900h，每天日照时数 7~8h 为宜。对土壤要求不严，以湿润、肥沃、深厚土壤生长最好。

（3）繁殖与栽培技术要点

9~10 月采种后层积贮藏。4 月上旬至下旬播种。当苗高 10cm 左右时间苗，苗高 30~40cm，2 年生苗木可出圃移栽。扦插繁殖在春、夏、秋三季均可进行，以雨季最好。春插苗秋末即可移栽；夏、秋插苗翌春移栽。压条繁殖在 6~10 月进行。春、夏秋定植均可。定植后，经常松土除草。每年施肥 2 次。成活后的植株离地面 15~20cm 修剪，第 2 年在主干上选留 4~5 条粗壮枝条，其余剪留 15cm 左右。以后每年早春疏剪密枝、老枝及主干旁发出的新枝芽，并加强中耕除草和施肥。夏季多发炭疽病和锈病；主要病害有蚜虫和尺蠖。

（4）主要利用部位

新鲜或干燥的花。

（5）采收加工

一般在 5~8 月采收，主要在 5~6 月。最佳采摘标准为“花蕾由绿变白，上白下绿，上部膨大，尚未开放”。一般黎明至上午 9：00 前采摘花蕾最为适时，干燥后呈青绿色或绿白色，色泽鲜艳。采后的花蕾当即摊开晾晒，如当天未干，切勿翻动以免发黑，翌日晾至全干。

（6）精油含量及主要成分

水蒸气蒸馏法提取鲜花蕾精油得率为 0. 007%~0. 820%，超临界萃取鲜花蕾精油得率为 1. 080%~16. 810%，主要化学成分为双花醇和芳樟醇；干花蕾精油主要化学成分为香树烯、芳樟醇和香叶醇等。

（7）用途

茎中含生物碱，叶中含忍冬素、忍冬甙和木犀素等，具清热解毒、凉风散热的功效，对多种致病菌有一定抑制作用。忍冬可作为观赏植物栽植庭院。

（8）注意事项

脾胃虚寒及气虚疮疡脓清者忌服忍冬藤。

5. 啤酒花

啤酒花（*Humulus lupulus*）为桑科（Moraceae）葎草属。原产北美、西亚，中国主产新疆、甘肃、宁夏、黑龙江、山东等地。

（1）形态特征

多年生攀缘草本，茎、枝和叶柄密生细毛，并有倒刺。叶对生，卵形或掌状。雌雄异株，雄花为圆锥花序。雌花为穗状花序。果穗球果状，瘦果扁平。花期7~8月，果期9~10月（见彩图76）。

（2）生长习性

喜冷凉干燥气候，耐寒不耐热。长日照作物，喜光，全年日照时数最好在1700~2600h之间。以土层深厚、肥沃、疏松、通气性较好、pH为中性或酸微碱的壤土或砂质壤土为宜。稍耐干旱，但不耐积水。

（3）繁殖与栽培技术要点

以根茎扦插繁殖为主。扦插用的根茎要求皮层新鲜，芽眼2~3丛，无病害，粗度0.6~1cm，长度10~14cm。把预先用来定植的材料于3~4月间按行株距1.5m×1.5m或1.6m×1.4m埋入地下10cm。啤酒花喜肥，种植前施足有机肥、饼肥和过磷酸钙（全年施量的2/3）作基肥。生育期间追施苗肥、分枝肥和花肥。生育前期和中期以氮肥为主，开花期以磷、钾肥为主。

（4）主要利用部位

新鲜或干燥雌球花（球果）。

（5）采收加工

适宜采收期应以雌花序成熟为准。一般在开花后40~45d为采收适合期。采收时，将着生球果的侧枝在离地面1.5~2m处剪断，收集运送到作业场后，用剪刀取下球果，花梗不超过1cm。一般雨天不宜采收。采收的花晒干或烘烤干燥。新鲜或干燥的雌球花可用水蒸气蒸馏法提取精油。

（6）精油含量及主要成分

鲜花精油得率为0.2%~0.8%，干花精油得率为0.55%~1.30%。啤酒花精油主要化学成分为月桂烯、葎草烯、芳樟醇、牻牛儿醇、蛇麻醇等。

（7）用途

果穗供制啤酒用。精油具温暖、镇静和杀菌功效。

（8）注意事项

一些人使用啤酒花精油会引起过敏反应，最好稀释较低浓度后使用。患有忧郁症和昏睡症的人避免使用啤酒花精油或其提取物。

6. 蒜香藤

蒜香藤（*Mansoa alliacea*）为紫葳科（Bignoniaceae）蒜香藤属。原产于南美洲的圭亚那和巴西。我国分布于华南南亚热带常绿阔叶林区、热带季雨林及雨林区。其花、叶在搓揉之后有大蒜的气味，因此得名蒜香藤。

（1）形态特征

常绿藤状灌木，植株蔓性，具卷须。叶为二出复叶，深绿色椭圆形，具光泽。花腋生，聚伞花序，花冠筒状，开口五裂，花紫红色至白色。花期春季至秋季，盛花期8~12 月（见彩图 77，彩图 78）。

（2）生长习性

性喜温暖湿润气候和阳光充足的环境，不耐寒。生长适温 18~28℃，冬季温度短时间低于 5℃时，亚热带地区除部分落叶外可安全越冬；长时间在 5℃以下可引起地上部分冻害。需全日照栽培。一般种植在向阳背风，疏松、肥沃的微酸性的砂质壤土。

（3）繁殖与栽培技术要点

生产上一般以扦插为主。春、夏、秋季均为扦插适期，尤以 3~7 月为佳。待根系发育完全即可移植。压条繁殖极易生根，移植一般在春、夏两季进行。移植时，植株要带上宿土。在枝条萌芽前修枝整形，发芽后施肥 1 次，促其枝叶生长和发育。露地栽培只需在夏季干燥时浇水。定植时施入腐熟肥料，成熟后每月施用 1 次氮磷钾复合肥。露地栽培应选择排水好的地点。盆栽栽培时，夏季每天浇 1 次水，冬季每 3~4d 浇 1 次水，盆栽土可选择园土、木屑、泥炭各 1 份来调配培养土。蒜香藤生性强健，病虫害少。

（4）主要利用部位

叶和花。

（5）采收加工

采收叶片和花用水蒸气蒸馏法提取精油。

（6）精油含量及主要成分

蒜香藤叶和花含精油，主要化学成分为二烯丙基二硫醚和二烯丙基三硫醚等有机硫化物，因而具有大蒜香味。而这两种有机硫化物具有多种生物活性，都是大蒜油的有效成分。

（7）用途

蒜香藤可地栽、盆栽，也可作为篱笆、围墙美化或凉亭、棚架装饰之用，还可做阳台的攀缘花卉或垂吊花卉。蒜香藤的根、茎、叶均可入药，可治疗伤风、发热、咽喉肿痛等呼吸道疾病。二烯丙基二硫醚具有较强的抗氧化活性，对延缓衰老有一定作用，对肝癌细胞有杀伤作用；二烯丙基三硫醚能明显降低高血脂、动脉脂质的沉积及抑制胃致癌剂致胃癌。因蒜香藤具有浓郁的蒜香，故可作为蒜的替代物用于烹饪。

知识拓展

目前，已生产的“金银花露”是金银花用蒸馏法提取的芳香性挥发油及水溶性馏出物，可清热解毒；暑季可代茶饮用，能治温热痧痘、血痢等。据报道，金银花的有效成分为绿原酸和异绿原酸，是植物代谢过程中产生的次生物质，其含量的高低不仅取决于植物种类，而且可能在很大程度上受气候、土壤等生态、地理条件及物候期的影响。

小　结

介绍了胡椒、香荚兰、木香花、忍冬、啤酒花、蒜香藤 6 种藤本芳香植物的形态特征、生长习性、繁殖及栽培技术要点、主要利用部位、采收加工、精油含量及主要成分、用途及注意事项。

复习思考题

其他常见的藤本芳香植物有哪些？试举例。

推荐阅读书目

1. 芳香疗法和芳疗植物．张卫明，袁昌齐，张茹云等．东南大学出版社，2009.

2. 中国芳香植物精油成分手册（上、中、下册）．王羽梅．华中科技大学出版社，2015.

3. 南方中药材标准化栽培技术．农业部农民科技教育培训中心，中央农业广播电视学校组．中国农业大学出版社，2008.

4. 药用植物规范化种植．马微微，霍俊伟．化学工业出版社，2011.

实验实习部分

实习1　芳香植物种类识别

一、目的要求

我国芳香植物分布范围广泛，种类丰富。本实训通过识别常见的芳香植物，掌握其所属科、形态特征以及主要用途，以培养学生认识芳香植物的能力。

二、材料与用具

（一）材料

（1）芳香植物植株：在园艺植物或芳香植物生产基地选择生长发育正常的芳香植物植株进行识别。

（2）标本：芳香植物的浸制标本。

（3）多媒体课件：教师制作的各种芳香植物的多媒体图片。

（二）用具

放大镜、调查表、铅笔等。

三、步骤与方法

通过观察园艺植物或芳香植物生产基地的芳香植物植株或芳香植物标本，结合相关多媒体图片，掌握各种芳香植物的植物形态基本特征，识别各种芳香植物。观察记载内容如下：

（1）树性：乔木，小乔木，灌木，藤本，多年生草本，一、二年生草本等。

（2）主茎：光滑度、色泽、树皮裂纹等。

（3）枝条：密度、成枝力、萌芽力等。

（4）叶片：大小、形状、叶柄、叶缘、色泽、茸毛等。

（5）花：花序、花序花朵数、花色（花蕾色、初花色）、花的大小、雄蕊、雌蕊、子房。

（6）果实：大小、形状、色泽等。

（7）种子：大小、形状、色泽等。

四、作业与思考

观察并识别常见的芳香植物，参考有关书籍资料进一步详细了解其生长习性，将观察的结果进行记录。

实习2　芳香植物育苗基质的配制及育苗容器

一、目的要求

了解芳香植物育苗基质类型及其特性，掌握育苗基质的配制方法；了解育苗容器的种类。

二、材料与用具

(1) 材料：各种育苗基质，如泥炭、珍珠岩、蛭石、河沙、岩棉、碳化稻壳等；水。

(2) 用具：铁锹、喷壶。

三、步骤与方法

(一) 认识各种育苗基质，并了解其理化特性

育苗基质分为有土基质和无土基质。有土基质即营养土，是由园土和有机肥按照一定比例混合均匀配制而成，播种用营养土比例为5∶5或6∶4，混合后堆放一段时间后再使用；无土基质又分为有机基质和无机基质。有机基质包括泥炭、砻糠灰、椰糠、锯末（松杉锯末除外）等有机物质，保水保肥性好，有些基质本身含有养分；无机基质是珍珠岩、蛭石、岩棉、河沙等，透气性好，理化性质稳。配制育苗基质时，需把有机基质和无机基质科学合理组配，以调节育苗基质的通气、水分和营养状况。

(1) 园土：一般取自菜园、果园或种过豆科植物的表层土壤，具有一定的肥力和良好的团粒结构，是调制有土基质的主要原料之一，但缺水时表层容易板结，湿时透气透水性差，不能单独使用。

(2) 泥炭：由一些水生植物经腐烂、炭化、沉积而成的草甸土。其质地松软、通气、透水及保水性能都非常良好，含少量氮，不含磷、钾，不易分解。其中还含有一种胡敏酸，对促进插条产生愈伤组织和生根有利。

(3) 砻糠灰：将稻壳碳化，以完全变黑碳化但基本保持原形为标准。质地疏松，透气性和保水性较好，含少量磷、钾、镁和多种微量元素。

(4) 椰糠：是从椰子外壳纤维加工过程中脱落下的一种纯天然的有机质介质。经加工处理后的椰糠非常适合培植植物，是目前比较流行的园艺介质。

(5) 沙：河沙颗粒较粗，不含有杂质，通气和透水性能良好，不具团粒结构，没有肥力，保水性能也差。

(6) 珍珠岩：质轻，通气性好，基本不含矿质营养。

(7) 蛭石：质轻，通气性和保湿性好，多数蛭石含有效钾5%～8%，镁9%～12%。

(8) 岩棉：孔隙度96%，具很轻的保水能力。

(二) 育苗基质的配制

育苗最常用的基质配方为（体积比）：泥炭∶珍珠岩∶蛭石=1∶1∶1，泥炭∶珍珠岩∶蛭石=2∶1∶1或泥炭∶蛭石=7∶3，进口泥炭没有特别说明不需添加任何肥料，只需按比例喷水混合均匀，国产泥炭随水喷洒多菌灵或苗菌敌，加水量达到手握基质成团，但不见有水流出，触之即散的状态即可。

（三）认识各种育苗容器

目前常见的育苗容器是各种规格的育苗钵、纸杯、泥炭钵、塑料杯、育苗盘及可降解无纺布育苗袋等。

四、作业与思考

比较本实验实践中的育苗基质及其理化特性，并写出报告。

实习3 芳香植物的播种前处理

一、目的要求

了解和掌握芳香植物种子播前处理方法及注意事项。

二、材料与用具

（1）材料：罗勒、紫苏、广藿香、甜牛至等芳香植物种子；高锰酸钾或磷酸三钠等药剂、开水和自来水等。

（2）用具：量筒、烧杯、玻璃棒、天平、纱布、培养皿、滤纸、温度计、发芽培养箱、防水标牌或标签若干、记号笔等。

三、步骤与方法

（一）消毒处理

用1%高锰酸钾溶液将芳香植物种子浸泡消毒20~30min，或10%磷酸三钠溶液浸种20min，可钝化种子上的病毒，然后用清水冲洗干净后再进行浸种催芽处理。

（二）浸种处理

取芳香植物种子若干，将种子放于50~55℃温水中浸泡，不断搅拌，直至温度下降到30℃时停止，然后在室温（20~30℃）下再继续浸种3~4h。不同种类芳香植物浸种时间有差异，需视种子大小和外壳坚硬程度而定。浸泡时间为8~24h。坚硬种子可浸泡时间长一些。

浸种时，一般在玻璃或搪瓷容器中进行，所用浸种水量一般为种子量的5~6倍，浸种过程中，需用手反复搓洗种子，除去种子表面粘着物，期间5~8h换水一次。

（三）催芽处理

浸种结束后，先将需催芽的种子甩干或摊开，使种子表面水膜散失，以保证催芽期间通气良好，然后用湿毛巾或纱布包好，放于培养皿等洁净的容器中进行催芽。冬春季可置于恒温箱中或温暖处催芽；夏秋季温暖季节，可放于室温下催芽；个别需低温发芽的种子，应置于低温处催芽。

催芽期间每天用25~30℃的清水淘洗种子1~2次，并将包内种子内外翻动，使催芽种子能够得到足够氧气。当大部分种子露白时即可播种。

（四）发芽比较试验

将浸种处理后的芳香植物种子与未经浸种过的干种子同时放于有浸湿纱布或滤纸的培养皿中，并做好标记，置于25～30℃培养箱中发芽，每天检查、淘洗1～2次，每天记载发芽种子数量，并计算发芽率和发芽势。

四、作业与思考

记载并比较浸种处理过的芳香植物种子与未经浸种处理过的干种子的发芽率和发芽势。

实习4　芳香植物的播种育苗与播后管理

一、目的要求

了解和掌握芳香植物播种育苗的程序、注意事项及播后管理。

二、材料与用具

（1）材料：已催芽的芳香植物种子。

（2）用具：按一定比例配制好的育苗基质；育苗钵或育苗盘等育苗容器；喷壶。

三、步骤与方法

（一）播种

1. 将育苗基质装入育苗容器

将育苗基质装入育苗容器内，育苗容器中填装育苗基质不应过满，灌水后基质表面一般要低于容器边口1～2cm，以防灌水后水土流出容器。

2. 浇底水

将装好基质的育苗盘和育苗钵摆好，然后浇水或用喷壶喷水，将基质充分浇透，水下渗后即可播种。

3. 播种

大种子可点播，每个育苗穴播种1粒；较小种子可与干净细沙拌匀后再播。点播种子时，应将种子平放在育苗钵中央或育苗盘穴内，千万不能立放种子，防止出苗“戴帽”。

4. 覆土

播种后立即用细土覆盖种子。覆土厚度依种粒大小确定，一般在0.5～2cm。

5. 覆盖

覆土后可用遮阳网和防水塑料覆盖，以防水分过度蒸发。

6. 标记与记录

多个品种芳香植物同时播种，为了避免出错，要在田间插牌标记，并在记录本上画图记录（见彩图 79）。

（二）播后管理

1. 出苗期管理

从播种到出芽阶段主要是胚根和胚轴的生长，维持适宜土温最重要。注意保湿，发现盖土干燥，轻喷小水，或者覆盖稻草、地膜保湿。

2. 籽苗期管理

籽苗期即从出土到子叶展开阶段。有 60%~70% 的种子子叶展开后应及时揭去覆盖物，以免幼苗徒长。同时要保持基质湿度，使未发芽的部分种子子叶从种壳中成功伸出。

3. 小苗期管理

小苗期即第 1 真叶长出到第 2、3 真叶展开阶段。此阶段叶面积和根系同时扩展，管理特点是边促边控。真叶长出后，水不宜浇在叶片上，最好通过苗盘或苗钵底部吸水的方式供水。真叶的出现意味着光合作用开始，因此养分供应是必需的，在幼苗生长期，肥料浓度应低一些。随着幼苗长大，外界气温渐渐回升，根据不同的芳香植物保持一定的温度。降温炼苗很重要，但不可过度，否则植株矮小、僵化。

4. 移栽

芳香植物幼苗生长到适合移植时，要及时定植，否则容易造成徒长和生产延误。一般在 4 片真叶以上，根系比较发达时进行，移栽后要浇透水并遮阴。移栽地段尽量选择阳光充足、透水性好的地方。各种种苗移植的时间各不相同，需根据实际情况确定。

四、作业与思考

（1）分析芳香植物播种与覆土时的注意事项。

（2）分析芳香植物种子播后各个时期的管理特点。

实习 5　芳香植物的扦插繁殖

一、目的要求

了解芳香植物扦插基质、扦插适宜时期，学会硬枝扦插和绿枝扦插的基本操作，掌握提高扦插成活率的关键技术。

二、材料与用具

（1）材料：月季、茉莉花、菊花、迷迭香（见彩图 80，彩图 81）、薄荷（见彩图 82）等芳香植物，生根粉、NAA、IBA 等植物生长调节剂。

（2）用具：50%遮阳网、扦插基质、修枝剪等。

三、步骤与方法

（一）扦插基质

扦插基质应材料疏松、透气、排水性好。采用河沙或泥炭均可。作为规模化扦插繁殖来说，通常使用电热温床附加全光弥雾设施进行育苗，成活率高。

（二）扦插时期

硬枝扦插在我国中部可于2~3月进行，南方应于12月左右进行，而北方则在4月中下旬进行。绿枝扦插和叶插在设施条件下可全年进行。根插则要在试材易发生不定芽的时候，同时成活后保证地上部有充足时间木质化。

（三）插条剪取

1. 硬枝扦插

将休眠期剪取的1~2年生完全木质化枝条剪成长10~15cm且带3~4个芽的枝段作为插条。如暂时不扦插，可保湿冷藏。常绿针叶树的插条通常秋季剪取后，立即扦插。

2. 绿枝扦插

生长季节剪取当年生发育充实的嫩枝，将其截成长5~10cm带有3~4个芽的枝段，剪除基部向上的1/3叶片，基部平剪。

（四）插条处理（实训中根据不同插条进行选用）

1. 浸水处理

剪取的插条在扦插前基部放入水中浸泡12~24h，可促进生根。

2. 脱除抑制剂处理

许多木本芳香植物插条中含有较多的抑制生根物质，在扦插前，将插条基部1/3~1/2放入30~35℃温水中浸泡4~12h，可有效去除抑制类物质。

3. 加温处理

较高的插床温度和较低的气温有助于插条生根。一般以地温高于气温3~6℃为宜。

4. 干燥处理

对枝条含水分或乳汁较多的花木，剪取插条后立即蘸取干燥的草木灰，使其收干水分，待插条稍干后再扦插。

5. 植物生长调节剂处理

0.1%IBA及NAA混合液适合软材花木；0.8%IBA或0.4%NAA适合硬材与难生根花木。

（五）扦插方法

1. 硬枝扦插（以月季为例）

将1年生枝条剪成2~3个芽的枝段，枝段上端剪口距芽1~2cm处平剪，下端剪口紧靠节间下剪成斜口，下端1~2cm浸蘸植物生长调节剂立即取出，稍干即可插入基质，下端入土深度 5~6cm 即可。注意一定不要使顶芽着药。扦插前后应充分灌水，插后如果基质不太干旱，一般不浇水，以免降低土温，影响发芽和生根。

2. 绿枝扦插（以菊花为例）

用剪刀截取长 5~10cm 菊花枝梢部分为插条；切口要求光滑，位置靠近节下方。去掉插条部分叶片，保留枝顶 2~4 片叶子。整平插床，土壤无杂质，含水量 50%~60%。将插条插入沙床，深为 2~3cm。打开喷雾龙头，以保证其空气及土壤湿度。给予合适生根环境。

四、注意事项

（1）选取的插条以老嫩适中为宜，过于柔嫩易腐烂，过老则生根缓慢。

（2）母本应生长强健、苗龄较小，生根率较高。

（3）适宜的生根环境为：温度 20~25℃；基质温度稍高于气温 3~6℃，土壤含量 50%~60%；空气湿度 80%~90%；扦插初期，忌光照太强，适当遮阴。

五、作业与思考

（1）绿枝扦插如何保留叶片？为什么？

（2）总结硬枝扦插和绿枝扦插的操作技术要点，并写出实践报告。

（3）各学校根据实际情况，选择某种芳香植物的插条进行不同处理，对其进行生根比较。

扦插记录表

处理方法	扦插日期	扦插株数	插条生根情况		生长株数	成活(%)	未成活原因
			生根数	平均根长			
浸水处理							
脱除抑制剂处理							
加温处理							
干燥处理							
营养处理							
生长调节剂处理							

实习 6　芳香植物的分生繁殖

一、目的要求

掌握分生繁殖的基本技术。

二、材料与用具

（1）材料：芦荟、水仙、大丽花、吊兰、香茅（见彩图 83）等。

(2) 用具：剪刀、小铁铲、草木灰等。

三、步骤与方法

(一) 分生适宜时间

一般在生长季节进行。夏秋开花的芳香植物，一般3~4月萌芽前结合换盆进行。春季开花的种类一般在10月中旬至11月下旬进行。球根类通常在花后起球时进行分球。

(二) 分生繁殖的操作

1. 分株繁殖

把将要分株的芳香植物整丛挖出来，抖落根上泥土，用手握住植物基部和部分根系，向两侧用力将根系分开，必要时可借助剪刀将其剪开，使得分开的每丛至少有2~3个枝干。

2. 分生幼植物体

芦荟等植物会在根际处长出吸芽，进行繁殖时，可将发育状态较好的这类幼植物体切割下来，直接分栽于花盆或苗床中。

3. 分球法

主要应用于球根花卉。块根类（如大丽花等）、块茎类（如马蹄莲等）、球茎类、根茎类等均可通过分隔母球的方法进行繁殖。分割时，每一块均需带有芽眼或不定芽，分割后晾干或进行消毒处理，然后栽植。

四、作业与思考

总结分生繁殖的技术要点，并写出实践报告。

实验7　芳香植物精油的提取

精油是一类在常温下能挥发、可随水蒸气蒸馏、与水不相混溶的油状液体的总称。精油都具有强的折光性。折光率常因贮藏日久或不当而增高。当有杂质时，折光率也会改变。

一、目的要求

掌握芳香植物挥发油的提取方法、关键技术及其精油的物理性状。

二、材料与用具

(1) 实验材料：迷迭香、紫苏、茴香果实、薄荷、香叶天竺葵等芳香植物；正己烷（分析纯）。

(2) 用具：硬质圆底烧瓶（500mL、1000mL）、回流冷凝管、玻璃珠、挥发油测定器、电热套或电炉、小烧杯、天平、剪刀、凡士林、棕色玻璃精油瓶。

三、步骤及方法

提取精油常用的方法有水蒸馏法、溶剂提取法和超临界萃取法。本实验采用水蒸馏法来提取精油。

（一）仪器装置

如图中A为1000mL（或500mL）的硬质圆底烧瓶，上接挥发油测定器B，B的上端连接回流冷凝管C。以上各部均用磨口玻璃连接。挥发油测定器B应具有0.1mL的刻度。全部仪器在使用前应用重铬酸钾洗液浸泡，再用自来水充分洗净后使用，检查接合部分是否严密，以防精油逸出。如接合部位不严密，可在接口处涂抹薄薄一层凡士林后，再将各部连接旋紧。

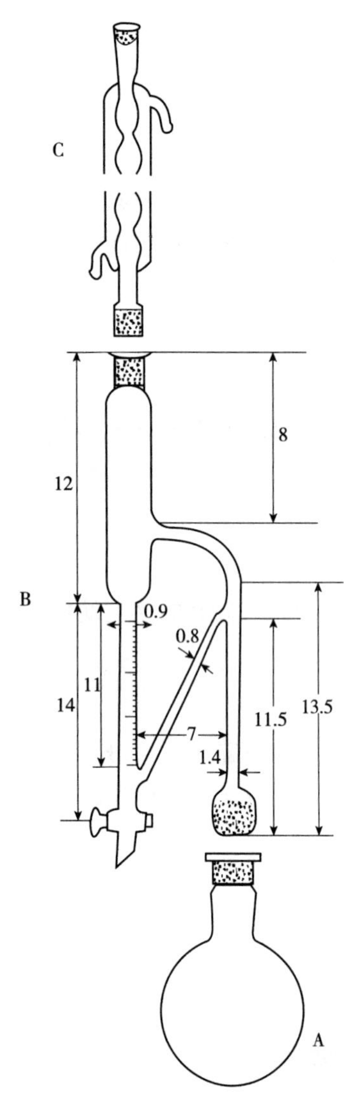

挥发油提取装置

（单位：cm）

（引自《中华人民共和国药典》）

注：装置中挥发油测定器的支管分岔处应与基准线平行

（二）测定方法

甲法：本法适用于测定相对密度在1.0以下的精油。取供试芳香植物材料，称量100~150g（准确至0.01g，重量可根据实验材料多少来确定），置于圆底烧瓶中，加适量水与玻璃珠数粒，振摇混合后，连接挥发油测定器与回流冷凝管，置电热套中或用其他适宜方法缓缓加热至沸，并保持微沸3~5h，当挥发油测定器中精油的量不再增加时停止加热，放置冷却。开启挥发油测定器下端的活塞，将水缓缓放出，至油层上端到达刻度0线上面5mm处为止。放置1h以上，再开启活塞使油层下降至其上端恰与刻度0线平齐，读取精油体积，并计算供试品中精油的含量。

乙法：本法适用于测定相对密度在1.0以上的挥发油。加适量水与玻璃珠数粒，置于圆底烧瓶中，连接挥发油测定器。自挥发油测定器上端加蒸馏水使充满刻度部分，并溢流入烧瓶时为止。再用移液管加入正己烷1mL，然后连接回流冷凝管。置电热套中或用其他适宜方法将烧瓶内容物加热至沸腾，并继续蒸馏，其速度以保持冷凝管的中部呈冷却状态为度。30min后停止加热，放置15min以上，读取正己烷的体积。然后照甲法自“取供试芳香植物材料”起，依法测定，从精油含量中减去读取的正己烷的体积，即为精油含量，再计算供试品中精油的含量。

（三）精油的收集

读取精油量后，即可旋开挥发油测定器活塞，将精油转移至棕色玻璃精油瓶中，并将瓶盖盖子旋紧，放于-20℃下保存。

（四）精油物理性质的测定

使用旋光仪测定精油的旋光度。

四、作业与思考

（1）分析使用甲法或乙法提取芳香植物精油的优缺点。

（2）比较甲法和乙法提取精油的方法有何异同？

（3）为什么将提取的精油放置于-20℃下保存，并保存在棕色玻璃瓶中？

实验 8　芳香植物精油成分的测定

一、目的要求

了解并掌握使用 GC-MS 测定常见精油的程序和方法，了解常见精油的主要组成成分。

二、材料与用具

（1）材料：提取的精油、有机溶剂（正己烷）。

（2）用具：气质联用仪（Gas Chromatograph / Mass Spectrometer，GC/MS）；微量注射器。

三、步骤与方法

取芳香植物精油，用有机溶剂稀释 1000~10 000 倍后（稀释倍数根据实际情况而定），用 GC-MS 进行分析。根据精油种类来选择适当的测定条件。以测定茴香精油为例：

GC 条件：DB5 石英毛细管柱（30m × 0.25mm × 0.25μm）；载气为高纯氦（99.999%）；柱流量为 1mL/min，不分流；柱前压 100kPa；进样口温度为 220℃；进样量为 1μL；程序升温为柱温 40℃，保持 1min，从 10℃/min 升高到 200℃/min，保持 3min。

MS 条件：电离方式为 EI；电子能量为 70 eV；接口温度为 210℃；离子源温度为 200℃；流量扫描范围为 50~350 m/z；溶剂延迟 4.0min；发射电流为 100μA。

（一）定性分析

芳香植物组分分离大多数采用气相色谱法，不同组分形成其各自的色谱峰，按照色谱峰的保留值来定性。芳香物质成分的鉴定可用红外光谱、紫外光谱、毛细管色—质谱联用、气质联用、核磁共振等方法。目前最广泛的是采用色—质谱联用法。

取芳香物质提取物 0.2μL，用气相色谱—质谱—计算机联用仪进行分析鉴定。在参考前人工作的基础上，计算成分的保留系数，同时结合 NIST（2002）标准谱库进行精油成分鉴定。

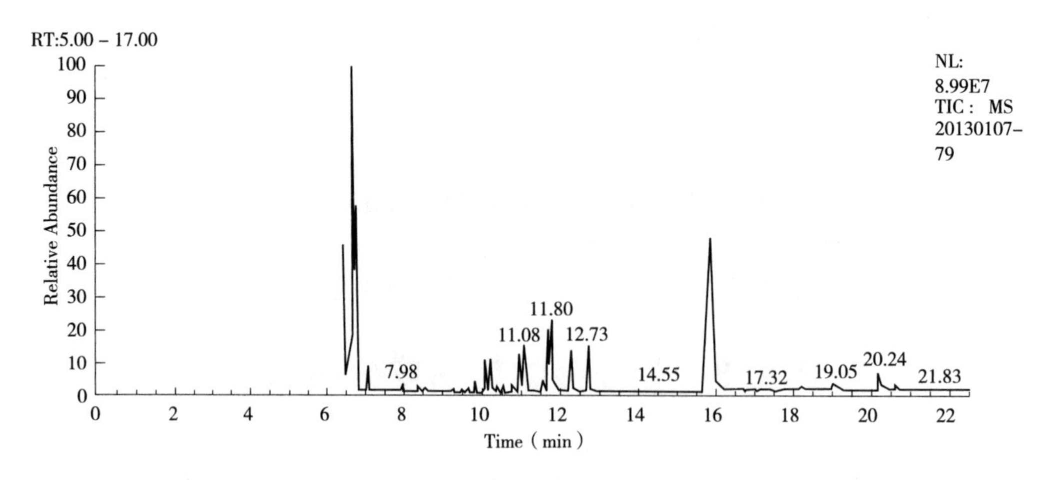

茴香精油的色谱图

（二）定量分析

采用归一化法。归一化法应用时，必须将样品的全部组分馏出，并能产生相应信号。

计算公式为：

$$P_i = m_i/m \times 100\% = A_i f'_i / (A_1 f'_1 + A_2 f'_2 + \cdots + A_n f'_n) \times 100\%$$

式中 P_i——i 组分的百分含量；

m_i——被测组分的 i 的量；

m——被测物试样的总重量；

A_i——i 组分的峰面积；

f'_i——相对校正因子。

相对校正因子f'_i，即为物质 i 和标准物质 s 的绝对校正因子（f_i/f_s）之比，其定义是：被测物质单位峰面积所相当物质的量是标准物质单位峰面积相当标准物质的倍数。f'_i可由文献中查得，也可以测得，测定方法为：先准确称量标准物质和被测物，然后混合均匀进样，测出他们的峰面积，按下式计算：

$$f'_i = f_i/f_s = (m_i/A_i)/(M_s/A_s)$$

四、作业与思考

根据当地情况，选择某种芳香植物的几个品种作为材料，测定并比较不同品种的芳香植物精油成分的差异。

实习 9 芳香植物茶饮制作

一、目的要求

了解芳香植物的干燥方法以及芳香植物茶饮的制作。

二、材料与用具

（1）材料：紫苏叶、薰衣草叶、薄荷叶、金银花、玫瑰花、菊花、枸杞、迷迭香叶、姜等。

（2）用具：白纸、微波炉、烤箱等。

三、步骤与方法

（一）芳香植物干燥的方法

1. 自然风干法

将芳香植物的食用部分在阴凉的地方风干，需1~2周。

2. 微波干燥法

将芳香植物的食用部分放在白纸上，放入微波炉以低温加热，每次加热2min，加热2次后换纸，换4次纸后即完成。

3. 烤箱烘干法

将芳香植物的食用部分放进烤箱以低温60~70℃烘烤约1h，其间要常翻动。

4. 日晒法

放在太阳下晒干。

（二）茶饮的制作

1. 玫瑰花茶

玫瑰花10g，用沸水冲泡，代茶饮，有理气解郁、舒肝健脾之功效（见彩图84）。

2. 清眩茶

菊花10g，枸杞10g共置于玻璃杯中，冲入沸水，焖泡约10min后，代茶频饮，饮完后再加入沸水，以泡2~3次为宜。作保健饮料，降压眩目，防止头晕。低血压患者禁服此茶。

3. 解表茶

解表茶又叫苏叶生姜茶。苏叶5g揉成粗末，生姜5g切成细丝，共置玻璃杯中，加沸水焖泡约10min后温饮顿服，饮后可服一些热稀粥以助药力，以周身微微出汗为度。

4. 银花大青叶茶

金银花15g、大青叶10g共置与于玻璃杯中，冲入沸水，焖泡10min后代茶饮。饮后可预防感冒，尤对预防春季流感有疗效。

5. 薄荷茶

先将薄荷叶去杂物，去除老、黄叶，清水洗净，干燥后备用。取干薄荷叶先将茶叶倒入茶壶内，加入刚煮沸的开水，把壶内的茶水倒掉，加入干薄荷叶5g左右，倒入沸开水，稍泡几分钟。在茶壶内加冰糖适量，不时饮服。具辛凉解表之功效。

6. 薰衣草奶茶

薰衣草叶3g，红茶叶3g，鲜奶400mL，水100mL。制作方法如下：①牛奶加入水中，一起煮沸。②加入薰衣草叶，约煮2min。③加入红茶叶煮1min。④煮好后，滤清枝叶，可立即饮用，亦可冰饮。薰衣草奶茶滑顺入口，对于喉咙痛很有效果。

四、作业与思考

（1）用上述4种方法将芳香植物材料干燥后制作茶饮，比较其风味有何不同？

（2）试取新鲜迷迭香叶若干，干燥后制成迷迭香茶。比较利用上述4种干燥方法，迷迭香叶的外观颜色有何差异？

实习10　芳香香皂的制作

一、目的要求

了解芳香肥皂的制作过程。

二、实验材料

（1）材料：纯质透明皂基1kg、纯质不透明皂基、茶树精油、茉莉精油、迷迭香精油、薄荷精油、不同颜色的食用色素、30mL甘油、起泡剂。

（2）用具：水浴锅、模具、烧杯、玻璃棒、塑料保护膜、包装袋。

三、步骤与方法

香皂选用的模型形状及其固定用皂基的量如下：长方体（80g）、树叶（75g）、玫瑰（65g）、卡通火车类（50g）、心形（50g）。

准确称量好选用的模具所需的透明皂基，倒入大烧杯中于水浴锅中加热，待皂基完全溶解后加入2~3滴甘油并不断搅拌，然后加入1~2滴起泡剂不断搅拌，再加入1~2滴食用色素不断搅拌，加入1~2滴上述精油不断搅拌，搅拌均匀后，迅速倒进模具中冷却，冷却1h后，掰开模具取出香皂，并用切割刀修整造型，用塑料膜紧密包严，并装进包装袋（见彩图85）。

四、使用效果

（1）手工芳香皂含有甘油，保湿效果一般，但对肌肤比较温和。泡沫不太多，有一定的清洁力，清洁污垢的同时还能形成一层保护膜，达到保护肌肤的效果。

（2）当全身毛孔都舒张时，用手工芳香皂擦满全身，让肌肤尽情吸收、放松，沐浴后皮肤有点干，精油味会显现出来，有些味道刺鼻，能给肌肤一些滋润效果。

（3）保质期比较短，保存越久，效果会降低。

五、作业与思考

根据上述制作芳香皂的步骤，制作茉莉芳香皂。

实习 11　芳香蜡烛的制作

一、目的要求

了解芳香蜡烛的制作过程。

二、材料与用具

（1）材料：金莲花 2 朵、鼠尾草、蜡烛（350mL 纸杯制）、白蜡、软蜡、蜡芯。
（2）用具：木夹、黏合剂。

三、步骤与方法

（一）金莲花蜡烛

（1）用微波炉将置于容器的白蜡、软蜡加热至 110℃左右，熔化成液状。

（2）准备一个 350mL 的纸杯，将蜡芯用岔开的木夹固定于杯缘正中央，并用勺子将蜡液装至杯内，待凉后取出蜡烛模型。

（3）将欲构图的金莲花片、叶片，迅速蘸蜡液贴于蜡烛表面。

（4）将粘贴、构图好的蜡烛，抓住蜡芯部分，迅速蘸蜡液，以让表面产生一层白白的保护膜即可。

（二）鼠尾草蜡烛

（1）将鼠尾草用黏合剂贴在蜡烛上。

（2）以隔水加热的方式，让备用的蜡烛熔化成蜡液，将贴好鼠尾草的蜡烛放于蜡液中并随即拉起，可让蜡烛外表裹覆一层蜡液。

四、作业与思考

利用生活中其他常见的芳香植物制作芳香蜡烛，并完成实验报告。

实习 12　芳香植物压花装饰品制作

一、目的要求

了解使用芳香植物制作芳香工艺品的方法。

二、材料与用具

（1）材料：月桂叶 4 片、切碎的百里香叶、金色缎带 1 条、粗针 1 枚、毛线 1

段、鲜花及叶片、香包袋（可自行选择大小、样式）。

（2）用具：胶水、剪刀等。

三、步骤与方法

（一）月桂冠帽饰和胸针

用新鲜的芳香植物作成帽饰，别在草帽上，除美观外，还可散发出淡淡清香。除作帽饰外，还可将胸针装饰在背包、裙子等各种物件上。可根据自己喜好，做出创意的搭配。

（1）将两片月桂叶尾部交叠，用针线将其固定在缎带上。

（2）将缎带以折波浪状的方式（左折、右折，依此类推）用针线串起，环绕呈现一个圆圈（花形）后，再重复步骤（1）的动作，最后将其收针，并将准备好的鲜花插在缎带空隙即成。

（二）百里香包

传统的香包里面大都是塞满了人工香料，闻久了便会觉得有些头痛。用百里香作成一个香包，既简单又实用。

将新鲜的切碎的百里香叶片装入香包袋中，份量可随意，即成百里香包。可取代芳香剂。

（三）芳香植物压花

将芳香植物制作成压花，装上漂亮的木框，作为家庭中墙上的装饰，还可以制成卡片、书签等任何有创意的物品。

采收芳香植物新鲜的花瓣和叶片，将其压在厚重的书本中，约放置1个月后，就变成干燥花和叶片。

根据自己的创意，可随意组合成自己喜欢的图案。

四、作业与思考

利用生活中常见的芳香植物，发挥创意，制造一些比较实用的芳香工艺品。

实习13　芳香植物香包制作

一、目的要求

了解和掌握芳香植物香包的制作过程。

二、材料与用具

（1）材料：石菖蒲、佩兰、茉莉花、冰片。

（2）用具：电子秤、密封型摇摆式粉碎机。

三、步骤与方法

用200g密封型摇摆式粉碎机将上述材料分别粉碎，各种材料的粉碎时间为5~10s，粉碎成粉碎度为80~250目之间的粉末，将各种粉碎好的粉末装入密封袋密封保存。制作香囊时，用药勺各取上述粉碎材料5g，充分混匀，用棉花包裹起来，再装进纱布细网袋，最后放入香囊袋中。

四、作业与思考

试分析制作香囊的芳香植物材料为什么要求一定的粉碎细度，不能太细也不能太粗?

实习14　香水的配制

一、目的要求

了解和掌握香水的制作过程。

二、材料和用具

(1) 材料：快板精油（佛手柑、甜橙、苦橙、葡萄柚、柠檬）；中板精油（橙花）、慢板精油（雪松）、无水乙醇500mL，适量的干柑橘叶，适量的鲜柑橘叶、去离子水。

(2) 用具：香水瓶，100mL、50mL、10mL烧杯若干，玻璃棒，广口瓶，过滤纸，漏斗。

三、步骤与方法

(一) 实验材料处理

(1) 水的预处理：用蒸馏和灭菌方式对水进行去离子化处理。

(2) 用具的处理：用去离子水对所需的器具清洗再置烘箱烘干。

(二) 制作柑橘叶酊剂

1. 柑橘叶处理

从柑橘树采摘适量的新鲜柑橘叶，再将采摘的柑橘叶用去离子水洗净并擦干，避免破坏其表皮。

2. 柑橘叶酊剂的制备

先把一小撮干柑橘叶放在密封的干净玻璃瓶里，然后往玻璃瓶倒入200mL无水酒精，酒精没过柑橘叶。同样，将一小撮鲜柑橘叶放在密封的干净玻璃瓶里，然后往玻璃瓶倒入200mL无水酒精，酒精没过柑橘叶。通过两种方法制备酊剂，比较酊剂效果。最后将玻璃瓶避光存放，大概15~30d酊剂成熟。

（三）混合材料

按照佛手柑、甜橙、葡萄柚各3滴，橙花2滴的比例与顺序把精油滴入小烧杯内，快速充分搅拌混合精油。

（四）添加酊剂

把鲜柑橘叶酊剂10mL倒入混合好的精油内，快速搅拌直到精油全部溶解为止，然后按照中浓度香水的比例加入适当去离子水。

（五）陈化

混合好的香水放入密闭容器中避光放置30d进行陈化。让香水中的杂质充分沉淀，这样对成品的澄清度及在寒冷条件下的抗混浊都有改善。

（六）冷却

将香水放入较低温度下冷却10min。香水在较低温度下，会变成半透明或雾状，此后如再加温也不再澄清，始终浑浊。因此，香水必须冷却后再进行过滤。

（七）过滤

混合物用湿的过滤纸过滤，滤掉色素细胞和多余的精油分子。陈化及冷却后，有些不溶性物质沉淀出来，过滤去除以保证其透明澄清。

（八）装瓶

香水瓶要用蒸馏水进行水洗并烘干，装瓶时不应装得太满（见彩图86）。

四、作业与思考

比较干柑橘叶加200mL无水酒精制成的酊剂与鲜柑橘叶加200mL无水酒精制成的酊剂制作的香水从味道、颜色等方面有何不同。

实习15　线香的制作

一、目的要求

了解和掌握迷迭香线香的制作工艺。

二、材料与用具

（1）材料：迷迭香、水。

（2）用具：烘干箱、粉碎机、线香成型器、枝剪、烧杯（500mL）、标签、保鲜袋。

三、实验步骤与方法

采集的迷迭香叶平铺阴干或用白纸包裹起来，放于烘箱中烘干（46℃烘24h）。烘干后最好马上粉碎，如不能及时粉碎则应装于密封袋中，防止受潮。迷迭香叶粉碎后按照迷迭香叶粉：黏着剂（榆木粉、红胶粉）为1∶1的比例，与水充分混合，和成团。置于线香制作机挤压成型，排放在干燥板上，干燥板置于通风阴凉处，切勿放于太阳下暴晒，否则线香容易弯曲。迷迭香在干燥板上阴干，直至晾干为止，即成迷迭香线香（见彩图 87）。

四、作业与思考

比较不同比例的迷迭香叶粉与黏着剂进行混合后，线香的气味有何不同。

参考文献

MS. NOR AZAH MOHD. ALI. 2007. 马来西亚药用和芳香植物及其产品的法规和贸易地位［J］. 亚太传统医药，3（7）：26-27.

包满珠 . 1998. 花卉学［M］. 北京：中国农业出版社 .

北京林业大学园林花卉教研组 . 1990. 花卉学［M］. 北京：中国林业出版社 .

陈策，任安祥，王羽梅 . 2013. 芳香药用植物［M］. 武汉：华中科技大学出版社 .

陈发棣，郭维明 . 2001. 观赏园艺学［M］. 北京：中国农业出版社 .

陈红波，王羽梅，王五宏 . 2006. 营养元素对芳香植物精油含量和成分的影响［J］. 安徽农业科学，34（23）：6220-6222.

陈辉，张显 . 2005. 浅析芳香植物的历史及在园林中的应用［J］. 山西农业科学（3）：140-142.

陈仕荣，张卫明，赵伯涛 . 2014. 辛香料国际标准跟踪研究［J］. 中国野生植物资源，33（4）：36-37，42.

陈为圣 . 2012. 香气王国精油健康疗法［M］. 北京：中国轻工业出版社 .

陈小华 . 2013. 薄荷品种资源遗传多样性研究及优异种质评价［D］. 上海：上海交通大学 .

戴宝合 . 1993. 野生植物资源学［M］. 北京：中国农业出版社 .

戴宝合 . 1997. 野生植物栽培学［M］. 北京：中国农业出版社 .

窦宏涛 . 2006. 陕西省椒样薄荷适种区域及其生态因素影响研究［J］. 西北农林科技大学学报（自然科学版），34（7）：77-80，86.

冯兰香，杜永臣，刘广树 . 2004. 蓬勃发展中的台湾芳香植物产业［J］. 中国蔬菜（2）：40-42.

冯旭，周勇，郭立新 . 1995. 黑龙江省野生香料植物资源及其利用［J］. 国土与自然资源研究（2）：68-72.

傅京亮 . 2008. 中国香文化［M］. 济南：齐鲁书社 .

傅小兵 . 2005. 云南加紧建设香料基地［J］. 浙江林业（5）：34.

葛月兰，钱大玮，段金廒，等 . 2009. 不同产地不同采收期当归挥发性成分动态积累规律与适宜采收期分析［J］. 药物分析杂志，29（4）：517-523.

郭巧生 . 2004. 药用植物栽培学［M］. 北京：高等教育出版社 .

郝培尧 . 2007. 北京芳香植物资源开发利用初探［J］. 山东林业科技，4：64-67.

何金明，王羽梅，肖艳辉，等 . 2005. 内蒙古小茴香与德国大茴香精油比较研究［J］. 作物杂志（6）：31-33.

何金明，肖艳辉，王羽梅，等 . 2010. 光照长度对茴香植株生长及精油含量和组分的影响［J］. 生态学报，30（3）：652-658.

何金明，肖艳辉，邬静灵，等 . 2008. 炮制方法对小茴香精油提取率及其成分比例的影响［J］. 时珍国医国药，19（11）：2598-2600.

何金明，肖艳辉 . 2010. 芳香植物栽培学［M］. 北京：中国轻工业出版社 .

河北农业大学 . 1980. 果树栽培学总论［M］. 北京：中国农业出版社 .

侯元同，王康满 . 2000. 山东省的野生芳香植物［J］. 国土与自然资源研究（3）：74-76.

胡繁荣 . 2007. 园艺植物生产技术［M］. 上海：上海交通大学出版社 .

黄美燕，周光雄，金钱星，等 . 2005. 鸡蛋花挥发油化学成分的研究［J］. 安徽中医学院学报，24

(4): 50-51.
江丰，冯丽华，赖小平 . 2006. 正交试验法优选鸭儿芹挥发油的提取工艺 [J]. 江西医药，41 (7): 509-510.
江燕，章银柯，应求是 . 2007. 我国芳香植物资源、开发应用现状及其利用对策 [J]. 中国林副特产 (5): 64-67.
金韵蓉 . 2006. 芳香疗法 [M]. 北京：中国友谊出版公司 .
李光晨 . 2000. 园艺通论 [M]. 北京：中国农业大学出版社 .
李昊民，李勇，赵荣钦 . 2004. 河南省芳香植物资源与开发 [J]. 商丘师范学院学报，20 (5): 130-134.
李娟娟，王羽梅，潘春香，等 . 2016. 不同氮素形态及配比对薄荷精油含量及品质的影响 [J]. 植物生理学报，52 (2): 150-156.
李钱鱼，何金明 . 2014. 灌木 [M]. 北京：化学工业出版社 .
李钱鱼，肖艳辉 . 2014. 乔木 [M]. 北京：化学工业出版社 .
李薇，魏刚，潘超美，等 . 2004. 广藿香药材挥发油及主要成分含量影响因素的考察 [J]. 中国中药杂志，29 (1): 28-31.
李向高 . 2004. 中药材加工学 [M]. 北京：中国农业出版社 .
李彦，周晓东，楼浙辉，等 . 2012. 植物次生代谢产物及影响其积累的因素研究综述 [J]. 江西林业科技 (3): 54-60.
李祖光，李新华，刘文涵，等 . 2004. 结香鲜花香气化学成分的研究 [J]. 林产化学与工业，24 (1): 83-86.
李作轩 . 2004. 园艺学实践 [M]. 北京：中国农业出版社 .
刘方农，彭世逞，刘联仁 . 2007. 芳香植物鉴赏与栽培 [M]. 上海：上海科学技术文献出版社 .
刘国声，刘惠卿，刘铁城，等 . 1991. 月见草花挥发油成分研究 [J]. 中药材，14 (1): 36-37.
刘金 . 2004. 中国的芳香植物资源 [J]. 中国花卉园艺 (10): 4-5.
刘鹏，陈立人，李顺大 . 2000. 浙江省芳香植物资源的分布和开发 [J]. 山地学报，18 (2): 177-179.
罗凤霞，王春彦，李玉萍 . 2009. 水仙组织培养的研究进展 [J]. 金陵科技学院学报，25 (3): 82-86.
罗金岳，安鑫南 . 2005. 植物精油和天然色素加工工艺 [M]. 北京：化学工业出版社 .
罗菊英 . 1989. 心叶椴扦插育苗试验研究 [J]. 新疆农业科学 (3): 26-27.
马微微，霍俊伟 . 2011. 药用植物规范化种植 [M]. 北京：化学工业出版社 .
梅家齐 . 2009. 浅析芳香疗法产品标准体系架构 [J]. 香料香精化妆品 (1): 54-56.
农业部农民科技教育培训中心，中央农业广播电视学校组 . 2008. 南方中药材标准化栽培技术 [M]. 北京：中国农业大学出版社 .
欧亚丽 . 2008. 芳香植物景观建设初探 [J]. 邢台职业技术学院学报，25 (1): 68-70.
欧阳惠，李超 . 1993. 湖南省主要香料植物气候生态适应性的研究 [J]. 长沙水电师院自然科学学报，8 (2): 209-218.
秦民坚，郭玉海 . 2008. 中药材采收加工学 [M]. 北京：中国林业出版社 .
秋实 . 2009. 养花一本通 [M]. 北京：中医古籍出版社 .
屈娴 . 2011. 精油完全使用手册 [M]. 南昌：江西科学技术出版社 .
任安祥，何金明，肖艳辉，等 . 2008. CO_2浓度对茴香植株生长及精油含量和组分的影响 [J]. 植物生态学报，32 (3): 698-703.

任安祥，潘春香，何金明，等.2010. 秋水仙素诱导茴香多倍体的研究［J］. 中草药，41（2）：11-14.
任洪涛，周斌，夏凯国，等.2010. 二种金合欢属植物花净油成分分析［J］. 香精香料化妆品（5）：1-5，10.
孙明，李萍，吕晋慧，等.2007. 芳香植物的功能及园林应用［J］. 林业使用技术（5）：46-47.
谭文澄，戴策刚.1991. 观赏植物组织培养技术［M］. 北京：中国林业出版社.
谭忠奇，王文卿，丁印龙，等.2006. 厦门地区云南樟的引种和养护管理探究［J］. 亚热带植物科学，35（2）：40-43.
唐文文，李国琴，晋小军.2013. 不同生长年限当归挥发油对比研究［J］. 中国实验方剂学杂志，19（19）：163-166.
宛骏，庞玉新，杨全，等.2015. 海南岛芳香植物资源的开发利用现状［J］. 中国现代中药，17（3）：277-279，284.
王建新，衷平海.2004. 香辛料原理与应用［M］. 北京：化学工业出版社.
王蕾，于瑞国，石铝怀，等.2004. 不同岩蔷薇浸膏挥发性致香成分的SED-MS分析研究［J］. 分析测试学报，23（增刊）：83-86.
王亚军，郭巧生，杨秀伟，等.2008. 安徽产菊花挥发性化学成分的表征分析［J］. 中国中药杂志，33（19）：2207-2211.
王有江.2004. 芳香花草［M］. 北京：中国林业出版社.
王羽梅. 2015. 中国芳香植物精油成分手册（上、中、下册）［M］. 武汉：华中科技大学出版社.
王羽梅.2008. 中国芳香植物［M］. 北京：科学出版社.
王玉华，王丽芸.1999. 藤本花卉［M］. 北京：金盾出版社.
王玉生，蔡岳文.2007. 南方药用植物图鉴［M］. 汕头：汕头大学出版社.
邬志星.2007. 彩图家庭养花护花［M］. 上海：上海文化出版社.
吴江，徐宏，李希文，等.2007. 湖北咸宁桂花产业化开发现状与对策研究［J］. 市场论坛，38（5）：81-82.
吴卓珈，徐哲民，李春涛.2005. 芳香植物研究进展［J］. 安徽农业科学，33（12）：2393-2396.
肖艳辉，何金明，王羽梅，等.2009. 土壤含水量对茴香植株生长及精油含量和组分的影响［J］. 园艺学报，36（7）：1005-1012.
肖艳辉，何金明，王羽梅.2007. 光照强度对茴香植株生长以及精油的含量和成分的影响［J］. 植物生理学通讯，43（3）：551-555.
徐清萍. 2010. 香辛料生产技术［M］. 北京：化学工业出版社.
阎凤鸣.2003. 化学生态学［M］. 北京：科学出版社.
姚雷.2002. 芳香植物（新世纪农业丛书）［M］. 上海：上海教育出版社.
姚雷.2004. 观赏芳香植物待开发［J］. 中国花卉园艺（10）：6-7.
佚名.2002. 新疆大展芳香植物种植加工事业［J］. 国内外香料香精化妆品，11：16.
佚名.2003. 新疆香精香料产业［J］. 国内外香料香精化妆品，5：8-9.
张康健，王蓝.1997. 药用植物资源开发利用学［M］. 北京：中国林业出版社.
张婷，邹天才，刘海燕.2009. 贵州芳香植物资源及其开发利用的探讨［J］. 贵州林业科技，37（2）：19-27.
张卫明，肖正春.2007. 中国辛香料植物资源开发与利用［M］. 南京：东南大学出版社.
张卫明，袁昌齐，张茹云，等.2009. 芳香疗法与芳疗植物［M］. 南京：东南大学出版社.
张振贤.2003. 蔬菜栽培学［M］. 北京：中国农业大学出版社.

章镇，王秀峰 . 2003. 园艺学总论［M］. 北京：中国农业出版社 .
赵秀芳 . 2004. 风信子组培快繁技术的研究［J］. 山东林业科技（1）：20-21.
中国标准出版社第一编辑室 . 2010. 中国农业标准汇编（辛香料和药用植物卷）［M］. 北京：中国标准出版社 .
钟荣辉，徐晔春 . 2009. 芳香花卉［M］. 汕头：汕头大学出版社 .
仲秀娟，李桂祥，赵苏海，等 . 2008. 谈芳香植物应用及前景［J］. 现代农业科技（24）：105.
周厚高，王凤兰，刘兵，等 . 2006. 有益花木图鉴［M］. 广州：广东旅游出版社 .
周厚高 . 2007. 芳香植物景观［M］. 北京：科学出版社 .
周辉 . 2007. 石香薷挥发油及其主要成分抗菌作用研究及挥发油微胶囊研制［D］. 长沙：湖南农业大学 .
周繇 . 2004. 长白山区野生芳香植物资源评价与利用对策［J］. 安徽农业大学学报，31（2）：212-218.
朱家柟 . 2001. 拉汉英种子植物名称［M］. 2 版 . 北京：科学出版社 .
朱亮锋，李泽贤，郑永利 . 2009. 芳香植物［M］. 广州：南方日报出版社 .

彩图 1　罗　勒

彩图 2　罗勒的花

彩图 3　紫　苏

彩图 4　万寿菊

彩图5 莳 萝

彩图6 芫荽的花

彩图7 芫荽的果

彩图8 旱 芹

彩图9 荆 芥

彩图 10　鼠尾草

彩图 11　薄　荷

彩图 12　薄荷的花

彩图 13　薰衣草

彩图 14　薰衣草的花

彩图 15　香蜂草

彩图 16　广藿香

彩图 17　藿　香

彩图 18　甜牛至

彩图 19　香　茅

彩图 20　艾　蒿

彩图 21　菊　花

彩图 22　香叶天竺

彩图 23　茴　香

彩图 24　茴香的花

彩图 25　茴香的种子

彩图 26　芸　香

彩图 27　蒜

彩图 28　姜

彩图 29　睡　莲

彩图 30　金合欢

彩图 31　依　兰

彩图 32　八角茴香

彩图 33　白　兰

彩图 34　白兰的花

彩图 35　桂　花

彩图 36　暴马丁香

彩图 38　柠檬桉

彩图 37　丁子香

彩图 39　白千层

彩图 40　柠檬的花蕾

彩图 41　柠檬的果实

彩图 42　樟　树

彩图 43　樟树的果实

彩图 44　阴　香

彩图 45　阴香的叶片

彩图 46　土沉香

彩图 47　土沉香的花蕾

彩图 48　杉　木

彩图 49　杉木的花

彩图 50　鸡蛋花

彩图 52　百里香的幼苗

彩图 51　百里香

彩图 53　迷迭香

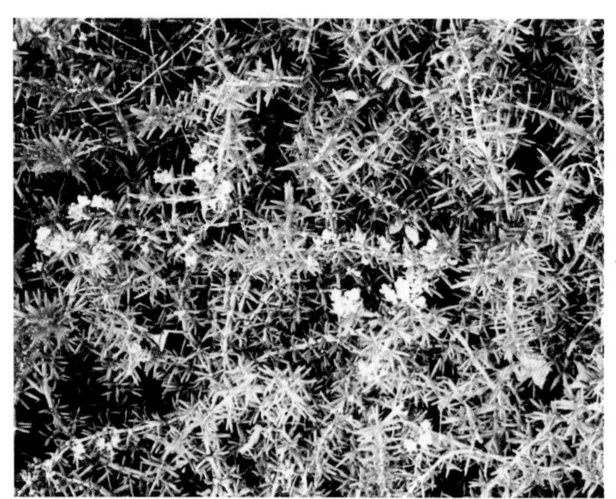

彩图 54　迷迭香的花

彩图 55　木香薷

彩图 56　米　兰

彩图 57　含　笑

彩图 58 含笑的花蕾

彩图 59 茉莉花

彩图 60 结 香

彩图 61 栀 子

彩图 62 九里香

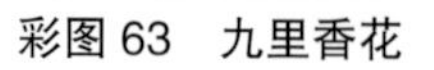

彩图 63　九里香花

彩图 64　蜡　梅

彩图 65　蜡梅的花

彩图 66　柠檬马鞭草

彩图 67　玫瑰的花

彩图 68　玫　瑰

彩图 69　山鸡椒

彩图 70　山鸡椒的花

彩图 71　山鸡椒的果实

彩图 72　胡椒的果实

彩图 73　胡椒的藤

彩图 74　忍冬花蕾

彩图 75　忍冬花

彩图 76 啤酒花

彩图 77 蒜香藤的叶

彩图 78 蒜香藤的花

彩图 79 罗勒播种育苗

彩图 80　迷迭香插条

彩图 81　迷迭香扦插繁殖

彩图 82　薄荷扦插育苗

彩图 83　香茅分株后盆栽

彩图 84　玫瑰花茶

彩图 85　芳香香皂

彩图 86　香　水

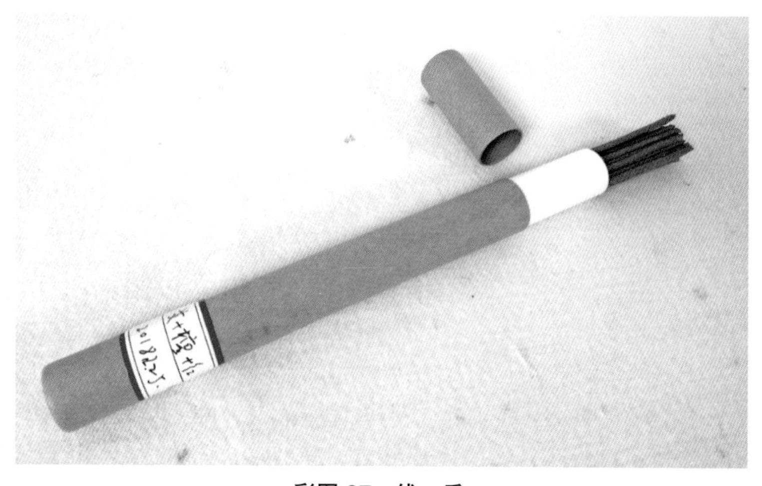

彩图 87　线　香